中国腐蚀状况及控制战略研究丛书
"十三五"国家重点出版物出版规划项目

环境和荷载共同作用下的海工混凝土结构耐久性

王胜年　黎鹏平　范志宏　等　著

科学出版社
北京

内 容 简 介

本书针对海水环境下混凝土结构，研究其在荷载作用下氯离子的侵蚀行为，即研究在“受力”情况下海工混凝土结构的耐久性。主要介绍了我国典型海水腐蚀环境、典型环境下海港工程混凝土结构耐久性调查情况及耐久性研究国内外现状；选择了部分实体工程，调查与分析了混凝土结构在荷载作用下的实际应力水平；介绍了荷载和氯盐耦合作用的试验方法；分别详细叙述了恒定荷载与氯盐耦合、恒定荷载与盐冻耦合及交变荷载与氯盐耦合作用下混凝土结构耐久性的劣化进程及损伤行为；分析了结构裂缝对混凝土耐久性劣化的影响；利用研究所取得的成果，建立了荷载-氯盐耦合作用下混凝土结构耐久性寿命的预测模型。

本书适用于从事混凝土结构耐久性研究方面的科研人员，也可供相关专业的工程技术人员及大学生、研究生参考。

图书在版编目（CIP）数据

环境和荷载共同作用下的海工混凝土结构耐久性/王胜年等著. —北京：科学出版社，2017.2

（中国腐蚀状况及控制战略研究丛书）

“十三五”国家重点出版物出版规划项目

ISBN 978-7-03-051773-9

Ⅰ. ①环… Ⅱ. ①王… Ⅲ. ①海洋工程-混凝土结构-耐用性-研究 Ⅳ. ①P75

中国版本图书馆 CIP 数据核字（2017）第 027510 号

责任编辑：李明楠 程雷星 / 责任校对：贾伟娟
责任印制：张 伟 / 封面设计：铭轩堂

科 学 出 版 社 出版
北京东黄城根北街 16 号
邮政编码：100717
http://www.sciencep.com

北京凌奇印刷有限责任公司 印刷
科学出版社发行 各地新华书店经销

*

2017 年 2 月第 一 版 开本：B5（720×1000）
2017 年 2 月第一次印刷 印张：13 3/4
字数：277 000

POD定价： 98.00元
（如有印装质量问题，我社负责调换）

“中国腐蚀状况及控制战略研究”丛书
顾问委员会

“中国腐蚀状况及控制战略研究”丛书
总编辑委员会

丛 书 序

腐蚀是材料表面或界面之间发生化学、电化学或其他反应造成材料本身损坏或恶化的现象，从而导致材料的破坏和设施功能的失效，会引起工程设施的结构损伤，缩短使用寿命，还可能导致油气等危险品泄漏，引发灾难性事故，污染环境，对人民生命财产安全造成重大威胁。

由于材料，特别是金属材料的广泛应用，腐蚀问题几乎涉及各行各业。因而腐蚀防护关系到一个国家或地区的众多行业和部门，如基础设施工程、传统及新兴能源设备、交通运输工具、工业装备和给排水系统等。各类设施的腐蚀安全问题直接关系到国家经济的发展，是共性问题，是公益性问题。有学者提出，腐蚀像地震、火灾、污染一样危害严重。腐蚀防护的安全责任重于泰山！

我国在腐蚀防护领域的发展水平总体上仍落后于发达国家，它不仅表现在防腐蚀技术方面，更表现在防腐蚀意识和有关的法律法规方面。例如，对于很多国外的房屋，政府主管部门依法要求业主定期维护，最简单的方法就是在房屋表面进行刷漆防蚀处理。既可以由房屋拥有者，也可以由业主出资委托专业维护人员来进行防护工作。由于防护得当，许多使用上百年的房屋依然完好、美观。反观我国的现状，首先是人们的腐蚀防护意识淡薄，对腐蚀的危害认识不清，从设计到维护都缺乏对腐蚀安全问题的考虑；其次是国家和各地区缺乏与维护相关的法律与机制，缺少腐蚀防护方面的监督与投资。这些原因就导致了我国在腐蚀防护领域的发展总体上相对落后的局面。

中国工程院“我国腐蚀状况及控制战略研究”重大咨询项目工作的开展是当务之急，在我国经济快速发展的阶段显得尤为重要。借此机会，可以摸清我国腐蚀问题究竟造成了多少损失，我国的设计师、工程师和非专业人士对腐蚀防护了解多少，如何通过技术规程和相关法规来加强腐蚀防护意识。

项目组将提交完整的调查报告并公布科学的调查结果，提出切实可行的防腐蚀方案和措施。这将有效地促进我国在腐蚀防护领域的发展，不仅有利于提高人们的腐蚀防护意识，也有利于防腐技术的进步，并从国家层面上把腐蚀防护工作的地位提升到一个新的高度。另外，中国工程院是我国最高的工程咨询机构，没有直属的科研单位，因此可以比较超脱和客观地对我国的工程技术问题进行评估。把这样一个项目交给中国工程院，是值得国家和民众信任的。

这套丛书的出版发行，是该重大咨询项目的一个重点。据我所知，国内很多领域的知名专家学者都参与到丛书的写作与出版工作中，因此这套丛书可以说涉及了我国生产制造领域的各个方面，应该是针对我国腐蚀防护工作的一套非常全面的丛书。我相信它能够为各领域的防腐蚀工作者提供参考，用理论和实例指导我国的腐蚀防护工作，同时我也希望腐蚀防护专业的研究生甚至本科生都可以阅读这套丛书，这是开阔视野的好机会，因为丛书中提供的案例是在教科书上难以学到的。因此，这套丛书的出版是利国利民、利于我国可持续发展的大事情，我衷心希望它能得到业内人士的认可，并为我国的腐蚀防护工作取得长足发展贡献力量。

徐匡迪

2015 年 9 月

丛书前言

众所周知，腐蚀问题是世界各国共同面临的问题，凡是使用材料的地方，都不同程度地存在腐蚀问题。腐蚀过程主要是金属的氧化溶解，一旦发生便不可逆转。据统计估算，全世界每 90 秒钟就有一吨钢铁变成铁锈。腐蚀悄无声息地进行着破坏，不仅会缩短构筑物的使用寿命，还会增加维修和维护的成本，造成停工损失，甚至会引起建筑物结构坍塌、有毒介质泄漏或火灾、爆炸等重大事故。

腐蚀引起的损失是巨大的，对人力、物力和自然资源都会造成不必要的浪费，不利于经济的可持续发展。震惊世界的“11·22”黄岛中石化输油管道爆炸事故造成损失 7.5 亿元人民币，但是把防腐蚀工作做好可能只需要 100 万元，同时避免灾难的发生。针对腐蚀问题的危害性和普遍性，世界上很多国家都对各自的腐蚀问题做过调查，结果显示，腐蚀问题所造成的经济损失是触目惊心的，腐蚀每年造成损失远远大于自然灾害和其他各类事故造成损失的总和。我国腐蚀防护技术的发展起步较晚，目前迫切需要进行全面的腐蚀调查研究，摸清我国的腐蚀状况，掌握材料的腐蚀数据和有关规律，提出有效的腐蚀防护策略和建议。随着我国经济社会的快速发展和“一带一路”战略的实施，国家将加大对基础设施、交通运输、能源、生产制造及水资源利用等领域的投入，这更需要我们充分及时地了解材料的腐蚀状况，保证重大设施的耐久性和安全性，避免事故的发生。

为此，中国工程院设立“我国腐蚀状况及控制战略研究”重大咨询项目，这是一件利国利民的大事。该项目的开展，有助于提高人们的腐蚀防护意识，为中央、地方政府及企业提供可行的意见和建议，为国家制定相关的政策、法规，为行业制定相关标准及规范提供科学依据，为我国腐蚀防护技术和产业发展提供技术支持和理论指导。

这套丛书包括了公路桥梁、港口码头、水利工程、建筑、能源、火电、船舶、轨道交通、汽车、海上平台及装备、海底管道等多个行业腐蚀防护领域专家学者的研究工作经验、成果以及实地考察的经典案例，是全面总结与记录目前我国各领域腐蚀防护技术水平和发展现状的宝贵资料。这套丛书的出版是该项目的一个重点，也是向腐蚀防护领域的从业者推广项目成果的最佳方式。我相信，这套丛书能够积极地影响和指导我国的腐蚀防护工作和未来的人才培养，促进腐蚀与防护科研成果的产业化，通过腐蚀防护技术的进步，推动我国在能源、交通、制造业等支柱产业上的长足发展。我也希望广大读者能够通过这套丛书，进一步关注我国腐蚀防护技术的发展，更好地了解和认识我国各个行业存在的腐蚀问题和防腐策略。

在此，非常感谢中国工程院的立项支持以及中国科学院海洋研究所等各课题承担单位在各个方面的协作，也衷心地感谢这套丛书的所有作者的辛勤工作以及科学出版社领导和相关工作人员的共同努力，这套丛书的顺利出版离不开每一位参与者的贡献与支持。

侯保荣

2015 年 9 月

序

众所周知，海水腐蚀环境恶劣，氯盐侵蚀引起钢筋锈蚀最终导致的混凝土结构破坏是海水环境基础设施中最普遍和严重的破坏形式。海水环境下混凝土结构耐久性不足而导致的腐蚀破坏情况已远超出人们预料，造成的直接和间接经济损失惊人。对此，欧美等发达国家和地区已有过沉痛教训；从我国的调查情况来看，腐蚀状况也令人堪忧。当前，国家实施海洋开发战略，沿海、近海及远海重大基础设施相继建设，在这些基础设施中，混凝土结构是最基本、也是最重要的工程结构形式，加强海工混凝土结构耐久性基础性研究，对提高我国海洋环境基础设施建设工程耐久性设计施工水平、提高工程建设品质和寿命，以及降低工程全寿命成本意义重大。

混凝土结构长期服役引起的结构性能劣化是一个长期渐进的、由量变到质变的物理化学变化过程，因为过程长、影响因素复杂，所以耐久性研究是热点，也是难点。中交四航工程研究院有限公司长期从事海水环境混凝土结构的耐久性研究，在海工混凝土结构耐久性方面做了大量的工作，积累了不少经验。本书介绍了他们近些年在海工混凝土结构耐久性方面取得的又一新的成果，即在有“荷载”作用下研究海工混凝土结构的耐久性，相对于以往从材料层面研究海工混凝土的耐久性，该成果又前进了一步，尤其是采用实体工程调查得出的荷载应力水平及分别采用静、动两种加载方式，使研究揭示的混凝土结构耐久性劣化进程及损伤行为更符合在役工程实际情况。该书具有较强的创新性，较高的学术水平和应用价值。

该书内容新颖，条理清楚，突出理论与工程实践相结合，具有较强的工程特色，值得从事混凝土结构耐久性的研究人员及工程技术人员学习、借鉴和参考。

侯保荣

2017年1月

前　言

对土木工程混凝土结构而言，海水环境被公认为是最恶劣的腐蚀环境。国内外大量已建工程调查表明，结构耐久性不足，氯离子侵蚀导致钢筋锈蚀，继而引起构件损伤是海水环境下混凝土结构最普遍且严重的破坏形式，腐蚀破坏的直接后果就是结构的使用功能降低甚至危及使用安全，使结构物往往达不到设计使用年限而不得不进行维修甚至报废，从而造成巨大的直接和间接经济损失。

结构的耐久性决定了结构物的“健康”和“寿命”，耐久性问题越来越被重视，相关研究也早已成为热点，尤其对于海工混凝土结构，近些年来在耐久性理论、海工高性能混凝土、腐蚀防护措施及耐久性技术标准等方面取得了大量成果，也在实际工程中得到了很好的应用，对提高海工混凝土结构耐久性和工程寿命发挥了重要作用。然而，实际工程在遭受环境介质侵蚀作用时，是始终处于荷载作用之下的，对于海水环境土木工程来讲，混凝土结构同时遭受海水环境侵蚀和荷载的共同作用，而北方地区还遭受冻融作用，可见，相对于以前大多从未受力的材料层面进行的氯盐腐蚀研究，荷载和环境耦合作用更符合在役工程实际情况，虽然影响因素多，过程复杂，但因能反映实际工程耐久性劣化过程，所以考虑荷载和环境耦合作用下的耐久性研究越来越引起工程界的重视。

为了研究环境和荷载耦合作用下海工混凝土结构耐久性影响因素及劣化损伤行为，交通运输部于 2011 年设立了交通运输建设科技项目“环境和荷载耦合作用下海工混凝土结构耐久性及可靠度设计方法”，由中交四航工程研究院有限公司、天津大学、清华大学和中交第四航务工程勘察设计院有限公司共同承担，历时 3 年完成了课题研究工作。本书即是对所开展部分研究工作和取得成果的详细介绍和总结。

全书共分 8 章，第 1 章介绍了海水环境下混凝土结构耐久性劣化行为、我国典型海水腐蚀环境、海港工程混凝土结构耐久性调查情况及耐久性研究国内外现状；第 2 章结合工程案例，选择了部分实体工程，对混凝土结构在荷载作用下的实际应力水平进行调查与分析；第 3 章介绍了荷载和氯盐耦合作用的试验方法；第 4、第 5 和第 6 章分别详细叙述了恒定荷载与氯盐耦合、恒定荷载与盐冻耦合及交变荷载与氯盐耦合作用下混凝土结构耐久性劣化进程及损伤行为；第 7 章分析了结构裂缝对混凝土耐久性劣化的影响；第 8 章应用上述研究成果，建立了荷载-氯盐及多因素耦合作用下混凝土结构耐久性寿命预测模型。

本书的主要研究内容在耐久性传统研究基础上增加了“荷载”因素，即在“受力”的情况下研究混凝土结构的耐久性。研究结果表明，荷载对海水环境氯离子渗透扩散的影响是十分显著的，部分实际工程调查也证明了这一点。本书中混凝土结构耐久性寿命预测模型关键参数主要来源于工程调查和长期暴露试验的经验统计值，因时间有限，荷载影响因子来源于室内试验，鉴于统计数据的不确定性及室内试验不能完全反映实际工程的情况，所建立的耐久性寿命预测模型仍需要通过今后不断积累工程长期性能数据进行修正和完善。

参加本书撰写的人员为课题组部分成员，分工如下：第 1 章由黎鹏平、范志宏负责；第 2 章由应宗权、别社安负责；第 3 章和第 4 章由王胜年、熊建波负责；第 5 章由王胜年、黎鹏平负责；第 6 章由杨海成、应宗权负责；第 7 章由黎鹏平、范志宏负责；第 8 章由王胜年、范志宏负责。全书由王胜年构思、编排、审定。

除上述撰写人员外，课题组其他成员对本书的内容和部分研究成果也付出了努力，做出了贡献，未能一一列出，在此对所有的课题参加人员、对课题研究及本书编撰提供指导帮助的同行专家表示由衷的感谢。

感谢侯保荣院士对本书的举荐和指导。

由于作者水平有限，书中难免有不妥和疏漏之处，敬请读者批评指正。

著　者

2017 年 1 月

目　　录

第1章 绪 论

钢筋混凝土的出现尚不足200年，由于其具有的诸多优点，如取材广泛、施工简便、维护简单、成本低廉等，被广泛应用于世界各地的土木工程领域。预测在今后很长一段时间内，作为一种价廉物美的建筑材料，钢筋混凝土还将获得更广泛的应用，尤其是在基础设施大力兴建的发展中国家。

近半个世纪以来，人们越来越发现钢筋混凝土并非是一种预期的、能够长时间服役的建筑材料，尤其是在一些不当的设计施工、恶劣的外部环境条件共同作用下，混凝土结构的性能劣化严重，使得承载能力下降、安全性降低，进而影响长期服役性能，甚至不得不拆除重建，已经给世界各国带来了巨大的经济损失。

混凝土结构性能退化的根本原因大致可以分为两类：一类为混凝土结构本身承载能力不足或者超载引起的性能退化或损伤，即短期承载力方面的原因；另一类为混凝土自身材料和外界自然环境的共同作用使得其物理、力学性能随着使用时间的推移逐步退化，进而使得承载力不足，即长期耐久性方面的原因[1-5]。

混凝土结构产生耐久性失效是混凝土或钢筋的材料物理、化学性质及几何尺寸的变化，引起混凝土构件外观变化，不能满足正常使用的要求，导致承载能力退化，最终影响整个结构的安全[6-13]。其中，最普遍、最严重的原因是氯化物侵蚀引起的锈蚀，其次是冻融侵蚀、硫酸盐侵蚀、碳化锈蚀、碱集料反应和延迟钙矾石生成。因此，混凝土结构的耐久性失效应考虑以下几个方面：结构外观或表面破损已不能满足正常使用；钢筋锈蚀或结构破损已导致结构承载力下降到不能允许的程度；对结构进一步维修在技术上或经济上已经不可行。所以，混凝土结构耐久性失效过程包含在混凝土结构的建造、使用和老化的结构生命全过程，以及与结构生命全过程相对应的结构设计、施工和维护的各个环节[14, 15]。

结构耐久性不足所造成的后果是非常严重的。国内统计资料表明，由混凝土结构的耐久性问题而导致的损失是巨大的，而且耐久性问题将变得越来越突出。由于耐久性支配着混凝土结构在整个服役过程中的“健康”和“寿命”，因此，对结构耐久性的重视和工程建设前期投入尤其重要，国内外学者曾用“五倍定律”形象地描述了混凝土结构耐久性问题的重要性[16, 17]，即新建工程项目在防止钢筋锈蚀这一耐久性措施投入方面每节省1元，则发现钢筋锈蚀时需要采取的措施费为5元，至混凝土构件开裂时需要采取的措施费为25元，而严重破坏至影响结构安全性时需要采取的措施费增加到125元。可见，混凝土结构的耐久性决定了工程的建造品质，影响工程营运期的使用安全，关系工程建设的寿命成本。因此，混凝土结构的耐久性问题越来越受到土木工程界的重视，对混凝土结构的耐久性研究也逐渐成为热点。

1.1 海工混凝土结构的耐久性劣化行为

混凝土耐久性的好坏影响着混凝土结构的使用寿命。物理、化学等方面的影响使得混凝土的耐久性问题十分复杂，这些影响因素主要包括冻融循环、碳化、碱集料反应、化学腐蚀、海水及其他氯化物环境侵蚀、淡水溶蚀、机械力破坏及多种因素的共同作用。在上述所有因素中，海水环境被公认为是最恶劣的腐蚀环境，大部分地区的海工混凝土结构，从结构耐久性角度而言，混凝土构件可能发生的劣化如下。

1. 氯离子导致的构件内部钢筋锈蚀

海水环境、除冰盐及其他氯化物环境中的水溶氯离子通过扩散、渗透和吸附等途径从混凝土构件表面向混凝土内部迁移，在钢筋表面不断积聚，浓度逐渐增加，达到诱发钢筋锈蚀的电化学过程的临界浓度后，可引起钢筋的锈蚀。因为氯离子在钢筋锈蚀的电化学过程中起到催化和促进的作用，本身并不消耗，所以氯离子引起的钢筋锈蚀发展速度比碳化锈蚀快，而且不容易控制。

2. 大气中二氧化碳引起混凝土碳化导致内部钢筋锈蚀

一般环境对混凝土结构的腐蚀主要是碳化引起的钢筋锈蚀。混凝土呈高度碱性，钢筋在高度碱性环境中会在表面生成一层致密的钝化膜，使钢筋具有良好的稳定性。当空气中的二氧化碳扩散到混凝土内部后，会通过化学反应降低混凝土的碱度（碳化），使钢筋表面失去稳定性并在氧气与水分的作用下发生锈蚀。暴露在大气中的所有混凝土构件都会受到大气和环境温湿度作用，从而发生碳化和诱发锈蚀的进程，只是由于保护层混凝土特性与环境具体条件的差异，上述过程的发展速度差异很大。

3. 环境盐类对混凝土的侵蚀

盐类对混凝土的作用主要表现为化学反应作用和物理结晶作用。盐类中的 Mg^{2+}、SO_4^{2-}均可与混凝土中的相关化学成分反应。Mg^{2+}能和混凝土孔隙溶液中的 $Ca(OH)_2$ 反应，生成疏松而无胶凝性的 $Mg(OH)_2$，降低混凝土的密实性和强度。但是海水中相对高浓度 Cl^-的存在使 Mg^{2+}的作用减弱，可降低上述过程对混凝土的破坏。硫酸盐对混凝土的化学腐蚀主要是 SO_4^{2-}与混凝土中的水化铝酸钙反应生成硫铝酸钙，即钙矾石，体积膨胀导致混凝土开裂。

4. 混凝土内部的碱集料反应

碱骨料反应是混凝土中集料和硬化后混凝土的碱性孔隙溶液之间发生的一类反应。混凝土中的碱金属离子（Na^+和 K^+）与砂、石骨料中某些含有活性硅的成分发生碱硅反应；某些碳酸盐类岩石（如白云石）骨料也能与碱发生碱碳酸盐反应。这些反应产物具有较强的体积膨胀性，能引起混凝土体积膨胀、开裂。与前述的各种劣化过程不同，这些反应是在混凝土内部发生的，并不需要外部侵蚀性介质的侵入。碱骨料反应对结构的破坏是一个长期的渐进过程，其潜伏期可达十几年或几十年，而且一旦发现表面开裂，结构损伤往往已严重到无法修复的程度。

5. 环境的正负温交替作用对混凝土的冻融破坏

混凝土的冻融破坏是指混凝土在负温和正温的交替循环作用下，从表层开始发生剥落、结构疏松、强度降低、直到破坏的一种现象。冻融循环是引发寒冷地区混凝土破坏的最主要原因之一，其破坏形式主要分为两种：表面剥蚀和内部开裂。表面剥蚀一般发生在使用除冰盐的混凝土路面；内部开裂则常出现在处于高饱和状态的混凝土结构中（如寒冷地区各种海工、水工混凝土建筑）。

处于海洋环境下的港口码头、道路桥梁、海底隧道及其他海上建筑物等海工混凝土结构，氯盐的侵蚀造成混凝土内的钢筋腐蚀被公认为是导致混凝土结构破坏的最主要原因，其引起混凝土结构破坏已成为世界普遍关注的一大灾害。钢筋腐蚀破坏造成的直接、间接损失远远超出人们的预料，在欧、美发达国家和地区已构成严重的财政负担，我国海工混凝土耐久性差，腐蚀破坏情况也非常严重。

1.2 耐久性劣化过程及影响因素

1.2.1 氯离子侵蚀导致的钢筋锈蚀

氯离子引起的钢筋锈蚀包括两个过程，氯离子从外界向钢筋表面的迁移过程和在钢筋表面积聚至破坏钝化膜的诱发锈蚀过程。对于氯离子的迁移过程，控制因素是外界的氯离子浓度、混凝土本身的自密程度、混凝土的饱水率及胶凝材料的种类。氯离子需要以混凝土中连通的孔隙溶液为迁移介质，因此混凝土越致密、饱水率越小、孔隙溶液的连通率越低，氯离子的迁移速度越慢。而对于钢筋锈蚀过程本身，其影响因素主要包括氧气含量、孔隙含水率和阴阳极面积比等。

1. 氯离子迁移过程

影响氯离子扩散的因素主要包括：氯离子浓度、混凝土密实度、水泥组分、活性矿物掺合料、环境的温湿度等几个方面。混凝土中的氯离子有两种存在形式：一是混凝土孔隙溶液中游离的氯离子（自由氯离子）；二是被水泥组分或水化产物结合的氯离子（固化的氯离子）。氯离子从外界渗入混凝土内部时，部分氯离子会被水泥水化产物所结合或者吸附，区别于游离的氯离子，固化的氯离子指任何在水泥混凝土孔溶液中无法自由移动的氯离子。固化主要有化学固化与物理固化（以吸附为主）两种形式。固化的和游离的氯离子同时存在并保持化学平衡。混凝土中氯离子与水泥浆体的结合可理解为多孔介质与氯离子间的相互作用，氯离子结合的结果是游离氯离子从孔溶液中消耗和减少，从而改变了孔溶液中的氯离子浓度和向内扩散的浓度梯度，因此氯离子结合能力对外部氯离子的渗入速度有很大影响，延缓了氯离子渗入混凝土内部的时间，延长了混凝土的使用寿命。

1）氯离子浓度

以往的研究中，外部氯离子浓度的变化对混凝土结合氯离子性能影响的研究较少，但是外部氯离子浓度可能是影响氯离子结合的最主要因素之一[18]。研究表明，外部氯离子浓度越高，则混凝土内部的孔隙溶液中的氯离子浓度也越高，同时氯离子的结合量也越大，胶凝材料对氯离子的结合都存在一个极限范围，在极限范围之内，胶凝材料对氯离子的结合随着外部氯离子浓度的增加而增大。

2）混凝土密实度

混凝土本身是一种多孔材料，混凝土内部孔隙特征如孔隙率、孔径分布对混凝土材料的各种物理、力学性能及耐久性都有重要影响。混凝土的孔隙是环境有害物质的渗入通道，当环境存在氯离子、CO_2 及硫酸盐等腐蚀性介质时，腐蚀性介质易通过混凝土内部的孔隙不断渗入混凝土内部，从而侵蚀混凝土或引起钢筋锈蚀。混凝土的密实度越大，则孔隙率就小，有害物质的通道就越少，混凝土抗环境腐蚀能力越强。因此，掌握混凝土孔隙的形成、特性等影响因素，采取措施降低孔隙率，提高混凝土的密实性，可有效提高混凝土材料的耐久性。

3）水泥组分

水泥组分对氯离子扩散性能的影响，主要是组分中的成分水化后对氯离子的吸附作用，这些研究主要包括了 C_3A 和 C_4AF、C_3S 和 C_2S，以及 SO_3 等三个方面。

（1）C_3A 和 C_4AF。在内掺氯盐的情况下，谢燕等[19]发现水溶性氯离子随 C_3A 含量的增加而显著减少。同时，他们将含 9%和 14%C_3A 的水泥配制的混凝土浸泡在氯盐溶液中，X 射线衍射分析确认了 Friedel 盐的形成。Ahmed 和 Mohammed[20]将纯 C_3A-石膏混合物、普通水泥，以及 C_3S 浆体浸泡在不同浓度的氯盐溶液中，发现 C_3A-石膏混合物吸附的氯离子量要大于其他两种浆体。大量内掺氯盐的研究表明，C_3A 含量越高，氯离子吸附量越大。

氯离子与 C_3A 和 C_4AF 可以发生化学反应生成 Friedel 盐及其相似物，因此在内掺氯盐的条件下水泥中的 C_3A 和 C_4AF 含量决定了氯离子的化学吸附。关于 Friedel 盐的生成方式，存在不同的观点，部分研究认为是由 C_3A 与 $CaCl_2$ 直接反应生成，当氯盐为氯化钠时，固化过程的反应如式（1-1）和式（1-2）[21, 22]所示。

$$Ca(OH)_2 + 2NaCl = CaCl_2 + 2Na^+ + 2OH^- \tag{1-1}$$

$$C_3A + CaCl_2 + 10H_2O \longrightarrow C_3A \cdot CaCl_2 \cdot 10H_2O \tag{1-2}$$

根据 Suryavanshi 和 Swamy[23]的研究，Friedel 盐和其相似物可以通过两种不同的机理形成：吸附机理和离子交换机理。在吸附机理中，Friedel 盐的形成通过 AFm 相的层间（$[Ca_2 \cdot Al(OH^-)_6 \cdot 2H_2O]^+$）吸附孔隙溶液中的氯离子以达到电中性。而氯离子交换机理则认为是氯离子取代了 AFm 的水化相（C_4AH_{13}）层间的氢氧根离子以形成 Friedel 盐，该过程可以通过式（1-3）表示：

$$R—OH^- + Na^+ + Cl^- = R—Cl^- + Na^+ + OH^- \tag{1-3}$$

（2）C_3S 和 C_2S。与 C_3A 相比，C_3S 和 C_2S 的氯离子吸附的研究相对较少，C—S—H 凝胶是主要水化产物，它决定了氯离子的物理吸附。有关氯离子物理吸附的相关机理研究并不完整，近年来的研究多集中在利用双电层理论来解释氯离子在 C—S—H 凝胶表面被固化的现象。研究认为，水化物因吸附了溶液中的阳离子（如 Ca^{2+}、Na^+等）而带正电，并使带负电的氯离子被吸附在其上。双电层的电位与所吸附阳离子的价数、温度和孔溶液中的氯离子浓度均有关系，特别是后者，具有决定性的影响[24]。此外，还有文献报道了其他形式的氯离子与 C—S—H 凝胶的固化情况。Diamond[25]通过观察背散射电子的扫描电子显微镜（scanning electron microscope，SEM）图像，发现有氯离子存在于 C—S—H 结构内部。他解释为，内掺氯离子条件下，某些氯离子可以进入 C—S—H 结构的内部。Beaudoin 等[26]则通过研究 $CaCl_2$ 与 C_3S 水化物的作用机理，成功区分了三种不同反应类型，根据其论述，氯离子可以存在于水化硅酸钙的化学吸附层上，渗透进入 C—S—H 层间孔隙，还可被紧紧固化在 C—S—H 微晶点阵中。C_3S 和 C_2S 的含量越高，C—S—H 含量越高，吸附的氯离子含量也越高。Tang 和 Nilsson[27]发现普通硅酸盐水泥混凝土的氯离子吸附能力完全取决于 C—S—H 的含量，而与水灰比和骨料含量没有关系。

（3）SO_3。水泥中 SO_3 的含量对氯离子吸附也有一定的影响。研究表明，SO_3 含量对水泥的吸附能力有负面的影响，特别是在低氯离子浓度时，硫酸根利于与 C_3A 和 C_4AF 反应生成钙矾石或者单硫型硫铝酸钙，而随着氯离子浓度的增加，单硫型硫铝酸钙首先转变成为 Kuzel 盐，然后氯离子浓度更高时才转变成为 Friedel 盐。此外，水泥水化时，C_3A 和 C_4AF 会首先与硫酸根离子反应生成相应的产物，剩余的 C_3A 和 C_4AF 才会水化生成 C_3AH_6 或者 C_4AH_{13} 等水化产物，而钙矾石和单硫型硫铝酸钙对氯离子的吸附能力要低于 C_3AH_6 或者 C_4AH_{13} 等水化产物[28]。

4）活性矿物掺合料

（1）粉煤灰。Dhir 和 Jones[29]运用平衡浓度法，采用内掺盐的方式研究了粉煤灰部分取代水泥后胶凝材料对氯离子的吸附性能，在粉煤灰含量低于 50%的情况下，水化产物对氯离子的吸附能力随粉煤灰掺量的增加而增大。其他研究者采用内掺盐的研究也表明在合理掺量的范围内，粉煤灰对氯离子吸附呈正效应，其原因可能是粉煤灰中的高铝组分增加了对氯离子的吸附作用，且粉煤灰的外形多为圆球形，其内部较大的比表面积也可增加对氯离子的吸附，部分研究表明粉煤灰的水化增加了化学固化氯离子的能力，但是它与粉煤灰的细度、活性等因素有关。而 Nagataki 和 Otsuki[30]采用外渗氯离子的方式研究了粉煤灰掺量对氯离子结合能力的影响，当粉煤灰的掺量超过 30%之后，对氯离子的吸附能力就会降低。

（2）矿渣粉。采用内掺盐或者外渗氯离子的研究均表明，矿渣粉取代部分水泥后，能够提高胶凝材料水化产物对氯离子的结合和吸附数量。Dhir 认为，活性矿渣粉的掺入导致胶凝材料对氯离子吸附性能提高的主要原因是，活性矿渣粉中的铝含量较高，矿渣粉中的铝相水化之后会与氯离子结合生成大量 Friedel 盐，而且矿渣粉本身的比表面积很大，也有利于对氯离子的吸附。Xu[31]运用两种不同类型的胶凝材料：一种为普通硅酸盐水泥，另一种为矿渣粉掺量为 65%的水泥，当两种胶凝材料中的硫酸盐含量相同时，使用内掺盐的方法发现，掺有矿渣粉的复合胶凝材料并没有表现出较好的氯离子吸附性能，因此 Xu 将此矿渣粉水泥的高氯离子吸附能力归结为硫酸根离子的稀释效应。

（3）硅灰。Arya 和 Xu[32]对掺加了 15%的硅灰胶凝材料体系进行研究，将养护至规定龄期的浆体置于 0.56mol/L 的 NaCl 溶液中，发现硅灰的加入降低了胶凝材料对氯离子的吸附性能。尽管有研究者提出了相反的意见，但是大部分的研究均证实，无论采用内掺氯盐还是外渗氯离子的方式，硅灰的掺入都会降低胶凝材料对氯离子的吸附性能。引起吸附能力变化的主要原因为：硅灰的掺入增加了低 Ca/Si 水化产物在 C—S—H 中的比重；降低了孔隙溶液的 pH；增大了 Friedel 盐的溶解度。硅灰的掺入可以提高水化产物中 C—S—H 的含量，从而提高其对氯离子的吸附能力，但是低 Ca/Si 的水化产物对氯离子的吸附则有负面影响。Lambert 和 Page[33]通过差热分析和热重分析发现，Friedel 盐的含量随硅灰含量的增加而减少，低 pH 和 C_3A 的稀释效应可能解释氯离子吸附降低的原因。

2. 氯盐环境下钢筋锈蚀的电化学理论

以硅酸盐水泥为凝胶主体的混凝土中，孔隙液通常是氢氧化钙的饱和溶液，钢筋在这种高碱性环境下，表面能生成一层致密的保护膜，主要由铁的氧化物构成，同时包含部分 Si—O 键。但是，此钝化膜只有在高碱性环境中才是稳定的，当 pH<11.5 时，钝化膜开始不稳定（临界值）；当 pH<9.88 时，钝化膜生成困难或已经生成的钝化膜逐渐破坏。氯离子对钢筋钝化膜破坏过程的机理已经有了大量的研究，也有许多观点，如膜的化学溶解，在膜与基底界面形成“金属孔洞”，在氧化铁/溶液界面存在着高浓度的氯离子而导致局部酸化和孔蚀。比较一致的看法可归结为氯离子的自催化酸化机理，反应历程如式（1-4）～式（1-6）所示。

$$Fe^{2+}+2Cl^{-} \longrightarrow FeCl_2 \tag{1-4}$$

$$FeCl_2+2H_2O \longrightarrow Fe(OH)_2+2Cl^{-}+2H^{+} \tag{1-5}$$

$$6FeCl_2+O_2+6H_2O \longrightarrow 2Fe_3O_4+12H^{+}+12Cl^{-} \tag{1-6}$$

从式（1-4）～式（1-6）可以看出，钢筋钝化膜遭破坏时需要将钢筋表面的 Fe^{2+}转变成为 $Fe(OH)_3$。当钢筋周围的氯离子浓度超过一定的限值后，钝化膜开始破坏，Fe^{2+}与氯离子结合生成 $FeCl_2$，在钢筋表面供氧充分的条件下，$FeCl_2$ 会生成 $Fe(OH)_2$ 并进一步生成 $Fe(OH)_3$，此时结合的氯离子被释放出。氯离子在反应中不断地结合、释放而反复参与反应，主要产生催化剂的作用。

氯盐环境下混凝土内钢筋腐蚀如图 1-1 所示。

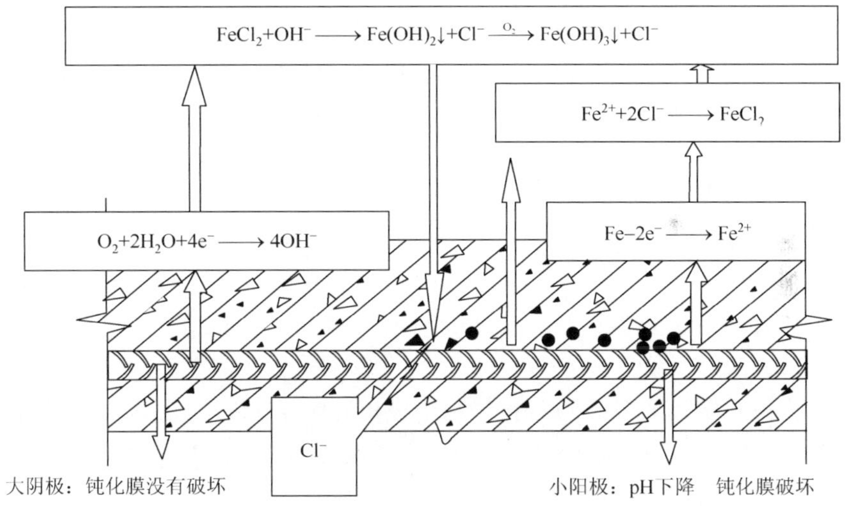

图 1-1 氯盐环境下钢筋腐蚀示意图

在钢筋钝化膜破坏的过程中，钢筋周围的溶解氧含量也是影响钝化膜破坏的一个重要参数。在溶解氧含量不足的情况下，Fe^{2+}与氯离子结合生成 $FeCl_2$ 并覆盖于钝化膜的表面，会阻止钝化膜的进一步破坏，同时混凝土内的碱性环境会对钝化膜进行修复。因此，钢筋周围的溶解氧含量是影响钢筋锈蚀氯离子临界浓度的一个重要参数。氯化物诱发钢筋腐蚀的机制包括了以下几个方面[34-37]。

（1）局部酸化作用。虽然氯化物是中性盐，它的侵入不会引起整个混凝土孔隙溶液 pH 的变化。但是，当其中的氯离子与其他阴离子（如 OH^-、O^{2-}等）共存并被吸附时，Cl^-具有优先被吸附的趋势。所以，钢筋钝化膜表面附近的 Cl^-浓度将远高于微孔水中的 Cl^-平均浓度，也就是说，钢筋钝化膜表面的 OH^-浓度将远低于微孔水中的 OH^-平均浓度。这说明，钢筋钝化膜表面已经被 Cl^-局部酸化。由于 Cl^-的局部酸化作用，钢筋表面阳极电解液的 pH 将被局部酸化至 3.5 左右。

（2）形成“活化-钝化”腐蚀原电池。Cl^-对钢筋表面钝化膜的破坏首先发生在局部（点），使这些部位（点）露出了铁基体，与尚完好的钝化膜区域之间构成电位差。铁基体作为阳极而被腐蚀，大面积的钝化膜区作为阴极。这种大阴极对应于小阳极，坑蚀发展十分迅速且腐蚀发生后钢筋的截面损失率迅速增加。

（3）Cl^-的催化剂作用。Cl^-不仅促成了钢筋表面的腐蚀电池，还可以加速电池作用的过程。在阳极发生的反应过程是 $Fe-2e^- = Fe^{2+}$，如果生成的 Fe^{2+}积累于阳极表面，则阳极反应就会受阻；如果生成的 Fe^{2+}能及时被搬运走，则阳极过程就会顺利进行乃至加速进行。而 Cl^-与 Fe^{2+}会生成 $FeCl_2$，由于 $FeCl_2$是可溶的，会与溶液中的 OH^-，生成 $Fe(OH)_2$沉淀，又进一步被氧化成铁的氧化物。

（4）降低混凝土电阻的作用。腐蚀电池的要素之一是要有离子通路。而 Cl^-的存在强化了离子通路，降低了钢筋表面微观腐蚀电池阴、阳极之间的混凝土电阻，提高了腐蚀电池的效率，从而加速了电化学腐蚀的进程。

3. 引起钢筋锈蚀的临界氯离子浓度

目前对于氯离子临界浓度的研究主要有三种方法：模拟孔隙溶液法、内掺氯盐法和外渗氯离子法。测试方法不同，氯离子临界浓度的表示方法也不相同，氯离子临界浓度的取值也有较大的差异。氯离子临界浓度的表示主要有$[Cl^-]/[OH^-]$和氯离子含量两种方式。

对于模拟孔隙溶液法，Gouda[38]利用模拟孔溶液的研究认为氯离子临界浓度并不是单一的数值，而是一个与溶液 pH 有关的参数，且$[Cl^-]/[OH^-]$是判断钢筋锈蚀最合理的参数，并认为钢筋锈蚀始发的「Cl^-]/[OH^-]在 0.6 左右较为合适。Dimond 研究结果表明 pH 在 11.6～12.4 时，「$C1^-$]/[OH^-]约为 0.60 的结果是合理的，但是「$C1^-$]/[OH^-]会随着溶液中 pH 的升高而增加。将钢筋分别放置于碱溶液和水泥砂浆中同时试验，发现将钢筋置于水泥砂浆中钢筋锈蚀的$[Cl^-]/[OH^-]$临界值要大得多，Hussain 等也发现将钢筋置于水泥砂浆中，当 pH 在 13.26～13.36 时对于硅酸盐水泥水灰比 0.55 左右的水泥浆体、砂浆或混凝土试件$[C1^-]/[OH^-]$临界值为 1.28～2.0，且随碱度提高$[Cl^-]/[OH^-]$临界值有升高的趋势。林昌建等研究认为 pH 为 12.5 的碱性溶液中，当模拟溶液中的氯离子浓度达到 0.55mol/L 时，钢筋表面的钝化膜将会破坏；当 pH 降低到 12.0，模拟液中的氯离子浓度达到 0.10mol/L 时钢筋表面的钝化膜就开始破坏。

加速混凝土中钢筋腐蚀最常用的方法是在混凝土拌和过程中加入一定量的氯盐，此方法简单易行，而且可以控制加入氯离子的含量，曾广泛地用于评价混凝土内的氯离子临界浓度。Morris 和 Vico[39]通过对混凝土内部渗盐的方法，得出临界氯离子浓度应为水泥质量的 0.17%，Thomas 等[40]内掺氯盐的研究也表明，氯离子临界浓度的取值为 0.2%～0.7%，部分研究机构给出的临界值为 0.2%～2.5%。但此方法有诸多缺陷：首先，钢筋在混凝土中的钝化需要时间，如果氯离子在拌和时就加入，则钢筋在钝化前就与氯离子接触，会改变钝化膜破坏的时间，因而不能对氯离子临界浓度进行正确的判断。其次，在拌和水中加入氯盐会改变胶凝材料的水化反应进程，加速水泥水化并导致增大孔隙率、增加孔隙液的电导率，并改变孔隙液 pH 等。

外渗氯离子方法的研究较晚，且此方法非常耗时而较少被人采用。Thomas 等将试件放置于海洋环境下进行氯离子渗透试验，发现粉煤灰取代部分水泥会引起氯离子临界浓度降低，当粉煤灰掺量达到 50%时，总氯离子临界浓度从 0.70%降低到了 0.20%（占胶凝材料的含量）。Ryou 和 Ann[41]分别采用内掺盐和外渗氯离子的方式开展了氯离子临界浓度的研究，采用普通硅酸盐水泥、30%的粉煤灰+70%水泥、60%的矿渣粉+40%水泥，以及 10%硅灰+90%水泥制成的内掺盐砂浆试件置于 0.5mol/L 的 NaCl 溶液中，同时，其采用相同配合比的胶凝材料制作钢筋混凝土试件，然后将其置于 4mol/L 的 NaCl 溶液中，结果表明普通硅酸盐水泥其临界氯离子浓度为 1.15%～0.36%，且掺合料的加入降低了氯离子临界浓度，研究也表明，内掺盐方法所获得的氯离子临界浓度要略高于外渗氯离子方法所获得的临界浓度。

在实验研究和工程实践的基础上，许多国家在相关规程、规范中都对混凝土中 Cl^-作出了相应的限量规定。Cl^-不论以何种途径进入混凝土中，其含量都不允许超出该限定值，并以此作为新建工程质量控制的重要技术指标之一。表 1-1 列出了我国《水运工程混凝土施工规范》规定混凝土拌合物中以水泥质量分数计的氯离子限值。

表 1-1 JTJ-96 中的氯离子限定值（水泥质量分数%）

暴露环境	预应力混凝土	钢筋混凝土	素混凝土
海洋环境	0.06	0.10	1.30
淡水环境	0.06	0.30	1.30

1.2.2 混凝土碳化引起的钢筋锈蚀

大气环境对混凝土结构的腐蚀主要是碳化引起的钢筋锈蚀。混凝土呈高度碱性，钢筋在高度碱性环境中会在表面生成一层致密的钝化膜，使钢筋具有良好的稳定性。当空气中的CO_2扩散到混凝土内部，会通过化学反应降低混凝土的碱度，使钢筋表面失去稳定性并在 O_2 与水分的作用下发生锈蚀。对于混凝土的碳化过程，需要考虑的环境因素主要是湿度（水）、温度、CO_2 与 O_2 的供给程度。如果大气相对湿度较高，混凝土的内部孔隙充满孔隙溶液，则空气中的CO_2难以进入混凝土内部，碳化就只能非常缓慢地进行；如果周围大气的相对湿度很低，混凝土内部比较干燥，孔隙溶液的量很少，碳化反应也很难进行。

1. 混凝土碳化机理

在混凝土水化过程中，水泥组分中的C_3S和C_2S会水化生成氢氧化钙，氢氧化钙在硬化水泥浆体中结晶，或者在其空隙中以饱和水溶液的形式存在，其 pH 为 12.65～13.20，呈强碱性。在水泥水化过程中，化学收缩、自由水蒸发等多种原因，致使混凝土内部存在大小不同的毛细管、孔隙、气泡等，大气中的CO_2通过这些孔隙向混凝土内部扩散，并溶解于孔隙内的液相，在孔隙溶液中与水泥水化过程中产生的可碳化物质（氢氧化钙）发生碳化反应，生成$CaCO_3$。混凝土碳化过程的主要化学反应如式（1-7）～式（1-10）所示。

$$CO_2 + H_2O \longrightarrow H_2CO_3 \tag{1-7}$$

$$Ca(OH)_2 + H_2CO_3 \longrightarrow CaCO_3 + 2H_2O \tag{1-8}$$

$$3CaO \cdot 2SiO_2 \cdot 3H_2O + 3H_2CO_3 \longrightarrow 3CaCO_3 + 2SiO_2 + 6H_2O \tag{1-9}$$

$$2CaO \cdot SiO_2 \cdot 4H_2O + 2H_2CO_3 \longrightarrow 2CaCO_3 + SiO_2 + 6H_2O \tag{1-10}$$

由此可见，水泥中的水化物，通过碳化反应，都能生成$CaCO_3$，使混凝土中的碱度降低，而水化硅酸盐由于碳化反应，除了生成$CaCO_3$以外，还产生了SiO_2，在混凝土结构表面发生起砂现象。

2. 碳化产生条件及影响因素

混凝土碳化是混凝土中的碱与环境中的CO_2发生化学反应，生成$CaCO_3$的过程。混凝土碳化的最直接结果是，混凝土的碱性降低，从而钢筋表面的钝化膜破坏，钢筋失去其保护作用而产生锈蚀，最终导致结构破坏。因此，混凝土碳化是一般大气环境混凝土中钢筋锈蚀的前提条件。同时，混凝土碳化还会加剧混凝土的收缩。这些都可以导致混凝土的裂缝和结构的破坏。

根据碳化的机理，碳化的产生必须满足两个条件：①与混凝土结构接触的气体中一定浓度二氧化碳的存在；②混凝土溶液碱性环境的存在。作为混凝土内部物质与外界环境之间发生的一个反应过程，混凝土的碳化也受到诸多因素的影响和制约。

1）混凝土配合比

通常，混凝土配合比包括了水胶比、水泥品种、水泥用量、掺合料种类和掺量、砂率和骨料粒径等参数，其中水胶比是决定混凝土性能的重要参数，水胶比越大，混凝土内部的孔隙率就越大。由于 CO_2 的扩散是在混凝土内部的气孔和毛细管中进行的，因此水胶比就从一定程度上决定了 CO_2 在混凝土中的扩散速度。

水泥品种不同，水泥水化产物中碱性物质的含量及混凝土的渗透性不同，从而影响混凝土的碳化速度。而混凝土吸收 CO_2 的量取决于水泥用量和混凝土的水化程度，水泥用量越大，碳化速度越慢。

对于掺加粉煤灰对混凝土碳化的影响，目前存在着两种不同的观点。在普通混凝土中掺加粉煤灰后，不仅降低了水泥中的熟料含量，同时粉煤灰的水化会消耗掉部分 $Ca(OH)_2$，这两方面都会导致混凝土吸收 CO_2 的能力降低。此外，粉煤灰混凝土的早期强度低，孔结构差，会加速 CO_2 在混凝土中的扩散速度，从而使碳化速度加快。但部分观点认为，掺加粉煤灰后改善了混凝土的孔隙结构，降低了混凝土中孔隙的连通性，并提高了浆体和骨料间的界面抗渗透性，导致 CO_2 在混凝土中的扩散速率降低，从而提高了混凝土的抗碳化性能。

2）混凝土强度

混凝土的抗压强度是混凝土最基本的性能指标，也是衡量混凝土品质的综合参数，它能反映混凝土孔隙率、密实度的大小，因此混凝土强度高，其抗碳化能力强。养护方法和龄期的不同导致水泥的水化程度不同，在水泥熟料一定的条件下生成的可碳化物质的含量不等，从而影响混凝土的碳化速度。

Atis[42]采用加速碳化方法研究了 5 种粉煤灰混凝土的碳化深度和强度之间的关系（水胶比 0.54），结果表明两者有着显著的线性关系，且相关系数达到了 0.9，认为可以用混凝土强度来推测碳化深度。虽然结果表明碳化深度与强度具有线性关系，但是需注意混凝土所采用的水胶比都较大。而 Bouikni 等[43]对湿养护不足的、掺加 50%矿渣粉混凝土的碳化深度和强度进行了比较（水胶比 0.40），发现两者并不存在严格的线性关系。

3）环境条件

环境条件包括相对湿度、环境 CO_2 浓度和环境温度等。环境相对湿度通过湿度平衡决定着孔隙水的饱和度：一方面影响 CO_2 的扩散速度；另一方面，由于混凝土碳化的化学反应均需在溶液中或固体与液体界面上进行，因此相对湿度也是决定碳化反应快慢的因素之一。环境中 CO_2 浓度越大，混凝土内外 CO_2 浓度梯度就越大，CO_2 越容易扩散进入孔隙，同时化学反应速率也加快。温度的升高可促进碳化反应速率的提高，更重要的是加快了 CO_2 的扩散，温度的交替变化也有利于 CO_2 的扩散。

1.2.3 环境盐类对混凝土的腐蚀作用

海水中的盐类除了包括 Na^+、Mg^{2+}、Cl^-、SO_4^{2-}外，还有数量较少的 K^+、Ca^{2+}、HCO_3^-等。盐类对混凝土的作用主要表现为化学反应作用和物理结晶作用。盐类中的 Mg^{2+}、SO_4^{2-}均可与混凝土中的相关化学成分反应。Mg^{2+}能与混凝土孔隙溶液中的 $Ca(OH)_2$ 反应，生成疏松而无胶凝性的 $Mg(OH)_2$，降低混凝土的密实性和强度。但是，海水中相对高浓度 Cl^-的存在使 Mg^{2+}的作用减弱，减弱了上述过程对混凝土的破坏。硫酸盐对混凝土的化学腐蚀是两种化学反应的结果：一是与混凝土中的水化铝酸钙起反应形成硫铝酸钙，即钙矾石；二是与混凝土中氢氧化钙结合形成硫酸钙（石膏），两种反应均会造成体积膨胀，使混凝土开裂。对于物理结晶作用，海水中的盐类可以渗入混凝土内部，在干湿交替的情况下，蒸发使水中的盐类逐渐积累，当超过饱和浓度时就会析出盐结晶而产生很大的压力。

Tumidajski 和 Chan[44]综合有关文献的研究成果，认为海水对混凝土结构的破坏作用主要有以下几个方面。

（1）$Ca(OH)_2$ 被 Mg^{2+}分解，即发生化学反应形成 $Mg(OH)_2$：

$$Ca(OH)_2 + Mg^{2+} \longrightarrow Mg(OH)_2 + Ca^{2+} \tag{1-11}$$

由于 $Mg(OH)_2$ 几乎是不溶的，所以该化学反应能够进行彻底，直到混凝土中 $Ca(OH)_2$ 被消耗完毕。另外，$Mg(OH)_2$ 的摩尔体积高于 $Ca(OH)_2$，水泥石中 $Mg(OH)_2$ 的形成将在混凝土内部产生拉应力，当该拉应力超过混凝土的抗拉强度时就会在结构内部产生裂缝，从而使混凝土的渗透性大大提高。

（2）$Mg(OH)_2$ 与氯离子反应形成碱式氯化镁[$Mg_2(OH)_3Cl·4H_2O$]。

（3）C—S—H 中的钙被镁取代，最终形成无胶凝能力的水化硅酸镁（M—S—H）。

（4）海水中的镁盐会降低混凝土孔隙溶液的 pH，以致 C—S—H 丧失热力学稳定性，从而导致 C—S—H 发生分解。

由于水泥混凝土具有多相多孔结构，在集料界面过渡区 $Ca(OH)_2$ 晶体与 C—S—H 凝胶接触区形成一个连续的毛细孔隙网，侵蚀性离子通过扩散、渗透进入孔隙溶液中才能发生化学反应。腐蚀产物形成时的固相体积增加及其在孔内以针状或棒状晶体定向生长，对孔壁产生很大的结晶压力，造成混凝土开裂，导致海水沿裂缝快速渗透，pH 降为 6.2～7.2。孔隙溶液 pH 降低后，C—S—H 凝胶的稳定性大大降低，当 pH 为 12.5 时，其 C/S 为 2.12；当 pH 为 8.8 时，其 C/S 为 0.5；当 pH 低于 8.8 时，C—S—H 凝胶释放出全部 Ca^{2+}转变成硅胶。

$$3MgSO_4 + C_3S_2H_6 + 8H_2O \longrightarrow 3Mg(OH)_2 + 3(CaSO_4 \cdot 2H_2O) + 2(SiO_2 \cdot H_2O) \quad (1\text{-}12)$$

因此，海水中的盐类腐蚀导致混凝土孔隙溶液 pH 的持续下降，是水泥混凝土破坏的重要原因。

1.2.4 混凝土内部膨胀反应——碱集料反应

发生碱骨料反应的充分条件是：混凝土有较高的碱含量，骨料有较高的活性和水分的参与。如果混凝土在使用过程中不会接触到水，即使含碱量较高和含有活性骨料的混凝土也不会发生碱骨料反应。在混凝土中加入足够掺量的粉煤灰、粒化高炉矿渣粉或沸石等掺合料，能够抑制碱骨料反应。采用密实的低水胶比混凝土能有效阻止水分进入混凝土内部，也有利于防止反应的发生。

1. 碱集料反应的类型

根据集料中碱活性矿物的种类不同，碱集料反应可分为碱-硅酸反应（alkali-silica reaction，ASR）和碱-碳酸盐反应（alkali-carbonate reaction，ACR）两类。

1）碱-硅酸反应

ASR 是指集料中活性 SiO_2 与混凝土孔溶液中的碱发生的膨胀反应。活性 SiO_2 包括蛋白石、玉髓、鳞石英、方石英和隐晶、微晶或玻璃质石英。此外，粗晶石英破裂严重或受应力者（应变石英）也可能具有碱活性。从结晶化学角度看，活性 SiO_2 实际上就是指晶体内部存在较多缺陷的石英。

关于 ASR 的膨胀机理，存在两种理论，即渗透压理论和吸水肿胀理论。渗透压理论认为集料周围的水泥浆起半透膜作用。半透膜由碱集料反应生成的石灰-碱-氧化硅凝胶组成，碱性氢氧化物和水可以通过半透膜扩散到反应区（集料颗粒），产生膨胀压；而对于碱与二氧化硅反应生成的硅酸离子，这个膜是非渗透性的，因此，反应生成物堆积于集料颗粒上，形成巨大的渗透压力，当这种渗透压超过混凝土强度时即造成混凝土结构破坏。吸水肿胀理论认为，集料中的活性 SiO_2 与水泥中的碱反应，从而在集料与水泥石界面上生成碱-硅酸凝胶，这些凝胶具有较强的吸水肿胀性，当肿胀产生的应力超过混凝土的强度时，将导致混凝土开裂。

2）碱-碳酸盐反应

碱-碳酸盐反应是碱-集料反应类型之一，是指在混凝土结构中，水泥或环境中的碱与碳酸盐岩（白云石）起化学反应，引起混凝土膨胀甚至开裂，从而造成整个混凝土结构破坏。碱-碳酸盐反应是碱与岩石中的白云石晶体间的化学反应（此反应也称为去白云石化反应），反应产物是方解石（$CaCO_3$）、水镁石（$Mg(OH)_2$）和碳酸盐。表述如式（1-13）所示：

$$CaMg(CO_3)_2+2MOH═══Mg(OH)_2+CaCO_3+M_2CO_3 \quad (1\text{-}13)$$

式中，M 为碱金属离子：Na^+、K^+、Li^+。在混凝土中，反应生成的碳酸碱将与水泥水化产物氢氧化钙作用而使碱再生，反应过程如式（1-14）所示：

$$M_2CO_3+Ca(OH)_2═══2MOH+CaCO_3 \quad (1\text{-}14)$$

再生的碱与白云石晶体继续反应，直到白云石被反应完。

几十年来，人们对碱-碳酸盐反应的膨胀机理提出了各种解释，归纳起来分为直接反应机理和间接反应机理。这两类假说均认为碱-碳酸盐反应膨胀是以去白云石化反应为前提的一系列化学反应和物理过程的总结果，只是对于去白云石化反应之后由什么过程引起碱-碳酸盐反应膨胀存在很大争议。

2. 影响碱集料反应的主要因素

根据碱集料反应的膨胀机理，在混凝土中发生碱-集料反应膨胀破坏必须具备三个条件：集料具有碱活性；混凝土孔溶液中有足够的可溶碱；混凝土处于高湿度环境[45]。

1）集料的碱活性

碱-硅酸反应（ASR）与碱-碳酸盐反应（ACR）的共同点是与碱发生的化学反应导致混凝土中集料的体积增大，从而使得混凝土甚至整个建筑物或构筑物发生膨胀开裂。集料中活性矿物的类型、含量及集料的岩石结构构造特征等不同，碱集料反应的反应机理和膨胀行为也不同，从而对集料是否具有碱活性的判断产生影响。

2）水分对碱集料反应的影响

一般认为，处于干燥环境中的混凝土不会发生碱集料反应破坏，但是，混凝土在干燥条件下仍维持有孔溶液，除几十毫米的表层比较干燥外，其内部的相对湿度仍达到 80%～90%。放置在干燥环境中的含活性集料的混凝土一旦与湿空气接触，几天之内混凝土将快速发生膨胀，其膨胀值甚至与一直放置于潮湿环境中的混凝土大体相当。由此，只有一直处在干燥环境中的混凝土才可不考虑碱集料反应的危害。

湿度是控制混凝土碱集料反应膨胀行为的一个重要因素，直接影响混凝土的膨胀速度和膨胀值。降低相对湿度将延缓膨胀的发生和减慢混凝土的破坏，但是有时后期造成的破坏将更严重。20℃时若相对湿度低于 80%～85%，ASR 将不造成破坏。温度升高，这一数值可能要小一些。要使 ACR 不产生膨胀破坏，相对湿度必须低于 50%。降低相对湿度虽然可以降低 AAR（alkali-aggregate reaction）膨胀，但是实际混凝土所处环境的湿度条件是难以人为控制的。此外，湿度条件的变化还可能导致混凝土中碱的迁移，并在局部富集，从而加剧 AAR。目前对已发生 AAR 破坏的工程进行修补而采用了隔离混凝土与外部水分的技术路线，实践证明其效果并不理想。

3）混凝土中的碱对碱集料反应的影响

碱集料反应的发生是混凝土孔溶液中的碱（Na、K）与集料中活性组分在混凝土硬化后发生缓慢化学反应，反应生成物吸水膨胀，导致混凝土因膨胀开裂而破坏。混凝土孔溶液中有足够高的可溶碱是碱集料反应发生的重要因素。

1.2.5 混凝土内部膨胀反应——硫酸盐反应

硫酸盐对混凝土的腐蚀是一个非常复杂的物理化学过程。由于混凝土本身是一种由石子、砂、水和粉煤灰等外掺料组合而成的非均匀多孔介质，在浇筑过程中会不可避免地存在一些微裂缝或气泡等初始缺陷，当外界硫酸根离子侵入混凝土的内部时，与混凝土中的某些成分发生一系列的反应生成难溶的矿物。这些矿物一方面体积膨胀导致混凝土破坏；另一方面也可使水泥的水化产物氢氧化钙和C—S—H凝胶等分解或溶出，从而导致混凝土的强度和黏结性能降低。

1. 混凝土硫酸盐侵蚀的分类

1）物理作用

硫酸盐腐蚀混凝土的物理作用是指硫酸盐侵入混凝土内部后，在混凝土内结晶膨胀，从而导致混凝土表面剥落破坏。研究人员采用半浸泡的方法，将混凝土分别放在 Na_2SO_4 溶液和 $MgSO_4$ 溶液中进行湿度循环来进行加速腐蚀试验。结果表明：混凝土受 Na_2SO_4 溶液腐蚀会有无定性的 Na_2SO_4 和少量结晶态的 Na_2SO_4 存在。而受 $MgSO_4$ 溶液腐蚀则不存在结晶现象。关于硫酸钠结晶腐蚀混凝土的机理目前主要有三种观点：固相体积理论、结晶水压力理论和盐结晶压力理论[46]。

固相体积理论指混凝土中无水硫酸钠转换成十水硫酸钠晶体后，体积增大导致混凝土破坏。

结晶水压力理论和固相体积理论相似。该理论认为结晶水合物和无水化合物受到同样的平衡压力，实质是固相体积转化过程。假设孔隙中的盐不再移动、孔隙中的盐与外界环境接触、外界环境中的相对湿度高于两种结晶盐之间转换时的平衡湿度，然后推导可得到硫酸盐结晶水合压力的热力学计算公式。

盐结晶压力理论认为，当环境相对湿度上升时，从无水硫酸钠中产生的硫酸盐溶液相对于 $Na_2SO_4·10H_2O$ 是过饱和的，当环境相对湿度或温度下降，就会在溶液中结晶。因此整个过程是无水硫酸钠先溶解然后重新结晶成水合物。

2）化学作用

硫酸盐腐蚀混凝土过程中的化学作用主要是指水泥水化产物氢氧化钙（CH）、水化硅酸钙（C—S—H）、水化铝酸钙（C—A—H）、钙矾石（AFT）和单硫型水化硫铝酸钙（AFM）及硫酸盐发生化学反应生成钙矾石、石膏、碳硫硅酸钙和氢氧化镁等。不同腐蚀产物在混凝土中所起的作用不同，由此引起的破坏机理和破坏形式也各不相同，根据目前研究，主要有钙矾石型、石膏型、硅灰石膏型和混合型。

2. 硫酸盐腐蚀的主要影响因素

混凝土中硫酸盐腐蚀影响因素很多，概括起来主要包括混凝土本身材料因素和混凝土所处的外界环境因素两个方面。

从材料因素方面来看，主要包括水泥用量、水灰比、水泥品种和外掺料等。水泥用量增加可以减少混凝土空隙，从而减少外界进入硫酸根离子的含量。马保国等对普通硅酸盐水泥、快硬硫铝酸盐水泥、抗硫酸盐水泥及 OPC—SAC 复合水泥的砂浆试件在(5±1)℃下浸泡于 $MgSO_4$ 溶液中的腐蚀试验研究表明，Thaumasite 型硫酸盐侵蚀程度与水泥品种有关，OPC—SAC 复合水泥比抗硫酸盐水泥具有更好的抗腐蚀效果。乔宏霞等针对西部重盐渍土地区环境特点，采用动弹性模量测量及混凝土扫描电镜形貌分析的方法研究了高性能细石混凝土和抗硫酸盐水泥在恶劣环境中的抗侵蚀性能，表明抗硫酸盐水泥混凝土的抗侵蚀性能并不比普通水泥混凝土好；而高性能细石混凝土对硫酸盐侵蚀有较好的抵抗性能，因为高性能细石混凝土内掺加的矿物掺合料能够与混凝土发生二次水化反应，从而改善混凝土的微观结构。同时，研究表明水灰比是影响混凝土抵抗硫酸盐侵蚀的最关键因素。在混凝土中掺入一定量的粉煤灰可以改善混凝土的内部孔隙结构，从而提高其抗硫酸盐腐蚀性能。

从环境因素方面来看，主要包括溶液中 SO_4^{2-} 的浓度、溶液中阳离子类型、环境温度和溶液 pH 等。Lee 等把含有高岭土的混凝土在不同浓度的硫酸镁溶液中进行腐蚀研究，结果表明对于高浓度的硫酸镁，高岭土含量高的混凝土抗硫酸镁腐蚀能力会降低；对于低浓度的硫酸镁，高岭土含量对混凝土抗硫酸镁腐蚀能力没有明显影响。马孝轩和仇新刚[47]通过对天津大港腐蚀 8 年的钢筋混凝土桩外观情况、腐蚀深度、强度及混凝土中 SO_3 含量分析得出，土壤中 SO_4^{2-} 主要通过混凝土的毛细孔进入混凝土内部，在地面以上 1m 范围和干湿循环作用处的混凝土由于遭受化学与盐类结晶侵蚀的双重腐蚀，破坏比较严重。

1.2.6 冻融循环对混凝土的破坏

混凝土的冻融破坏作用主要有冻胀开裂和表面剥落两个方面。混凝土抗冻耐久性能的研究必须从混凝土冻融破坏机理开始，各国科学研究者做了大量的研究工作，提出了一系列的假说。尽管混凝土冻融破坏机理非常复杂，至今尚未得到一个完全能解释冻害的公认理论，但所提出的一些假说已经很好地指导了当前的研究工作，为工程结构抗冻设计提供了很有力的理论基础。所提出的假说主要有冰的分离层理论、充水系数理论、静水压力理论、渗透压力理论和温度应力理论等[48-53]。

1. 冰的分离层理论

冰冻是从暴露的混凝土表面开始的，逐渐由表及里向混凝土内部延伸。当表面以下的某层达到足够低的温度时，水在最大的孔隙中开始结冰，结冰产生潜热，使水晶体相接触并使周围孔隙中未冻水诱出，继续使冰晶体增长。温度继续下降时，使冷锋面透入。当温度下降到足以冻结一个新冷锋面的孔隙时，又形成一个新的受冷薄层。最后使混凝土形成一系列平行的冷薄层，由于冰结晶体膨胀，冰点上升，混凝土被逐渐破坏。

这一理论适用于低质的、抗渗性能差的，而且长期遭受低温冻结的混凝土，对于较密实的、抗渗性好的、孔隙小的混凝土就不适用，因为没有足够的水供冰结晶体增长，从而放出足够的潜热维持该处的恒温，不可能形成一系列平行的分离层冰面。

2. 充水系数理论

该理论认为，混凝土能否发生冻融破坏主要取决于混凝土的充水系数。充水系数指孔隙内水的体积与整个空间的体积之比。充水系数只能反映混凝土内孔隙饱和水程度的平均概念，而实际上混凝土内各处充水程度不会相同。混凝土的充水系数与混凝土的抗冻性能有较好的关系，但是充水系数测定的水是比较容易蒸发的水，即与外界相通的孔隙中的饱和水。

3. 静水压力理论

Powers[54]提出了静水压力假说，该假说认为，冰冻过程中由于混凝土孔隙中的部分孔溶液结冰时体积膨胀约 9.0%，迫使未结冰的孔溶液从结冰区向外迁移；孔溶液在可渗透的水泥浆体结构中移动的同时，必须克服黏滞阻力，从而产生静水压力，形成破坏应力。此压力的大小除了取决于毛细孔的含水率外，还取决于冻结速率、水迁移时路径长短及材料渗透性等。显然，静水压力随孔溶液流程长度的增加而增加，因此，混凝土中存在一个极限流程长度或极限厚度，当孔溶液的流程长度大于该极限长度时，产生的静水压力将超过混凝土的抗拉强度，从而造成破坏。

硬化混凝土中的孔隙有凝胶孔、毛细孔和气泡等。各种孔隙之间的孔径差异很大：凝胶孔径为 15～100nm；毛细孔孔径一般在 0.01～10μm，而且往往互相贯通；气泡则是混凝土搅拌与振捣时拌入或掺加外加剂引入的，一般呈封闭的球状。混凝土在水中时，毛细孔处于饱和状态，而气泡内壁虽也附着有水分，但很难饱和。由于孔隙表面张力的作用，不同孔径孔内水的饱和蒸汽压与冰点不同，孔径越小，孔内水的饱和蒸汽压越小，冰点越低。凝胶孔里的水不会结冰，对混凝土抗冻性能有害的是毛细孔。

根据静水压假说，混凝土中掺入引气剂时，硬化后混凝土浆体内分布有不与毛细孔连通的、相互独立且封闭的气泡。这些封闭的气泡能够为孔溶液提供缓冲空间，使未冻溶液排入其中，缩短了形成静水压力的流程长度，从而使混凝土的抗冻性大大提高，这就是混凝土抗冻性显著高于普通混凝土的根本原因。

4. 渗透压力理论

由于水泥浆体孔溶液呈弱碱性，冰晶体的形成使这些孔隙中未结冰孔溶液的浓度上升，与其他较小孔隙中的未结冰孔溶液形成浓度差。在这种浓度差的作用下，较小孔隙中的未结冰孔溶液向已经出现冰晶体的较大孔隙中迁移，产生渗透压力。孔溶液的迁移使结冰孔隙中冰和溶液的体积不断增大，渗透压也相应增长。渗透压作用于水泥浆体，导致水泥浆体内部开裂。采用引气的重要作用就在于阻止渗透压的增长。冰冻过程中，孔溶液可以迁入已结冰的孔中，也可以进入邻近的气孔。但迁入结冰的孔必须克服越来越大的渗透压，而进入气孔则不会产生渗透压，因为气孔内有足够的空间容纳孔溶液。所以，大部分迁移水将进入气孔，使水泥浆体中的渗透压得以缓解。显然，平均气孔间距系数 L 也是渗透压理论的基本参数。

渗透压理论与静水压理论最大的不同在于未结冰孔溶液迁移的方向。静水压理论认为孔溶液离开冰晶体，由大孔向小孔迁移；渗透压理论则认为孔溶液由小孔向冰晶体迁移。这两种假说均为混凝土冻融破坏理论的重要组成部分，至今为大多数学者所接受。

5. 温度应力理论

这一理论主要是针对高强或高性能混凝土冻融破坏现象提出的。该理论认为高强或高性能混凝土冻融破坏主要是集料与胶凝材料之间热膨胀系数相差较大，在温度变化过程中变形量相差较大，从而产生温度疲劳应力破坏。根据这一理论，提高混凝土抗冻性的要求是：混凝土导热系数大（低水灰比）、组成材料温度膨胀系数相差较小、适量引气。另外，根据这一理论，试件内外温差也是一个不容忽视的因素。在其他条件相同时，无集料试件由于不存在集料与胶凝材料之间的热胀冷缩系数的差别，其破坏程度应当比有集料试件的破坏程度小。

1.3 我国典型海水腐蚀环境分析

我国海岸线绵延长达 3.2 万 km，其中大陆海岸线 1.8 万 km，岛屿海岸线 1.4 万 km，南北海域跨越的纬度近 50°，横跨热带、亚热带、温带三个气候区，腐蚀环境存在较大差别。参考地理区划，为便于开展全国范围的耐久性研究，将沿海区域划分为华南地区、华东地区和北方地区三个典型环境地区，华南沿海地处北回归线以南（25°N～20°N），属亚热带气候，年平均气温偏高，各地均在 20℃以上，相对湿度大，夏季台风多。华东沿海属温带气候，相对于华南地区，平均气温要低 10℃左右，每年受台风的影响也相对较少，其中连云港为我国最北的不冻港。北方地区为受冻港，最冷月平均气温都在–4℃以下，年天然冻融循环次数均在 50 次以上。为掌握全国范围的沿海腐蚀环境，选择了华南、华东和北方的多个港区进行环境分析，主要包括两方面的内容：①气候水文条件，结构物所处环境的潮汐、风浪、温度和湿度变化资料，以及环境温湿度情况。②环境腐蚀介质情况，结构物所处环境海水中的氯离子浓度、pH、硫酸盐含量，海水中侵蚀性介质随时间的变化情况、海水污染情况和周边环境是否有侵蚀介质等。

1.3.1 水文气候条件

不同典型区域混凝土结构所处的气候条件见表 1-2，华南地区属于亚热带或热带海洋气候环境，降水量充沛，气候温暖，港口码头均为不冻港，混凝土结构不受冻融循环影响；华东地区沿海基本处于北亚热带季风气候，降水量较大，最低温度小于 0℃；北方地区码头结构物受到暖温带半湿润季风气候影响，降水量较少，冬季温度较低，除海水氯离子腐蚀外，冻融循环对结构耐久性的影响较大。

表 1-2 不同海工结构所处的环境条件比较

典型区域	代表港区	年平均气温/℃	最高温度/℃	最低温度/℃	年平均降水/mm
北方	丹东	8.4	33.8	–28.2	900
	天津	12	39.9	–18.3	600
	栾家口	11.7	38.4	–14.9	657.7
	日照	12.9	36.2	–11.8	628.8
华东	连云港	12.4	36.4	–4.8	852.8
	上海	15.8	40.2	–12.1	1110.9
	北仑	16	39.4	–10	1364
	镇海	16	39.4	–10	1364
	宁波大榭	16	32.3	–6.6	1364
	舟山岙山	16.1	39.1	–6.1	1293.7
华南	汕头	21.3	38.0	0.4	1672
	深圳赤湾	24.8	38.0	1.1	1933.3
	湛江霞山	23.2	38.1	2.8	1567.3
	北海	22.6	37.1	2.0	1663.7
	三亚	25.7	36.0	5.1	1230

表 1-3 列出了各典型区域海洋的潮汐情况，大部分港区为半日潮，平均高潮位为 3m，平均低潮位为 1m，年平均潮差波动较大，与整个港区所处的掩护条件关系很大，由此导致的浪溅区范围也有一定差别，因此在耐久性设计中要根据掩护条件选择海水环境混凝土部位划分的标准。

表 1-3 不同地区潮汐条件比较

典型区域	代表港区	潮汐性质	平均高潮位/m	平均低潮位/m	年平均潮差/m
北方	丹东	正规半日潮	5.74	1.15	4.51
	天津	不规则半日潮	3.77	1.34	2.43
	栾家口	正规半日潮	1.44	0.38	1.86
	日照	正规半日潮	4.22	1.24	3.00
华东	连云港	不规则半日潮	4.93	1.79	3.39
	上海	正规半日潮	3.68	–0.19	2.50
	北仑	不规则半日潮	2.94	1.13	1.82
	镇海	不规则半日潮	2.91	1.16	1.71
	宁波大榭	正规半日潮	3.10	1.43	1.74
	舟山岙山	正规半日潮	3.74	1.11	2.54
华南	汕头	不规则半日潮	4.97	–0.3	1.03
	深圳赤湾	不规则半日潮	—	—	1.36
	湛江霞山	不规则半日潮	3.2	1.33	2.41
	北海	不规则日潮为主	3.9	1.35	2.49

1.3.2 环境腐蚀介质情况

不同典型地区代表港区的海洋环境腐蚀介质情况见表 1-4。

表 1-4 不同海工结构所处的环境条件比较

典型区域	港区名称	Cl^-浓度/（g/L）	SO_4^{2-}浓度/（g/L）	pH
北方	丹东	18.4	2.12	8.1
	天津	18.7	2.17	7.3
	栾家口	18.6	2.17	8.0
	日照	13.0	1.53	7.0
华东	连云港	14.8	2.15	8.1
	上海	5.6	—	7.8～8.1
	北仑	14.4	—	7.25

续表

典型区域	港区名称	Cl^-浓度/（g/L）	SO_4^{2-}浓度/（g/L）	pH
华东	镇海	14.4	—	7.25
	大榭	14.4	—	7.25
	岙山	12.7	1.59	8.0
华南	汕头	10.4	—	8.7
	深圳赤湾	15.3	1.98	7.7
	北海	18.2	—	8.0
	湛江霞山	15.1	—	8.1

从海水中的氯离子浓度测试结果看，除部分河流入海口处的海水氯离子浓度偏小外，各地区的海水浓度相差不大，基本在14～19g/L变化；硫酸根浓度普遍较小，在2g/L左右变化；海水的pH全部大于7，结构物全部处于弱碱性的环境中。海水中的氯离子浓度与硫酸根浓度的比值约为1/8（图1-2和图1-3）。

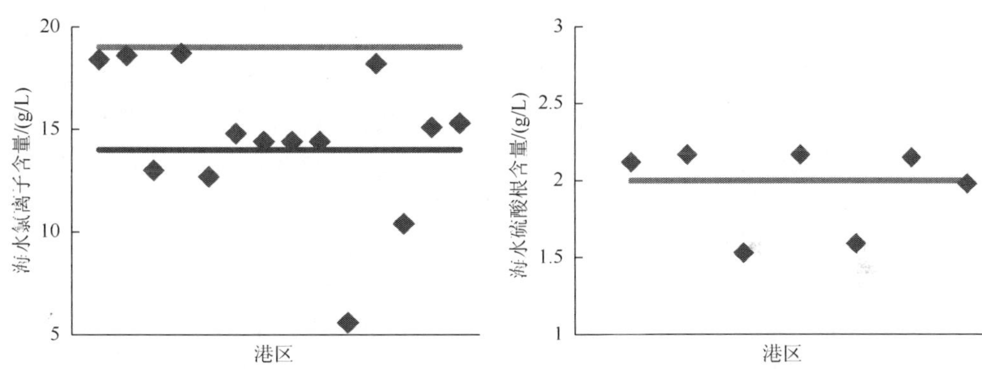

图1-2 不同港区海水氯离子含量测试结果　　图1-3 不同港区海水硫酸根离子含量

从以上分析结合我国海水环境混凝土结构耐久性腐蚀情况调查，我国由北到南气候条件相差很大，南、北方海水环境混凝土结构耐久性损伤机理、破坏特点也不相同。连云港为我国最北的不冻港，以连云港为界的华东及华南地区港口均为不冻港，耐久性损伤以氯离子腐蚀破坏为主，华南地区的高温高湿环境特点，使得华南地区海水腐蚀环境尤为恶劣；以连云港为界的北方地区的港口为受冻港，北方地区海港码头除具有海水环境的腐蚀特点外，还受冻融腐蚀的影响。

我国交通水运行业标准针对我国海水潮差变化和风浪大的特点，考虑有掩护和无掩护条件下港口潮水变化实际情况，分别给出两种条件下工程结构暴露部位划分标准的计算方法，并按腐蚀严重程度提出了大气区、浪溅区、水位变动区和水下区等四区划分标准。环境和部位的划分符合我国水运工程的特点，有利于对不同环境和部位，有针对性地采取不同的耐久性措施，也便于对腐蚀严重部位进行重点防护。

1.4　我国典型海水腐蚀环境下混凝土结构耐久性

国内外的海工混凝土结构的工程调查表明[55-63]，海洋环境对混凝土结构物的腐蚀破坏情况非常严重，氯离子渗透引起钢筋锈蚀，进而导致混凝土保护层开裂，是海洋环境下混凝土结构服役性能劣化的主要因素，由此造成的损失巨大。20 世纪挪威对 700 座海港码头混凝土结构的调查发现，20%的梁板结构由于钢筋腐蚀而严重破损；沙特阿拉伯海滨 45 座框架结构中有 74%的结构存在严重的钢筋腐蚀破坏问题；日本调查了 103 座码头，服役时间超过 20 年的混凝土结构都发现严重的顺筋锈蚀开裂问题，这类结构都需要投入大量的维修资金以维持结构物的正常运行[64]。

我国在 20 世纪 60 年代、80 年代和 90 年代组织过全国范围的海港工程结构耐久性调研，发现混凝土构件的锈蚀破坏问题非常突出，针对历次调查结果，也开展了多次研究和规范制定修订工作，对进一步提高海工结构的耐久性发挥了重要作用[65]。同时，国际范围内的耐久性提升技术也在不断研究和进步过程中，对于耐久性问题的认识也在不断提高，为了解现有工程结构的耐久性状况，2008 年前后由中交四航工程研究院有限公司牵头，在交通运输部组织下开展了一次全国不同典型地区的港口工程耐久性调研工作。为了保证耐久性调查结果的代表性，根据环境条件与结构物建设时间的不同，选择了北方地区 13 个泊位、华东地区的 11 个泊位、华南地区 11 座泊位及 5 座跨海或者沿海公路桥梁进行了耐久性调查与检测[66]。

1.4.1　海工混凝土构件腐蚀情况

采用外观普查和专项检测的方式进行耐久性调查，构件腐蚀外观普查的主要工作内容包括：

（1）混凝土锈蚀裂缝的检查。主要记录裂缝的数量、位置、长度及宽度，描述裂缝缝隙内的锈水、锈迹和其他溶出物的情况。裂缝宽度的检测可选用读数显微镜测量，对于较宽的裂缝，可用游标卡尺、钢尺等测量，裂缝宽度值精确至 0.05mm。在同一条裂缝上测得的裂缝宽度最大值作为裂缝宽度代表值。

（2）混凝土锈迹、锈水检查。记录锈水、锈迹的数量、位置和面积。

（3）混凝土脱落情况检查。记录混凝土剥离、剥落和起鼓的数量与面积。

1. 北方地区海工混凝土构件耐久性

北方地区的工程外观调查显示：有 9 个泊位的使用时间不超过 5 年，由于时间短，这类结构基本没有出现钢筋腐蚀的现象。使用时间达到 15 年的码头，处于浪溅区的梁腐蚀破坏现象最为严重，大气区的面板与水位变动区的桩帽腐蚀迹象很少。而使用时间超过 20 年的码头构件，尽管经过两次维修，结构的腐蚀破损情况仍很严重，典型结构腐蚀情况如图 1-4 所示。

(a) 面板混凝土脱落

(b) 混凝土梁露筋

(c) 表面混凝土脱落（冻融）

(d) 码头前沿混凝土局部脱落与锈迹

图 1-4　北方地区混凝土腐蚀破坏情况

2. 华东地区海工混凝土构件耐久性

建于 2001 年的码头泊位，混凝土采用防腐涂层保护的，整体耐久性良好。

建于 20 世纪 90 年代中后期的三个泊位，由于在 2007 年前后进行了表面涂层处理，多数构件未观察到锈蚀迹象，但是少数处于浪溅区的构件，如横梁、剪刀撑和墩台，发生了较为严重的锈蚀开裂现象。

建于 20 世纪 90 年代早期、使用时间达 16 年的两个码头泊位，浪溅区与水位变动区的桩帽和纵横梁已经出现了锈斑锈迹，说明混凝土中钢筋开始锈蚀，但是混凝土尚未开裂。

有三座建于 1990 年前后的泊位，处于浪溅区的横梁、纵梁等构件腐蚀破坏现象较为严重，混凝土结构已经进入了腐蚀发展阶段，部分已经进入腐蚀破坏阶段，为保证结构物的正常安全使用，必须考虑结构的维修工作。

使用时间超过 25 年的三座泊位，由于腐蚀破坏情况严重，已经进行了大范围的维修处理。

典型耐久性外观如图 1-5 所示。

(a) 横梁局部锈斑

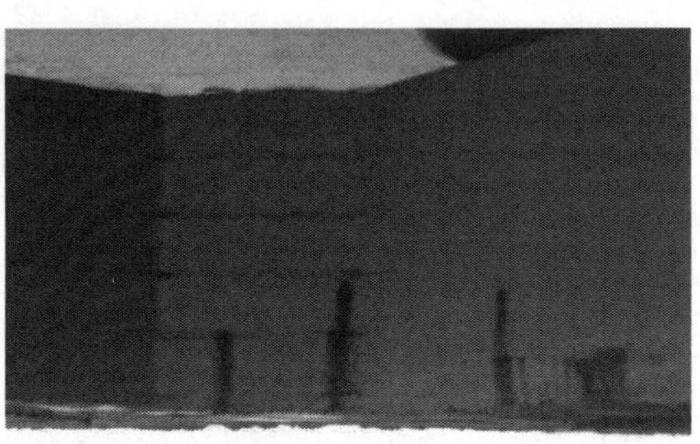

(b) 剪刀撑锈蚀情况

(c) 横梁底面的施工缺陷

(d) 剪刀撑底面露筋

图 1-5 华东地区码头腐蚀外观调查典型图片

3. 华南地区海工混凝土结构耐久性

位于广西北海的两座码头使用时间为 10 年左右，均为重力式结构，钢筋的锈蚀情况轻微。

汕头港区码头泊位建于 1994 年，该码头处于河流入海口，海水中的氯离子浓度并不高，但是已经出现了较为严重的钢筋锈蚀破坏情况，这种情况与码头运营期堆载过大有关。

部分泊位使用时间仅为15年，混凝土构件已经出现较为严重的顺筋裂缝。

深圳赤湾调查结果显示，使用时间超过20年的泊位，混凝土结构普遍出现钢筋锈蚀引起的损坏，但是部分建设时间更早的泊位，由于钢筋保护层厚度设计值较大（70mm），为混凝土中的钢筋提供了较好的保护效果，构件腐蚀破坏情况要轻于采用较小保护层厚度设计值（50mm）的、服役时间更短的混凝土构件。另外，结构荷载引起的开裂损伤较为严重。

华南地区典型腐蚀破坏形式如图1-6所示。

(a) 面板混凝土脱落露筋　(b) 横梁典型裂缝

(c) 纵裂典型裂缝　(d) 纵梁混凝土剥落

图1-6　华南地区外观调查典型图片

1.4.2　混凝土碳化情况

对北方、华东和华南地区的码头混凝土构件的碳化情况进行了测试，其中，北方地区新建码头的碳化深度一般很小，使用时间超过15年以后，碳化深度才达到一个较高的数值。北方地区20年内的测试数据表明，混凝土碳化深度最大值不超过10mm。

华东地区码头混凝土使用 10～20 年，不同码头构件的碳化深度存在较大差异，但是最大碳化深度不超过 10mm。根据同一泊位的碳化深度测试结果，位于水位变动区的桩与桩帽的碳化深度较小，位于大气区的面板碳化深度较大，并且使用涂层可以有效阻止混凝土的碳化。

华南地区使用时间在 9～24 年的码头构件，不同地区、不同泊位的碳化深度有较大差别，并且同一泊位不同构件的碳化深度也存在较大差异。一般来说，碳化深度随着高程的增加逐渐增大。总体来说，混凝土构件的最大碳化深度不超过 10mm。

构件高程是影响混凝土碳化程度的重要因素，混凝土的碳化深度按照大气区—浪溅区—水位变动区的顺序逐渐降低；调查结果并未显示出使用时间越长的码头，混凝土碳化深度更深，但是总体来说，最大碳化深度不超过 10mm，远小于混凝土保护层厚度，即混凝土的碳化还不足以引起钢筋脱钝锈蚀，碳化不是海港工程钢筋混凝土结构耐久性失效的主要因素。

1.4.3 混凝土中氯离子渗透情况

调查时，在混凝土构件上钻取混凝土粉样，按不同的深度钻取收集粉样，试验得出不同深度混凝土氯离子含量，分析氯离子在混凝土中的渗透情况。

氯离子在混凝土中传输机理非常复杂，扩散被认为是最主要的传输方式，这个传输过程，目前较多地采用 Fick 第二定律来近似描述：

$$C_{xt}=C_0+(C_S-C_0)\left[1-\mathrm{erf}\left(\frac{x}{\sqrt{4D_t\cdot t}}\right)\right]$$

式中，C_{xt} 为 t 时刻距混凝土构件表面 x 深度处的氯离子含量；C_0 为混凝土中初始氯离子含量（由混凝土原材料带入）；C_S 为混凝土表面氯离子含量（在一定时间内随暴露时间增长而增加，随后基本稳定）；D_t 为混凝土中氯离子有效扩散系数，会随时间增长而衰减；t 为暴露于氯盐环境的时间；x 为深度，即距混凝土构件表面的距离。

因为把混凝土的劣化性能（氯离子在混凝土中渗透性）与时间、空间（混凝土构件不同深度）建立起了关系，从而可定量描述混凝土的耐久性时变过程，并可近似预测混凝土结构的耐久性寿命。按上式进行耐久性计算分析时，几个能反映混凝土耐久性的关键参数分别为混凝土表面氯离子浓度、氯离子有效扩散系数及钢筋锈蚀临界氯离子浓度。

1. 混凝土表面氯离子浓度

混凝土的表面氯离子浓度是描述氯离子扩散过程的一个关键参数，确定表面氯离子浓度的取值变化规律，对于建立海工混凝土的氯离子扩散模型具有重要意义。根据北方、华东和华南地区的码头混凝土氯离子浓度测试数据，比较分析了海工结构的混凝土表面氯离子浓度变化规律。

图 1-7 为表面氯离子浓度与时间的关系。根据北方地区码头构件取样测试获得的表面氯离子浓度数据，前 5 年不同区域的表面浓度关系为水位变动区＞浪溅区＞大气区。5 年后，其关系为浪溅区＞水位变动区＞大气区。

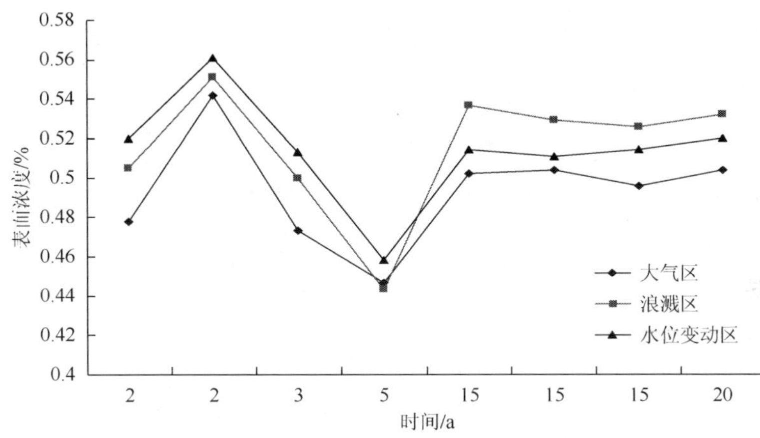

图 1-7 北方地区表面氯离子浓度与时间的关系

北方地区码头构件混凝土的表面氯离子浓度：浪溅区与水位变动区的表面浓度平均值为 0.515%与 0.514%，标准差分别为 0.034%与 0.028%。

图 1-8 为华东地区码头构件表面氯离子浓度与时间的关系。水位变动区的混凝土表面氯离子浓度要高于浪溅区和大气区，大气区的表面氯离子浓度最低。随着暴露时间的延长，码头构件表面的氯离子浓度呈现增长的趋势。

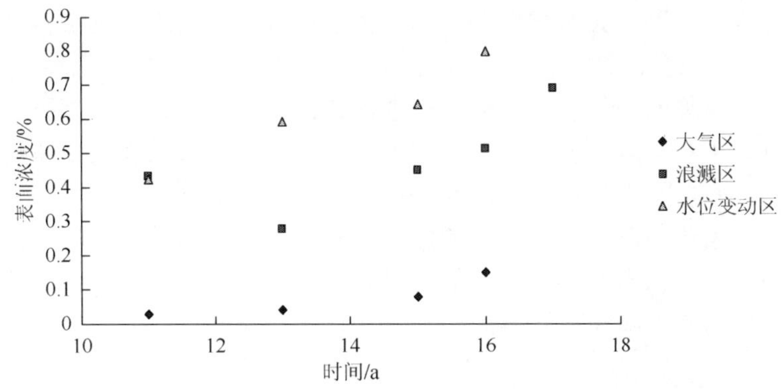

图 1-8 华东地区码头构件表面氯离子浓度与时间关系

码头调查对象的不同，以及环境条件、取样位置等的差异，造成了表面氯离子浓度的数值变化很大，以暴露时间同样是 17 年的混凝土构件为例，其表面氯离子浓度的取值在 0.2%～0.9%变化。取 17 年的表面浓度数据进行统计分析，可知表面浓度的平均值为 0.411%，标准差为 0.193%。

图 1-9 为华南地区表面氯离子浓度与暴露时间的关系。10 年后的码头构件混凝土表面氯离子浓度的变化与时间没有明显的相关性，浪溅区与水位变动区的表面浓度差别不大，表面氯离子浓度在 0.2%～1.1%，平均值为 0.518%，标准差为 0.257%，数据离散程度较大。

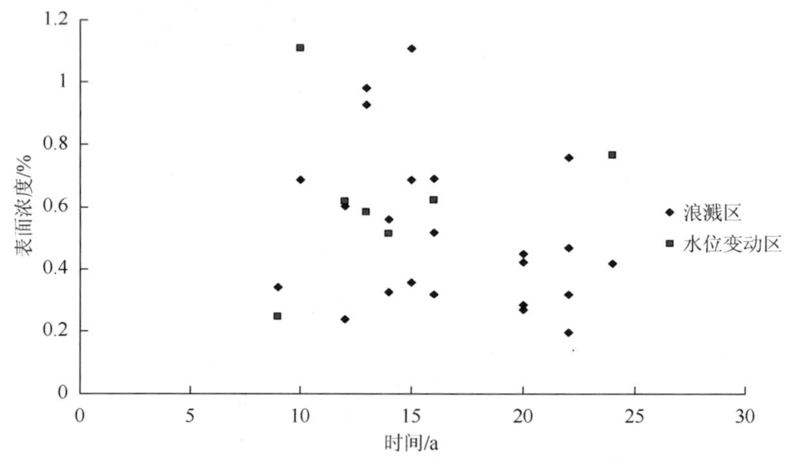

图 1-9　华南地区表面氯离子浓度与暴露时间的关系

2. 混凝土的氯离子扩散系数

氯离子扩散系数是表征氯离子在混凝土中扩散速度的参数，混凝土的致密程度、环境温度、湿度都会影响混凝土的氯离子扩散系数。通过码头构件的氯离子浓度测试，经过拟合计算得出不同时间、不同典型地区的混凝土氯离子扩散系数，进而研究扩散系数的变化规律。需要注意的是，部分码头构件的混凝土保护层已经开裂，氯离子容易从裂缝渗入混凝土内部，此时用扩散机理表述氯离子迁移过程可能存在误差，导致氯离子扩散系数的衰减规律难以分析。图 1-10～图 1-12 分别为北方、华东和华南海工混凝土的氯离子扩散系数测试结果。同一类混凝土构件，由于相对方向的不同，扩散系数有差异，即迎海面与背海面部位的氯离子扩散系数是不相同的；即使相同方向的相同构件，取样高程不同，扩散系数也存在较大差别。

图 1-10 显示了北方地区氯离子扩散系数与时间和暴露区域的关系，暴露早期，大气区的扩散系数要小于浪溅区和水位变动区。氯离子扩散系数随着暴露时间的

延长呈现明显的衰减规律。

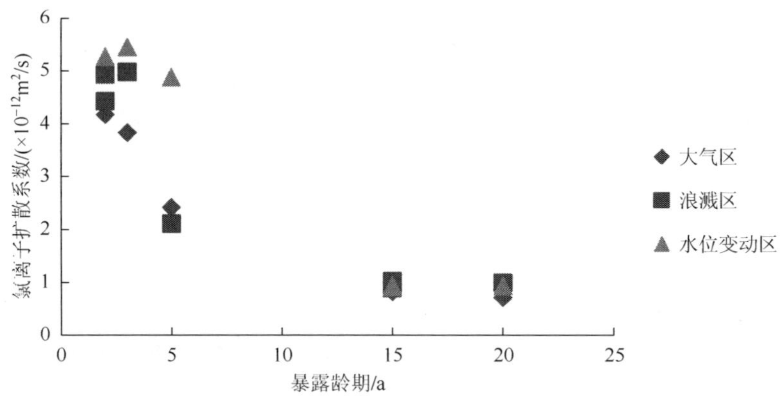

图 1-10　北方地区氯离子扩散系数与时间和暴露区域的关系

图 1-11 是华东地区氯离子扩散系数与时间和暴露区域的关系，处于大气区面板的混凝土扩散系数要大于处于浪溅区与水位变动区的梁板桩等构件的扩散系数。大气区的混凝土氯离子扩散系数随着时间的延长呈现明显的降低趋势。

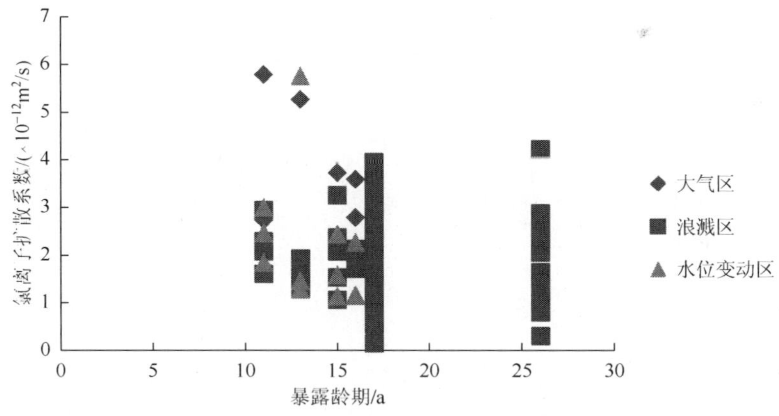

图 1-11　华东地区氯离子扩散系数与时间和暴露区域的关系

图 1-12 显示了华南地区氯离子扩散与时间和暴露区域的关系，混凝土的扩散系数随着时间的延长而降低，由于码头构件的混凝土原材料、环境条件、荷载情况存在较大差异，所以扩散系数的离散性较大。

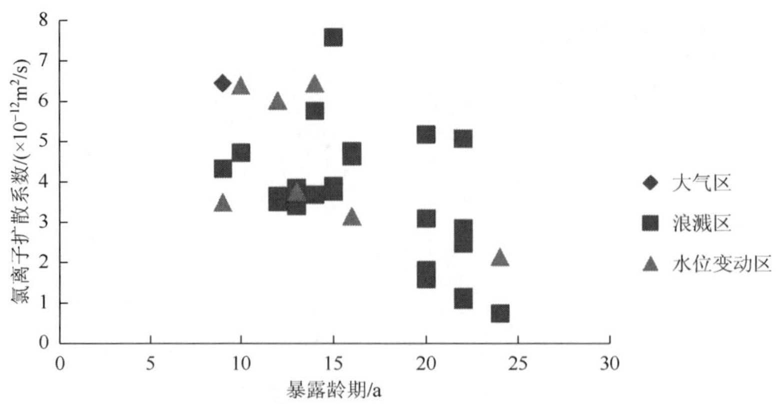

图 1-12　华南地区氯离子扩散系数与时间和暴露区域的关系

1.4.4　混凝土中钢筋锈蚀临界氯离子浓度

在混凝土表面出现裂缝（宽度小于 0.3mm）的构件的邻近区域选择未出现裂缝的相同条件构件布置取样点，同时根据混凝土电阻率与钢筋腐蚀电位测量结果大致判断存在钢筋腐蚀临界状态的区域，在此区域内确定取样点，以便使测量数据尽可能与该构件的钢筋腐蚀临界氯离子浓度吻合。综合判断裂缝附近未开裂处钢筋的锈蚀状态，在可能发生腐蚀处抽取钢筋周围混凝土粉样，进行氯离子含量检测，同时与裂缝处钢筋周围粉样氯离子含量进行比较，根据对试验数据的分析及检测现场的观测结果，确定钢筋腐蚀的临界氯离子浓度取值范围。

由于钢筋腐蚀判断方法的局限性，在现场调查过程中，无法精确地判断出钢筋是否处于钝化膜破坏的临界状态，所以测试得出的氯离子浓度很难准确地反映钢筋锈蚀的临界浓度取值，只能通过对钢筋锈蚀状态的大致判断，选定一个临界氯离子浓度的取值范围。

1. 北方地区码头构件的临界浓度

根据钢筋表面锈蚀状态与混凝土氯离子浓度测试数据，作图 1-13，其中横坐标小于 1 的点对应钢筋未锈状态，横坐标大于 1 的点对应钢筋锈蚀的状态。钢筋锈蚀区域点的最小值 0.064%可作为临界浓度的上限值；对于钢筋未锈区域（横坐标小于 1）的点，按照正态分布规律进行数理统计，计算其具有 90%保证率的上限 0.0571%作为北方地区临界氯离子浓度的下限值。由此可得，北方地区码头调查获得的临界总氯离子浓度为 0.0571%～0.0640%（占混凝土质量分数）。

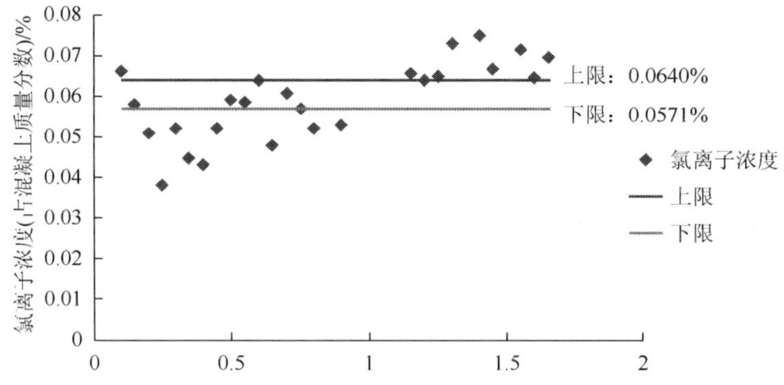

图 1-13 北方地区混凝土中钢筋锈蚀临界氯离子浓度分析图

2. 华东地区码头构件的临界浓度

根据华东地区的码头构件临界浓度调查数据作图 1-14，以钢筋锈蚀区域的纵坐标较小的两个点对应的氯离子浓度作为临界浓度的上限值（0.0649%）。根据钢筋未锈区域的数据点，进行数理统计，推导 90%分布概率的置信区间的最大值作为临界浓度的取值下限。从而可知，酸溶性氯离子临界浓度的取值是 0.0427%～0.0649%（混凝土质量分数）。

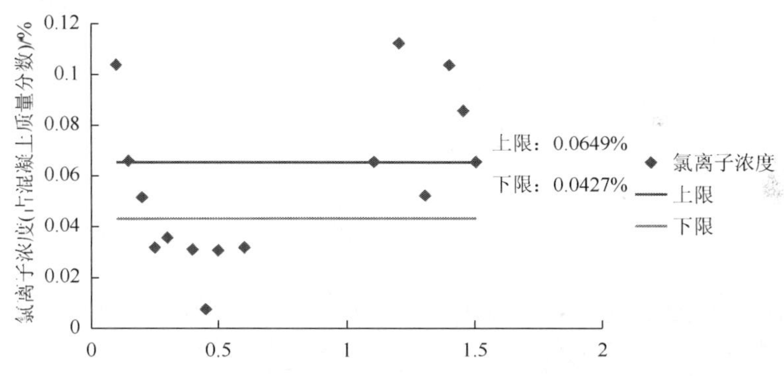

图 1-14 华东地区混凝土中钢筋锈蚀临界氯离子浓度分析图

3. 华南地区码头构件的临界浓度

通过对混凝土构件的腐蚀电位与电阻率的测量，根据相应的钢筋腐蚀判别标准，将表征氯离子浓度的数据点划分为不同的区域（包括钢筋腐蚀区、钢筋锈蚀未定区域与钢筋未锈区），见图 1-15。

图 1-15 中，横坐标小于 1 的数据点表示未锈钢筋的氯离子浓度，横坐标大于 1 的点表示锈蚀钢筋的混凝土氯离子浓度。按照正态分布规律处理未锈区域的氯

离子浓度数据，计算具有 90%概率的氯离子浓度上限值 0.0518%作为总氯离子临界浓度的下限值；取钢筋锈蚀区域相对最低点的氯离子浓度作为临界浓度的上限值，则可以得出混凝土中氯离子临界浓度为 0.0518%～0.0624%（混凝土质量分数，酸溶性氯离子含量）。

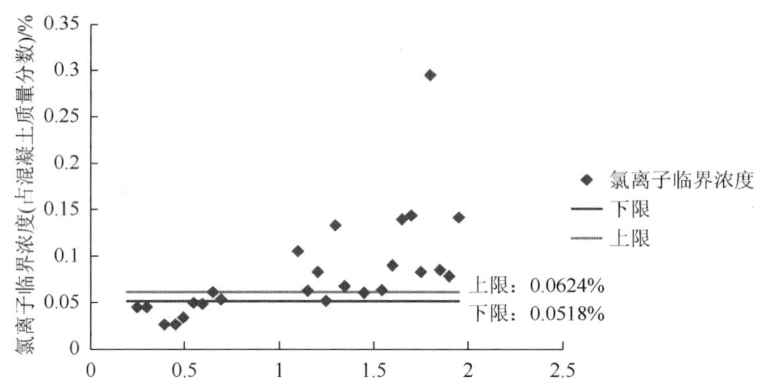

图 1-15 华南地区混凝土中钢筋锈蚀临界氯离子浓度分析图

由于现场测试方法的局限性，码头调查中获得的混凝土临界氯离子浓度存在一定偏差，利用数理统计的方法对测试数据进行分析，可得出不同地区的临界浓度取值范围（以混凝土质量分数表示的酸溶性氯离子浓度）：北方地区码头的临界浓度为 0.0571%～0.0640%；华东地区码头构件的临界浓度为 0.0427%～0.0649%；华南地区码头构件的临界浓度为 0.0518%～0.0624%。

1.5 海工混凝土结构耐久性研究现状

各种单一因素作用下混凝土耐久性的问题，国内外已开展了大量的研究，取得了丰硕成果，其中的许多结论和经验公式也在学术界达成共识，并在工程实际中得到很好的应用和验证。然而，工程实际中的混凝土结构并不是在单一因素作用下作用的，而是受到荷载和现场实际环境多因素的耦合作用；如我国南方海港工程混凝土结构常年遭受荷载与氯盐耦合作用；北方地区除遭受荷载与氯盐耦合作用外，冬季往往还遭受冻融循环、荷载、氯盐等多因素耦合作用。多因素共同作用时，对混凝土的破坏作用并不是单一因素作用的简单叠加，各因素产生的交互作用使得实际服役中的混凝土破坏过程复杂化，也使得单一因素作用条件下研究所得的结论和经验公式具有一定的局限性。多因素耦合作用对海工混凝土耐久性的影响，已引起越来越多混凝土科学工作者的重视[67-68]。

1.5.1　荷载与大气环境综合作用下混凝土碳化研究

荷载与大气环境综合作用下混凝土碳化研究：在大气环境中承受荷载的混凝土结构，混凝土碳化会导致钢筋脱钝锈蚀，降低混凝土结构耐久性。因此建立合理准确的混凝土碳化数学模型是耐久性研究、预测结构寿命的关键问题之一。混凝土发生碳化受内因和外因共同影响，其中外因为荷载和大气环境（大气温度、相对湿度、CO_2浓度、风速及其他酸性气体等）；内因主要为混凝土材料自身性能。Castel 等[69]研究了荷载作用下混凝土碳化深度，并给出了混凝土碳化深度与钢筋拉伸应力的关系。涂永明和吕志涛[70]研究了荷载作用下预应力混凝土的碳化，建立了拉、压应力状态下混凝土碳化深度多因素预测模型，指出预应力混凝土结构耐久性好于普通混凝土结构。金祖权等[71]试验研究了分别在0、25%、50%荷载率下不同养护龄期混凝土的碳化情况，结果表明加载对混凝土碳化劣化影响显著。杨林德等[72-74]研究了不同应力状态下混凝土的碳化，提出混凝土碳化深度与应力关系的预测模型。宋晓翠等[75]研究了荷载作用对混凝土碳化的影响，通过试验验证了荷载对混凝土碳化有影响。许崇法等[76]研究了酸雨、碳化和荷载作用下混凝土碳化情况，由试验数据拟合出不同腐蚀模式下荷载应力情况，提出混凝土碳化深度与应力关系预测模型。张伟平等[77]试验研究了在压应力作用下采用盐雾加速试验模拟海洋大气环境中混凝土氯离子的侵蚀过程，结果表明：压应力状态下混凝土氯离子扩散系数显著减小；随着环境温度升高，氯离子表观扩散系数逐渐增大；随着盐雾浓度增大，盐雾沉降量增加，表面氯离子质量分数也增加。

研究表明，混凝土结构在荷载与一般大气环境综合作用下，荷载对混凝土碳化影响不容忽视，混凝土碳化与荷载大小（应力水平）和荷载形式（拉、压应力）等有关。当荷载应力抑制混凝土内部微裂缝发展时，混凝土碳化减缓；而当荷载应力扩展混凝土内部微裂缝时，混凝土碳化加速。

1.5.2　荷载作用下混凝土中氯离子扩散行为研究

氯离子在轴向受拉混凝土中的扩散行为：试验研究中，较难实现对混凝土试件施加轴向拉力，因此，至今国内外此方面研究成果较少。Konin 等[78]与东南大学材料学院张云升等[79]通过自己开发的加载装置，在快速盐雾箱中试验，均得出：施加的拉应力越大，氯离子在混凝土中的扩散越快。但他们的试验研究对象均为水胶比较大（0.50～0.60）的砂浆试件。

氯离子在轴向受压混凝土中的扩散行为：研究结果表明[80-84]持续荷载下混凝土氯离子扩散系数随施加荷载的增大而减小，但有一定的阈值，达到一定水平后，扩散系数会随载荷的增加而增加。在阈值方面[85-86]，认为只有达到75%～90%的极限荷载才会增大混凝土的渗透性：Lim 等认为荷载值达到极限的80%以内无影响，而 Saito 等认为荷载值达到极限的 90%以内无影响，Samaha 和 Hover 认为 75%时无影响，方永浩等[87]认为是 70%。其他一些研究也尝试获得疲劳压拉荷载对氯离子渗透的影响，赵铁军和 Tawfiq 等[88, 89]研究结果表明疲劳荷载作用降低了混凝土的抗渗性。文献[90]等也得出类似结论。

当前，国内对轴向受拉和受压下混凝土的氯离子侵蚀研究不多；再者，上述的试验均是针对单一水泥品种的混凝土或砂浆试件进行，且水胶比均较大，属于试验性质，与工程实际所用混凝土配合比结合不紧密。

对氯离子在受弯混凝土中的扩散行为研究中，通常采用的加载方法有：杠杆法、反力架加载法、自锚法（三点或四点）[91]等。通过对试件浸泡、干湿循环或者喷洒盐雾等方式进行试验。

Yoon 等[92]采用三点弯曲自锚的加载方法，发现侵蚀性介质在混凝土受拉区的渗透速度显著大于在受压区的渗透速度。文献[93]～[98]也有类似结论。此外，弯曲疲劳荷载等不同状态下的氯离子侵蚀情况也有相应的研究。文献[99]～[104]研究表明反复荷载作用大幅度降低了抗氯离子侵蚀性能，试验均在室内采用小型试验构件进行，且研究大多侧重于疲劳荷载较多的梁体构件。

由于在混凝土中氯离子扩散和钢筋锈蚀的计算涉及多方面学科领域，因此大多数学者采用简化的经验公式来进行计算[105-112]；静荷载对氯离子扩散的影响一般通过试验数据总结荷载与氯离子扩散的相关关系。其他学者也有采用数值模拟来进行荷载作用下氯离子扩散行为的研究，如文献[113]～[117]。学者或研究人员得出的规律和经验，往往仅限于其试验室试验时所用的配合比，与工程实际所用材料、受力等关系不大，因而导致室内研究成果在混凝土结构耐久性计算中得不到体现，指导工程的作用不强。

1.5.3　荷载作用下混凝土抗冻融性能研究

荷载作用下混凝土抗冻融性能试验实施起来难度大，大部分学者以室内小构件或砂浆试件为主来进行研究。

刘建忠等[118-125]研究表明：荷载与冻融循环共同作用将加速混凝土的破坏过程，扩大破坏程度，并认为在荷载作用下，冻融改变了混凝土的破坏形式。

冻融循环对疲劳荷载作用下混凝土性能的影响，以及针对特种混凝土的研究也有开展。Yang 等[126-129]的研究表明在冻融作用下疲劳荷载引起的局部损伤速率和区域都明显增加。综上可知：荷载与冻融循环作用下混凝土中抗渗性相关研究主要集中在不同荷载比例作用下，不同冻融循环次数对混凝土弹性模量或损坏的影响。以海水为介质进行混凝土的抗冻融试验（以下称盐冻条件，即荷载作用下混凝土抗盐冻融试验）的研究鲜见报道。

从国内外研究现状来看，考虑荷载与环境耦合作用下的混凝土耐久性研究已经得到业界的重视，许多大学和科研机构都开展了此方面的研究工作，我国在这方面的研究基本与国外同步，也取得了不少研究成果。但总体来说，无论国内还是国外，此类研究仍处于起步阶段，从现有研究资料来看，目前的研究工作主要存在以下不足：

（1）外加荷载的施加方法与外加应力水平的选择代表性不足，没有考虑实际工程结构的受力情况，仅仅从理论研究角度设计荷载试验，部分实验研究对象是卸载以后的混凝土试件，不能充分考虑荷载与环境侵蚀的耦合效应。

（2）受到试验手段的限制，室内试验不能真实反映荷载与环境因素耦合的作用状态，研究仅限于理论机理分析，与工程实际结合不紧密，研究成果指导意义不大。

（3）研究仅限于室内试验，缺乏对实际工程长期耐久性的了解，多数研究成果仅得出外加应力水平对混凝土抗氯离子渗透性能的定性表述，无法建立快速试验与实际工程长期耐久性之间的定量关系。

总体来说，现有的研究内容系统性不强，研究试验方法不能代表实际工程状态，研究成果尚需进一步深化才能用于指导实际工程的设计施工，还需开展更为系统、详细的研究工作。

参考文献

[1] 李田，刘西拉. 混凝土结构耐久性分析与设计[M]. 北京：科学出版社，1999.

[2] 周新刚. 混凝土结构的耐久性与损伤防治[M]. 北京：中国建材工业出版社，1999.

[3] 金伟良，赵羽习. 混凝土结构耐久性[M]. 北京：科学出版社，2002.

[4] 牛荻涛. 混凝土结构耐久性与寿命预测[M]. 北京：科学出版社，2003.

[5] 潘德强. 我国海港工程混凝土结构耐久性现状及对策[C]. 北京：土建结构工程的安全性与耐久性科技论坛，2001.

[6] Mehta P K. Fifty year's progress[C]. Montreal：Durability of Concrete 2nd International Conference，1991.

[7] 邓敏，唐明述. 混凝土的耐久性与建筑业的可持续发展[J]. 混凝土，1999，（2）：8-12.

[8] 朱洪亮. 混凝土结构耐久性试验研究进展[J]. 建筑技术开发，2004，31（8）：1-4.

[9] 贡金鑫. 钢筋混凝土结构基于可靠度的耐久性分析[D]. 大连：大连理工大学博士学位论文，1999.

[10] 候敬会. 土壤与地下水环境下混凝土结构的耐久性若干问题的研究[D]. 杭州：浙江大学硕士学位论文，2004.

[11] Brown J H. Carbonation，the effect of exposure and concrete quality；Field survey results from some 400 structures[C]. Durability of Buildings Materials and Components；Proceedings of the Fifth International Conference. London：Spon Press，1990.

[12] 覃维祖. 混凝土结构耐久性的整体论[J]. 建筑技术，2003，30（1）：19-22.

[13] Ho D W S，Chirgwin G J. A performance specification for durable concrete[J]. Construction and Building Materials，1996，10（5）：375-379.

[14] 金伟良. 氯盐环境下混凝土结构耐久性理论与设计方法[M]. 北京：科学出版社，2011.

[15] 龚晓南. 工程安全性及耐久性[A]//中国土木工程学会第九届年会论文集. 北京：中国水利水电出版社，2000.

[16] 赵铁军. 混凝土渗透性[M]. 北京：科学出版社，2006.

[17] 冯乃谦，刑锋. 混凝土与混凝土结构的耐久性[M]. 北京：机械工业出版社，2009.

[18] Yuan Q，Shi C，Schutter G D，et al. Chloride binding of cement-based materials subjected to external chloride

environment—A review[J]. Construction and Building Materials，2009，23（1）：1-13.

[19] 谢燕，吴笑梅，樊粤明，等. 内掺氯离子对钢筋锈蚀的影响及不同材料对氯离子的固化[J]. 华南理工大学学报（自然科学版），2009，37（8）：132-139.

[20] Ahmed D A，Mohammed M R. Influence of chloride ion on the hydration reaction of C_3A in presence of gypsum and lime[J]. Advances in Cement Research，2011，23（6）：309-316.

[21] Tritthart J. Chloride binding in cement Ⅰ Investigation to determine the composition of pore water in hardened cement[J]. Cement and Concrete Research，1989，19：586-594.

[22] Tritthart J. Chloride binding in cement Ⅱ The influence of the hydroxide concentration in the pore solution of hardened cement paste on chloride binding[J]. Cement and Concrete Research，1989，19：683-691.

[23] Surgavanshi A K，Swamy R N. Stability of Friedel's salts in carbonated concrete structural elements[J]. Cement and Concrete Research，1996，26：729-741.

[24] Larsen C K. Chloride binding in concrete-effect of surrounding environment and concrete composition[D]. Norway：The Norwegian University of Science and Technology，1998.

[25] Diamond S. Chloride concentration in concrete pore solution resulting from calcium and sodium chloride admixtures[J]. Cement Concrete and Aggregates，1996，8（2）：97-102.

[26] Beaudoin J J，Ramachandran V S，Feldman R F. Interaction of chloride and C—S—H[J]. Cement and Concrete Research，1990，20：875-883.

[27] Tang L P，Nilsson L O. Chloride binding capacity and binding isotherms of OPC pastes and mortars[J]. Cement and Concrete Research，1993，23：247-253.

[28] Zibara H. Binding of external chlorides by cement pastes[D]. Toronto：Ph D thesis，University of Toronto，2001.

[29] Dhir R K，Jones M R. Development of chloride-resisting concrete using fly ash[J]. Fuel，1999，78（2）：137-142.

[30] Nagataki S，Otsuki N. Condensation of chloride ion in hardened cement matrix materials and on embedded steel bars[J]. ACI Materials Journal，1993，90（4）：323-332.

[31] Xu Y. The influence of sulphates on chloride binding and pore solution chemistry[J]. Cement and Concrete Research，1997，27（12）：1841-1850.

[32] Arya C，Xu Y. Effect of cement type on chloride binding and corrosion of steel in concrete[J]. Cement and Concrete Research，1995，25（4）：893-902.

[33] Lambert P，Page C L. Pore solution chemistry of the hydrated system tri-calcium silicate/sodium chloride/water[J]. Cement and Concrete Research，1985，15：675-680.

[34] 田冠飞. 氯离子环境中钢筋混凝土结构耐久性与可靠性研究[D]. 北京：清华大学博士学位论文，2006.

[35] Moutemor M F，Simoes A M P. Chloride-induced corrosion on reinforcing steel：from the fundamentals to the monitoring techniques[J]. Cement and Concrete Composites，2003，25：491-502.

[36] Dehwah H A F，Austin S A. Chloride-induced reinforcement corrosion in blended cement concrete exposed to chloride-sulphate environments[J]. Magazine of Concrete Research，2002，54（5）：355-364.

[37] Kassir M K，Ghosn M. Chloride-induced corrosion of reinforced concrete bridge decks[J]. Cement and Concrete Research，2002，32：139-143.

[38] Gouda V K. Corrosion and corrosion inhibition of reinforcing steel：I. Immersed in alkaline solutions[J]. British Corrosion Journal，1970，5（5）：198-203.

[39] Morris M，Vico A. Chloride induced corrosion of reinforceing steel evaluated by concrete resistivity measurement[J]. Electrochemical Acta，2004，49（25）：4447-4453.

[40] Thomas M D A，Hooton R D，Scott A，et al. The effect of supplementary cementitious materials on chloride binding in hardened cement paste[J]. Cement and Concrete Research，2012，42（1）：1-7.

[41] Ryou J S，Ann K Y. Variation in the chloride threshold level for steel corrosion in concrete arising from different chloride sources[J]. Magazine of Concrete Research，2008，60（3）：177-187.

[42] Atiş C D. Accelerated carbonation and testing of concrete made with fly ash[J]. Construction and Building Materials，2003，17（3）：147-152.

[43] Bouikni A，Swamy R N，Bali A. Durability properties of concrete containing 50% and 65% slag[J]. Construction and Building Materials，2009，23（8）：2836-2845.

[44] Tumidajski P J，Chan G W. Effect of sulfate and carbon dioxide on chloride diffusivity[J]. Cement and Concrete Research，1996，26（4）：551-556.

[45] 莫祥银，许仲梓. 国内外混凝土碱集料反应研究综述[J]. 材料科学与工程，2002，20（1）：128-132.

[46] 邓德华，刘赞群，刘运华. 关于“混凝土硫酸盐结晶破坏”理论的研究进展[J]. 硅酸盐学报，2012，40（2）：175-185.

[47] 马孝轩，仇新刚. 钢筋混凝土桩在沿海地区腐蚀规律试验研究[J]. 混凝土与水泥制品，2002，（1）：23-24.

[48] 清华大学土木工程系. 钢筋锈蚀与混凝土冻融破坏的预测模型年度研究报告[R]. 北京：清华大学土木工程系，1995.

[49] 李金玉，曹建国，徐文雨，等. 混凝土冻融破坏机理研究[J]. 水利学报，1999，（1）：41-49.

[50] 陈惠苏，孙伟，慕儒. 掺不同品种混合材的高强混凝土与钢纤维高强混凝土在冻融、氯盐同时作用下的耐久性能[J]. 混凝土与水泥制品，2002，（2）：36-39.

[51] Attiogbe E K. Predicting freeze-thaw durability of concrete—A new approach[J]. ACI Materials Journal，1996，93（5）：457-464.

[52] Cai H，Liu X. Freeze-thaw durability of concrete：Ice formation process in pores[J]. Cement and Concrete Research，1998，28（9）：1281-1287.

[53] Turkmen I. Influence of different curing conditions on the physical and mechanical properties of concretes with admixtures of silica fume and blast furnace slag[J]. Materials Letters，2003，57（29）：4560-4569.

[54] Powers T C. Structure and physical properties of hardened Portland cement paste[J]. Journal of the American Ceramic Society，1958，41（1）：1-6.

[55] 潘德强. 我国海港工程混凝土结构耐久性现状及对策[C]. 北京：土建结构工程的安全性与耐久性科技论坛，2001.

[56] 单国梁，林宝玉，蔡跃波. 北仑港码头混凝土密实性对钢筋混凝土锈蚀破坏的影响[R]. 苏州：第四届全国混凝土耐久性学术交流会，1996.

[57] 王胜年，黄君哲，张举连，等. 华南海港码头混凝土腐蚀情况的调查与结构耐久性分析[J]. 水运工程，2000，17（6）：8-12.

[58] 吴胜兴，吴谨，王巧平，等. 连云港西大堤钢筋混凝土护栏锈裂破坏调查报告[R]. 南京：河海大学土木学院，2001.

[59] 冯乃谦. 山东沿海钢筋混凝土公路桥的劣化破坏及其对策的研究[J]. 混凝土，2003，（1）：3-6.

[60] 邵宏，陈妙初. 浙江省海港工程混凝土结构耐久性状况分析及施工对策[J]. 水运工程，2007（7）：12-16.

[61] 金伟良，吕清芳，潘仁泉. 东南沿海公路桥梁耐久性现状[J]. 江苏大学学报（自然科学版），2007（3）：254-257.

[62] 王德志，张金喜，张建华. 沿海公路钢筋混凝土桥梁氯盐侵蚀的调研与分析[J]. 北京工业大学学报，2006，（2）：187-192.

[63] Hussain R R，Ishida T. Enhanced electro-chemical corrosion model for reinforced concrete under severe coupled

action of chloride and temperature[J]. Construction and Building materials，2011（25）：1305-1315.

[64] 洪定海. 大掺量矿渣微粉高性能混凝土应用范例[J]. 建筑材料学报，1998（1）：82-87.

[65] 王胜年. 我国海港工程混凝土耐久性技术发展及现状[J]. 水运工程，2010（10）：1-7.

[66] 中交四航工程研究院有限公司. 海港工程混凝土结构耐久性寿命预测与健康诊断研究[R]. 广州：中交四航工程研究院有限公司，2010.

[67] 孙伟. 荷载与环境耦合作用下结构混凝土的耐久性与服役寿命[J]. 东南大学学报，2006，36（11）：7-14.

[68] 金伟良，延永东，王海龙. 氯离子在受荷混凝土内的传输研究进展[J]. 硅酸盐学报，2010，38(11)：2218-2224.

[69] Castal A，Francois R，Arliguie G. Effect of loading on carbonation penetration in reinforced concrete elements[J]. Cement and Concrete Research，1999，29（4）：561-565.

[70] 涂永明，吕志涛. 应力状态下混凝土的碳化试验研究[J]. 东南大学学报，2003，33（5）：573-576.

[71] 金祖权，孙伟，张云升，等. 荷载作用下混凝土的碳化深度[J]. 建筑材料学报，2005，8（2）：179-192.

[72] 杨林德，潘洪科，祝彦知，等. 多因素作用下混凝土抗碳化性能的试验研究[J]. 建筑材料学报，2008，11（3）：345-348.

[73] 宋晓翠，赵铁军，蒋真. 荷载作用对混凝土碳化性能的影响[J]. 工程建设，2009，41（1）：1-5.

[74] 田浩，李国平，刘杰，等. 受力状态下混凝土试件碳化试验研究[J]. 同济大学学报，2010，38（2）：200-205.

[75] 罗小勇，邹洪波，施清亮. 不同应力状态下混凝土碳化耐久性试验研究[J]. 自然灾害学报，2012，21（2）：194-199.

[76] 许崇法，曹双寅，范沈龙. 不同应力、碳化及酸雨作用下混凝土中性化试验研究[J]. 土木工程学报，2014，47（5）：64-70.

[77] 张伟平，张庆章，顾祥林，等. 环境条件和应力水平对混凝土中氯离子传输的影响[J]. 江苏大学学报，2013，34（1）：101-106.

[78] Konin A，Franfois R，Arliguie G. Penetration of chlorides in relation to the micro-cracking state into reinforced ordinary and high strength concrete[J]. Mater Struct，1998，31（5）：310-316.

[79] 东南大学. 拉应力作用下混凝土渗透系数测试装置及测试方法[P]：CN Patent，200910024476.8. 2009.

[80] Tsukamoto M. Tightness of fiber concrete[C]//Darmstadt Concrete：Annual Journal on Concrete and Concrete Structures，1990：215-225.

[81] Lim C C，Gowripalan N，Sirivvatnanon V. Influence of micro-cracks on chloride ion penetration of concrete subjected to compressive loads[R]. Concrete 99：Our concrete environment，1999：155-161.

[82] Lim C C，Gowripalan N，Sirvivatnanon V. Micro-cracking and chl5ride permeability of concrete under uniaxial compression[J]. Cement and Concrete Composites，2000，22：353-360.

[83] Mitsuru S，Hiroshi L. Chloride permeability of concrete under static and repeated compressive loading[J]. Cement and Concrete Research，1995，25（4）：803-805.

[84] Samaha H R，Hover K C. Influence of micro-cracking on the mass transport properties of concrete[J]. ACI Material Journal，1992，89（4）：416-424.

[85] Choinska M，Khelidj A，Chatzigeorgiou Q，et al. Effects and interactions of temperature and stress-level related damage on permeability of concrete[J]. Cement and Concrete Research，2007，37（1）：79-88.

[86] Sugiyama T，Bremner T W，Holmt A. Effect of stress on gas permeability in concrete[J]. ACI Material Journal，1996，93（5）：443-450.

[87] 方永浩，李志清，张亦涛. 持续压荷载作用下混凝土的渗透性[J]. 硅酸盐学报，2005，33（10）：1281-1286.

[88] 赵铁军. 混凝土渗透性[M]. 北京：科学出版社，2006.

[89] Tawfiq K，Araghani J，Vysyaraju J R. Permeability of concrete subjected to cyclic loading[J]. Transportation Research Record，1996，1532（1）：51-59.

[90] Nakhi A E，Xi Y，Willam K，et al. The effect of fatigue loading on chloride penetration in non-saturated concrete[C]. Proceeding of European Congress on Computational Methods in Applied Sciences and Engineering. Spain：Barcelona，2000.

[91] 蒋金洋，孙伟，刘加平，等. 疲劳载荷作用下超高程泵送钢纤维混凝土的耐久性[J]. 东南大学学报（自然科学版），2006，36（SⅡ）：259-262.

[92] Yoon S，Wang K J，Weiss W J，et al. Interaction between loading，corrosion，and serviceability of reinforced concrete[J]. ACI Mater J，2000，97（6）：637-644.

[93] Francois R，Maso J C. Effect of damage in reinforced concrete on carbonation or chloride penetration[J]. Cem Coner Res，1988，18（6）：961-970.

[94] Gowripalan N，Sirivivatnanoniv，Lim C C. Chloride diflusivity of concrete cracked in flexure[J]. Cem Concr Res，2000，30（5）：725-730.

[95] 邢锋，冷发光，冯乃谦，等. 长期持续荷载对素混凝土氯离子渗透性的影响[J]. 混凝土，2004，5：3-8.

[96] 赵尚传，贡金鑫，水金锋. 弯曲荷载作用下水位变动区域混凝土中氯离子扩散规律试验研究[J]. 中国公路学报，2007，4：76-82.

[97] 何世钦，贡金鑫. 弯曲荷载作用对混凝土中氯离子扩散的影响[J]. 建筑材料学报，2005，8（2）：134-138.

[98] Konin A，Francios R，Arliguie G. Penetration of chlorides in relation to the micro-cracking state into reinforced ordinary and high strength concrete[J]. Materials and Structures，1998，31（6）：310-316.

[99] Konin A，Francios R，Arliguie G. Analysis of progressive damage of reinforced ordinary and high performance concrete[J]. Materials and Structures，1998，31（6）：27-35.

[100] Gontar W A，Martin J P，Popovics J S. Effects of cyclic loading on chloride permeability of plain concrete[J]. Condition and Monitoring of Materials and Structures，ASCE，2000：95-109.

[101] 王彩辉，孙伟，蒋金洋，等. 动载-环境耦合作用下氯离子在混凝土中的扩散性能研究[J]. 工业建筑，2010，40（11）：1-6.

[102] 贡金鑫，王海超，李金波. 腐蚀环境中荷载作用对钢筋混凝土梁腐蚀的影响[J]. 东南大学学报（自然科学版），2005（35），3：421-426.

[103] OH B H. Development of evaluation system for load capacity of concrete bridges incorporating and environmental factors[A]//Frangopol，Utsunomlya. Bridge Maintenance，Safety，Management and Cost-Watanabe[M]. London：Taylor and Francis Group，2004：72-89.

[104] Yoon S，Wang K J，Weiss W J，et al. Interaction between loading，corrosion，and serviceability of reinforced concrete[J]. ACI Mater J，2000，97（6）：637-644.

[105] Yang Y，Tong H Z，Xu S F，et al. Effects of load level on water permeability of concrete[C]. Nanjing：International Conference on Microstructure Related Durability of Cementitious Composites，2008：545-552.

[106] Li C Q，Zheng 1 J，Shag L. New solution for prediction of chloride ingress in reinforced concrete flexural members[J]. ACI Mater J，2003，100（4）：319-325.

[107] Boulfiza M，Sakai K，Banthia N，et al. An integrated analysis of reinforced concrete beam subjected to both loading and chloride ion ingress[J]. Proceedings of the JCI，1999，21（3）：79-84.

[108] 袁承斌，张德峰，刘荣桂，等. 不同应力状态下混凝土抗氯离子侵蚀的研究[J]. 河海大学学报（自然科学版），2003，31（1）：50-54.

[109] Lu C H，Wang H L，Jin W L. Modeling the influence of stress level on chloride transport in prestressed concrete[C]//Proceedings of the international conference on durability of concrete structures. Hangzhou，2008：239-245.

[110] 涂永明，吕志涛. 应力状态下混凝土结构的盐雾侵蚀试验研究[J]. 工业建筑，2004，34（5）：1-3.

[111] Gowripalan N，Sirivivatnanoniv，Lim C C. Chloride diflusivity of concrete cracked in flexure[J]. Cem Concr Res，2000，30（5）：725-730.

[112] Konin A，Franfois R，Arliguie G. Penetration of chlorides in relation to the micro-cracking state into reinforced ordinary and high strength concrete[J]. Mater Struct，1998，31（5）：310-316.

[113] Francois R，Arliguie Q，Castel A. Influence of service cracking on service life of reinforced concrete[C]//Concrete under severe conditions 2：environment and loading，1998：143-152.

[114] Wang L C，Soda M，Ueda T. Simulation of chloride diffusion forcracked concrete based on RBSM and truss network model[J]. Adv Concr Technol，2008，6（1）：143-155.

[115] 潘子超，陈艾荣. 氯离子在非饱和混凝土中传输过程的数值模拟[J].同济大学学报（自然科学版），2011，39（3）：314-319.

[116] 鲍玖文，王立成. 干湿交替下水分及氯离子在混凝土中传输的细观数值模拟[J]. 海洋工程，2014，32（01）：68-74.

[117] 李春秋，李克非. 干湿交替下表层混凝土中氯离子传输：原理、试验和模拟[J]. 硅酸盐学报，2010，38（4）：581-589.

[118] Chun-ping G U，Guang Y E，Sun W. 开裂混凝土氯离子传输性能研究综述：实验研究和计算机模拟（英文）[J]. Journal of Zhejiang University-Science A，2015，（02）：81-92.

[119] 刘建忠，孙伟，缪昌文，等. 弯曲荷载与盐溶液复合作用下混凝土冻融损伤[J]. 东南大学学报（自然科学版），2006，（36）：244-247.

[120] 慕儒. 冻融循环与外部弯曲应力-盐溶液复合作用下混凝土的耐久性与寿命预测[D]. 南京：东南大学博士学位论文，2000.

[121] Sun W，Zhang Y M，Yan H D. Damage and damage resistance of high strength concrete under the action of load and freeze-thaw cycles[J]. Cement and Concrete Research，1999，29：1519-1523.

[122] Sun W，Zhang Y M，Yan H D. Damage and its restraint of concrete with different strength grades under double damage factors[J]. Cement and Concrete Composites，1999，21：439.

[123] 郑晓宁，刁波，孙洋. 混合侵蚀与冻融交替作用下持续承受 RC 梁性能劣化机理研究[C]. 上海：建筑结构学报创刊 30 周年纪念暨建筑结构基础理论与创新学术研讨会，2010.

[124] Wittmann F H，Schwesinger P. 高性能混凝土：材料特性与设计[M]. 冯乃谦，译. 北京：中国铁道出版社，1998.

[125] Xi Y P，William K，Weyers R E. Accelerated testing and modeling of concrete durability subjected to coupled environmental and mechanical loading[J]. Long Term Dur Struct Mater，2001：45-56.

[126] Zhou Y X，Cohen M D，William D L. Effects of external loads on the frost-resistant properties of mortar with and without silica fume[J]. ACI Materials Journal，1994，91（6）：595-601.

[127] Yang Z F，Weiss W J，Olek J. Water transport in concrete damaged by tensile loading and freeze-thaw Cycling[J]. J Mater Civil Eng，2006：424-434.

[128] Hasan M，Ueda T，Sato Y. Stress-strain relationship off rost-damaged concrete subjected to fatigue loading[J]. J Mater Civil Eng，2008，20（1）：37-45.

[129] Lappa E S. High strength fiber reinforced static and fatigue behaviour in bending[D]. Netherlands：Technische University Delft，2007.

第2章　实体工程混凝土结构应力水平调查与分析

2.1　概　　述

混凝土结构应力水平，即荷载效应组合的设计值与结构构件的抗力设计值的比值，是影响钢筋混凝土结构可靠性的最重要因素。混凝土在服役期内受到荷载、干湿循环、冻融循环、化学反应等众多外部因素的共同作用，其中荷载是影响氯离子渗透的重要参数，对于微裂缝的产生和扩展有着十分重要的影响，而这种荷载大小常常是相对于结构抗力，一般采用应力水平表征。结构正常服役状态下荷载水平范围确定非常困难，尤其是在役海工混凝土结构，长期处于侵蚀介质、荷载等作用下，疲劳强度不断降低，且由于基础沉陷、结构计算简图发生变化等事故发生，时常出现内力重分布的现象，即无法确定占主导地位的可变荷载，影响一般荷载水平的确定，该部分的工作又显得尤为重要。因此，开展码头正常使用条件下钢筋混凝土结构的荷载效应应力水平研究与分析，得到其荷载效应应力水平范围，为开展在役海工结构实际服役状态的试验提供依据，为码头结构设计提供参考，具有现实意义。

本章针对码头结构应力水平状况问题，对几个港口水工建筑物结构设计实例进行了分析，特别是在对两个码头（天津港北港池5#～7#集装箱码头及天津港南疆港区专业化矿石码头）的设计和使用情况进行调研的基础上，采用有限元分析软件ABAQUS，对码头典型构件在使用过程中的荷载状态进行了数值模拟，研究了不同荷载作用对码头典型构件内力的影响，从而确定了正常使用情况下的主导可变荷载类型，以初步揭示一般海工混凝土结构服役期的荷载效应水平，同时选取已建设好的三个码头，以其横梁、纵梁、轨道梁为研究对象，根据力学理论计算出结构荷载效应应力水平设计值。另外，对惠州华德石化码头及中船大岗基地码头，采用现场试验的方法，分析这两个码头结构的实际工作应力及模拟荷载作用下的应力水平，以较为全面地掌握我国港口水工建筑物的实际应力水平，为后续考虑荷载与环境耦合的试验方案设计提供依据。

2.2　实体工程混凝土结构应力水平分析

码头作业时会承受不同类型荷载作用，不同位置的码头构件承受的内力则不同，因此为了得到正常工作环境下典型构件的荷载水平，对高桩码头典型构件进行不同工况下的荷载效应的分析，确定不同构件的主导可变荷载。本节以天津港北港池 5#～7#集装箱码头及天津港南疆港区专业化矿石码头两个实体工程以依托，分析其混凝土结构应力水平。

2.2.1 天津港北港池 5#～7#集装箱码头

1. 码头结构的基本情况

天津港北港池 5#～7#集装箱码头泊位始建于 2006 年，为高桩梁板结构型式。码头桩台总宽 73m，其中前桩台宽 41.0m，后桩台宽 32m，岸线总长为 1100m，年吞吐量为 170 万 TEU。码头前沿底高程近期为–15.5m，远期预留到–18.0m，码头承台顶面高程为 6.0m。码头结构按远期可满足苏伊士型集装箱船（载重吨为 15 万～20 万 t）到港装卸作业的需要进行设计，近期按 10 万 t 级集装箱船靠泊建设水域设施。考虑的设计荷载主要为船舶荷载、结构自重、集装箱装卸桥荷载、集装箱拖挂车荷载、集装箱荷载、舱盖板荷载、正面吊运机荷载等。

2. 不同工况下码头典型构件荷载效应分析

使用 ABAQUS 有限元计算软件建立天津港北港池 5#～7#集装箱泊位的高桩码头有限元模型，进行不同工况下的桩基、横梁、连系梁和轨道梁的荷载效应分析。

1）模型基本情况

为了得到各种工况下高桩码头各构件的荷载效应，取一个码头泊位主要结构段为分析对象，建立结构的三维有限元模型进行相关计算。由于自身结构及受力的复杂性，为简化计算，在构建模型和相关计算中进行了如下假定：①模型构件均采用有限元的线弹性模型进行模拟；②由于结构在施工中，接头处均做现浇处理，则认为桩基、桩帽、横纵梁及面板之间采用固定连接；③桩基依据地质条件及规范计算确定桩基嵌固点的位置，将其嵌固点处截断并嵌固；④计算模型中不考虑地基土。

选取码头泊位一个结构段进行整体建模，在上述假定的基础上，为了真实反映三维结构受力位置、受力形式及内力在排架中的分布，采用实体单元对混凝土结构进行模拟。用 ABAQUS 有限元软件建立如图 2-1 所示的整体模型。

上述模型所用混凝土均为高性能混凝土 C45，弹性模量取为 $3.35\times10^{10}N/m^2$，泊松比为 0.167，密度为 $2500kg/m^3$。桩基为钢管桩，弹性模量取为 $2.1\times10^{11}N/m^2$。

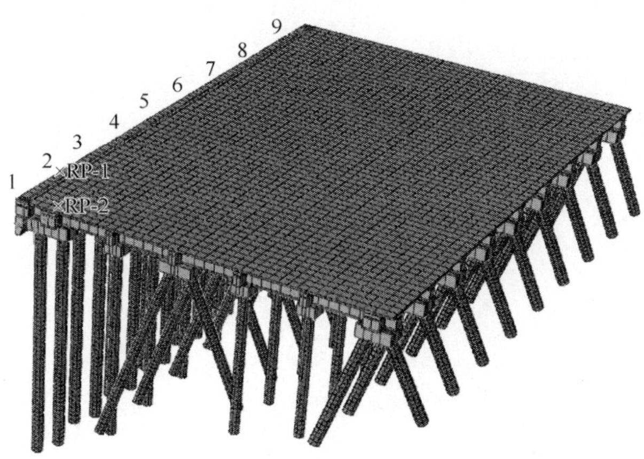

图 2-1　码头结构段整体三维有限元模型

永久作用主要是结构自重，通过有限元软件的密度参数设置自动施加；集装箱装卸桥自重作用通过转化为线荷载施加，码头堆载为 q=35kPa 的均布荷载；可变作用主要包括船舶撞击力和集装箱装卸桥荷载，10 万 t 船舶的撞击力为 1392kN，集装箱装卸桥不同工作状态的荷载按前面所述，分别转化为线荷载施加在模型结构上。由于水流力和风荷载，以及波浪荷载相对较小，且码头泊位有防波堤掩护，所以不予考虑。

2）荷载工况

考虑码头结构实际可能出现的荷载，并按正常使用极限状态结合相应的设计工况来分析高桩码头典型构件荷载效应，需要计算的工况见表 2-1。

表 2-1　正常使用状态下各计算工况

工况	情况	结构自重	均布荷载	船舶荷载	装卸桥工作状态	装卸桥非工作状态
一	1	√	√	/	起端在 1 排架	/
	2	√	√	/	起端在 2 排架	/
	3	√	√	/	起端在 3 排架	/
	4	√	√	/	起端在 4 排架	/
	5	√	√	/	起端在 5 排架	/
二	1	√	√	/	/	起端在 1 排架
	2	√	√	/	/	起端在 2 排架
	3	√	√	/	/	起端在 3 排架
	4	√	√	/	/	起端在 4 排架
三	1	√	√	10 万 t 船舶作用在 1 排架	/	/
	2	√	√	10 万 t 船舶作用在 2 排架	/	/

续表

工况	情况	结构自重	均布荷载	船舶荷载	装卸桥工作状态	装卸桥非工作状态
三	3	√	√	10 万 t 船舶作用在 3 排架	/	/
	4	√	√	10 万 t 船舶作用在 4 排架	/	/
	5	√	√	10 万 t 船舶作用在 5 排架	/	/
四	/	√	√	10 万 t 船舶作用在 1 排架	起端在 1 排架	/
五	/	√	√	10 万 t 船舶作用在 1 排架	/	起端在 1 排架
六	/	√	√	7 万 t 船舶作用在 1 排架	/	/
七	/	√	√	15 万 t 船舶作用在 1 排架	/	/
八	/	√	/	/	/	/

注：对于集装箱装卸桥在工作状态和非工作状态的计算问题，是将简化后的线荷载依次在轨道梁上从 1 号排架到 5 号排架间移动，计算并提取结果

通过对集装箱装卸桥荷载和船舶撞击力荷载作用下的高桩码头结构进行计算，分析码头各构件包括桩基、横梁、连系梁和轨道梁受力情况。其中，横梁和连系梁，对于两种荷载的作用都比较敏感，桩基中双直桩构件对船舶撞击力荷载最为敏感；轨道梁对集装箱装卸桥荷载最为敏感。通过分析，得到了双直桩的主导可变荷载为船舶撞击力，轨道梁的主导可变荷载为装卸桥荷载。

3. 码头典型构件的荷载效应组合的最大值分析

为了得到高桩码头典型构件的应力水平，在不同工况下典型构件荷载效应变化分析基础上，对 1 号桩、轨道梁 A、横梁 1 和连系梁 a 进行荷载效应分析与承载力分析。

根据 2.2.1 节中 2.小节分析的结果，对于 1 号桩、轨道梁 A、横梁 1 和连系梁 a，荷载作用在排架 1 为最不利荷载作用位置，此时，构件出现最大的荷载效应。装卸桥在排架 1 会出现工作状态和非工作状态两种工况，按照承载能力极限状态和正常使用极限状态分别计算以下两种工况，见表 2-2，取二者较大值作为荷载效应组合的最大值。

表 2-2　计算工况

工况	结构自重	堆货荷载	船舶荷载	装卸桥工作状态	装卸桥非工作状态
一	√	√	船舶撞击力作用在 1 排架	起端在 1 排架	/
二	√	√	船舶撞击力作用在 1 排架	/	起端在 1 排架

码头结构有限元模型及计算参数的选取同上节，荷载效应计算结果见表 2-3 和表 2-4。

表 2-3　典型构件设计弯矩值

设计极限状态	1 号桩	轨道梁 A	横梁 1	连系梁 a
承载能力极限状态弯矩值/（kN·m）	284	8149	2790	877
正常使用极限状态弯矩值/（kN·m）	193	3110	1485	670
荷载组合的最大值	284	8149	2790	877

表 2-4　典型构件设计剪力值

设计极限状态	1 号桩	轨道梁 A	横梁 1	连系梁 a
承载能力极限状态剪力值/kN	2796	5908	2445	1027
正常使用极限状态剪力值/kN	1447	2743	1035	740
荷载组合的最大值	2795	5908	2445	1027

4. 码头典型构件的承载力分析

构件的实际承载能力根据构件的配筋图计算得出。1 号桩、轨道梁 A、横梁 1 和连系梁 a 的截面参数见表 2-5～表 2-7。

表 2-5　1 号桩的截面参数

外径/mm	壁厚/mm	材质
1200	壁厚自上至下分 20、18、16 三段	Q345-B

表 2-6　轨道梁 A、横梁 1 和连系梁 a 的截面参数

梁种类	梁宽 b/mm	梁高 h/mm	有效高度 h_0/mm	钢筋直径/mm	钢筋根数	钢筋种类
轨道梁 A	1700	1900	1746	28	32	HRB400
横梁 1	900	1800	1656	28	14	HRB400
连系梁 a	800	1600	1447	22	12	HRB400

表 2-7　轨道梁 A、横梁 1 和连系梁 a 箍筋统计参数

梁种类	箍筋间距/mm	箍筋直径/mm	箍筋肢数	箍筋材质
轨道梁 A	200	14	8	HRB335
横梁 1	200	16	4	HRB335
连系梁 a	200	14	4	HRB335

轨道梁 A、横梁 1 和连系梁 a 的配筋图分别见图 2-2～图 2-4。

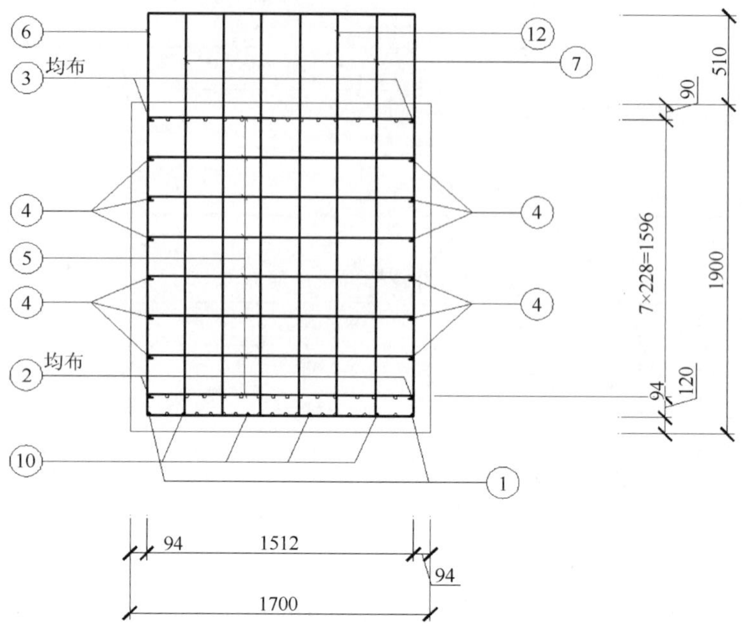

图 2-2 轨道梁 A 配筋图（单位：mm）

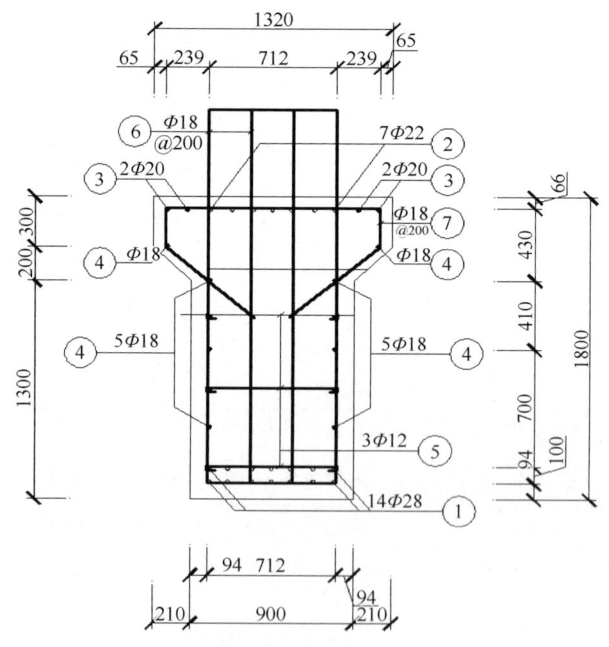

图 2-3 横梁 1 配筋图（单位：mm）

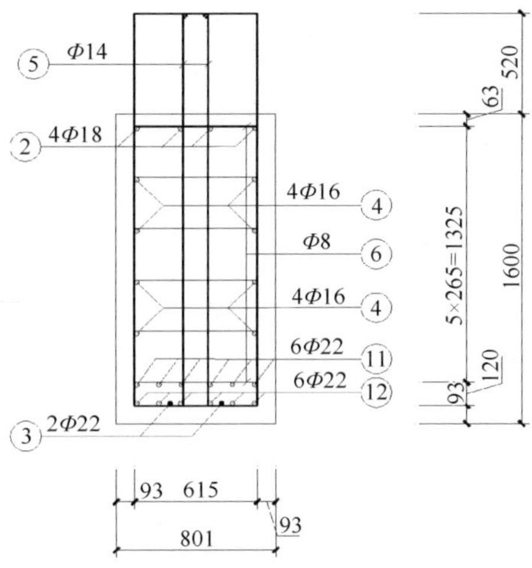

图 2-4　连系梁 a 配筋图（单位：mm）

根据 1 号桩、轨道梁 A、横梁 1 和连系梁 a 的截面参数和配筋得到的构件承载能力计算结果见表 2-8。

表 2-8　各构件的承载能力

承载力 \ 构件	1 号桩	轨道梁 A	横梁 1	连系梁 a
抗弯/（kN·m）	3393	11684	4886	2298
抗剪/kN	5357	6100	3239	2359

注：1 号桩为压弯构件，计算抗弯承载力时考虑了轴力的影响，轨道梁 A 设置了 4 根直径为 25mmHRB335 的弯起钢筋，计算抗剪时考虑了弯起钢筋的影响

5. 典型构件应力水平分析

天津港北港池 5#～7#集装箱码头典型构件应力水平可以通过荷载效应与承载力对比分析获得，计算结果如表 2-9 和表 2-10 所示。

表 2-9　典型构件荷载效应（弯矩）与承载力对比分析

项目 \ 构件	1 号桩	轨道梁 A	横梁 1	连系梁 a
承载能力极限状态弯矩值/（kN·m）	284	8149	2790	877
正常使用极限状态弯矩值/（kN·m）	193	3110	1485	670
抗弯承载力/（kN·m）	3393	11684	4886	2298
应力水平/%	8	70	57	38

注：应力水平=荷载效应组合最大值/抗弯承载力×100%

表 2-10 典型构件设计荷载效应（剪力）与承载力对比分析

项目＼构件	1 号桩	轨道梁 A	横梁 1	连系梁 a
承载能力极限状态剪力值/kN	2796	5908	2445	1027
正常使用极限状态剪力值/kN	1447	2743	1035	740
抗剪承载力/kN	5357	6100	3239	2359
应力水平/%	52	97	75	44

注：应力水平=荷载效应组合最大值/抗剪承载力×100%

轨道梁 A 承载能力设计剪力值与抗剪承载力比值为 97%，安全储备较小，其余构件荷载效应组合最大值与抗力的比值皆在 75%以内，有比较大的安全储备。

2.2.2 天津港南疆港区专业化矿石码头

1. 码头结构的基本情况

该码头始建于 2012 年，位于天津港南疆港区东部，规划的南 26 段泊位位置，为 30 万 t 级专业化矿石码头，码头长 400m，码头前沿高程为 7.5m，前沿设计底标高为–24.8m，设计船型为 7 万～30 万 t 级矿石船，码头结构按照可停靠 40 万 t 级矿石船舶设计。

码头由间隔布置的 5 个相同的排架段和 5 个相同的墩台段构成。标准排架段由 7 个排架组成，长 50m，宽度为 34.8m，标准墩台段长 29.92m，宽度为 37m，厚 2m（不含面层）。分别取一个排架段和一个墩台段进行有限元分析。

2. 不同工况下码头典型构件荷载效应分析

1）模型基本情况

基本假定与天津港北港池 5#～7#集装箱泊位高桩码头的有限元模型相同。在上述假定的基础上，采用有限元软件 ABAQUS 对排架段和墩台段分别建模。对于排架段，轨道梁、连系梁、横梁和桩全部采用梁单元来模拟；对于墩台段，墩台采用壳单元模拟，桩采用梁单元模拟。排架段和墩台段的有限元模型如图 2-5 所示。

本码头所用混凝土均为高性能混凝土 C45，弹性模量取为 $3.35\times10^{10}\text{N/m}^2$，泊松比为 0.167，密度为 2450kg/m^3；桩基为钢管桩，弹性模量取为 $2.1\times10^{11}\text{N/m}^2$，泊松比为 0.25。

码头的永久作用主要是结构自重，可变作用包括堆货荷载、船舶撞击力和卸船机荷载。各个荷载的取值结果见 2.2.1 节，需要说明的是，根据 SC2000H 一鼓一板标准反力型橡胶护舷的性能曲线，有效撞击能量 E_0=1186kJ 对应的标准反力

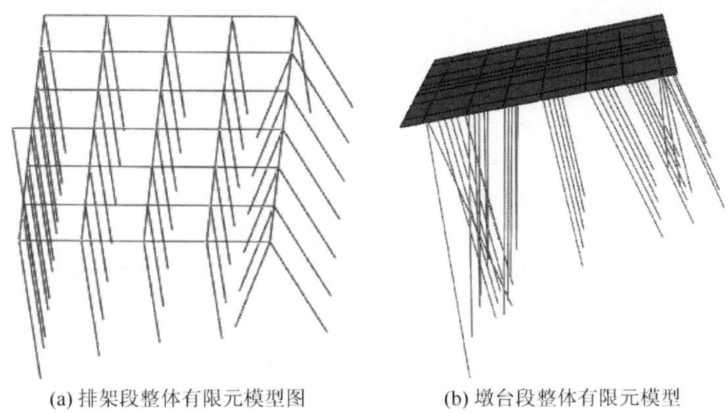

(a) 排架段整体有限元模型图　　(b) 墩台段整体有限元模型

图 2-5　有限元模型图

值为 1700kN，所以船舶撞击力标准值取 1700kN。卸船机荷载转化成线荷载施加在码头结构上，堆货荷载以面载的形式施加在墩台上，转化成线荷载直接施加在排架段的横梁和连系梁上。波浪荷载相对较小，且码头泊位有防波堤掩护，所以不予考虑。

2）荷载工况

一台卸船机长度为 30m，根据排架段和墩台段的长度，卸船机端点可能出现在排架段的第一排架、第二排架和第三排架处，而墩台段与卸船机的长度相同，所以卸船机荷载在墩台段的位置是固定的。一个排架段在中间排架安装有橡胶护舷，船舶撞击力在排架段的位置是固定的，其作用在中间排架，一个墩台段安装有三个橡胶护舷，所以，船舶撞击力在墩台段的位置有三种可能。对于码头结构构件，卸船机荷载和船舶撞击力都为主导可变荷载，根据船舶撞击力与卸船机荷载可能出现的位置，需要分别计算以下工况（表 2-11）。

表 2-11　根据不同荷载位置组合划分的工况

结构	工况	荷载作用位置	
		船舶撞击力	装卸桥荷载
排架段	一	中间排架	端点在第一排架
	二		端点在第二排架
	三		端点在第三排架
墩台段	一	第 1 个橡胶护舷	布满整个墩台轨道梁
	二	第 2 个橡胶护舷	

3. 高桩码头各类典型构件荷载效应组合最大值分析

分别针对表 2-11 中的工况对排架段和墩台段进行设计荷载效应分析，包括承载能力极限状态和正常使用极限状态两种荷载分析，对于排架段，典型的构件包括轨道梁、连系梁、横梁和桩，对于墩台段，典型构件包括墩台和桩，需要指出的是，本次分析所得的结果，为同一类构件的最大值，计算结果见表 2-12～表 2-16。排架段的编号规则同天津港北港池 5#～7#集装箱泊位高桩码头。

表 2-12　以卸船机为主导可变荷载的排架段承载能力极限状态分析结果

构件 计算结果	轨道梁	横梁	连系梁	桩
弯矩值/（kN·m）	4375	1803	1012	1756
最大弯矩所在位置	轨道梁 B	4 号排架横梁 1	1、2 号排架间连系梁 c	5 号排架 6 号桩
剪力值/kN	3761	1234	376	148
最大剪力所在位置	轨道梁 B	4 号排架横梁 1	1、2 号排架间连系梁 c	5 号排架 6 号桩

表 2-13　以撞击力为主导可变荷载的排架段承载能力极限状态分析结果

构件 计算结果	轨道梁	横梁	连系梁	桩
弯矩值/（kN·m）	3412	1255	1032	1431
最大弯矩所在位置	轨道梁 B	4 号排架横梁 1	1、2 号排架间连系梁 c	5 号排架 6 号桩
剪力值/kN	2749	858	348.7	123.7
最大剪力所在位置	轨道梁 B	4 号排架横梁 1	1、2 号排架间连系梁 c	5 号排架 6 号桩

表 2-14　排架段正常使用极限状态设计值

构件 计算结果	轨道梁	横梁	连系梁	桩
弯矩值/（kN·m）	1988	715.8	482	775.7
最大弯矩所在位置	轨道梁 B	4 号排架横梁 1	1、2 号排架间连系梁 c	5 号排架 6 号桩
剪力值/kN	1588	530.2	221.4	67.2
最大剪力所在位置	轨道梁 B	4 号排架横梁 1	1、2 号排架间连系梁 c	5 号排架 6 号桩

表 2-15　墩台段墩台荷载效应分析结果

分析方式 / 计算结果	承载能力极限状态		正常使用极限状态
	卸船机主导可变荷载	撞击力主导可变荷载	
弯矩/（kN·m）	2061	1532	1315
剪力/kN	1998	1592	1197

表 2-16　墩台段桩基荷载效应分析结果

分析方式 / 计算结果	承载能力极限状态		正常使用极限状态
	卸船机主导可变荷载	撞击力主导可变荷载	
弯矩/（kN·m）	311.7	345.2	213.8
剪力/kN	35.6	36.5	26.9

注：正常使用极限状态的荷载组合值以卸船机为可变荷载中的控制荷载计算得到（船舶撞击力远小于卸船机荷载）

从表 2-12～表 2-16 可以看出，排架段荷载效应最大的典型构件为轨道梁 B，4 号排架横梁 1，1、2 号排架间连系梁 c 及 5 号排架 6 号桩。

4 号排架横梁 1 由于船舶撞击力的作用，在横梁类构件中具有比较大的荷载效应。由于卸船机工作时具有比较大的轮压，桩基的剪力值均较小，轴力反而比较大。

4. 典型构件承载力分析

构件的实际承载能力也根据构件的配筋图计算得出。承载力计算结果如表 2-17 所示。

表 2-17　各典型构件的承载能力

构件 / 承载力	轨道梁 B	4 号排架横梁 1	1、2 号排架间连系梁 c	5 号排架 6 号桩
抗弯/（kN·m）	16026	5634	2580	11706
抗剪/kN	4701	2470	862	1850

5. 典型构件荷载水平分析

天津港南疆港区专业化矿石码头典型构件应力水平可以通过荷载效应与承载力对比分析获得，计算结果如表 2-18 所示。

表 2-18　各典型构件的荷载水平

项目 \ 构件	轨道梁 B	4 号排架横梁 1	1、2 号排架间连系梁 c	5 号排架 6 号桩
荷载效应组合最大值（弯矩）/（kN·m）	4375	1803	1032	1756
荷载效应组合最大值（剪力）/（kN·m）	3761	1234	376	148
抗弯承载力/（kN·m）	16026	5634	2589	11706
抗剪承载力/kN	4701	2470	862	2114
应力水平（弯矩）	0.27	0.32	0.41	0.15
应力水平（剪力）	0.8	0.50	0.44	0.07

通过表 2-18 可以看出：轨道梁 B 承载能力设计剪力值与抗剪承载力比值为 80%，安全储备较小，其余构件荷载效应组合最大值与抗力的比值皆在 7%～50%，有比较大的安全储备。

2.3　结构应力的现场检测与分析

在华南地区选取惠州大亚湾华德石化有限公司 15 万 t 码头、中船大岗基地码头两个实体工程，进行现场调研与测试。两个码头结构型式不同：惠州华德石化码头为高桩墩台式结构、中船大岗基地码头为高桩梁板式结构，荷载施加情况也不同，其中惠州华德石化码头采用大型轮船靠泊，来测试结构在水平靠泊力作用下的应力情况；中船大岗基地码头采用多个满载的大型车辆压载，来测试结构在竖向荷载作用下的应力情况。两个工程均选取了典型构件，进行应力测试与分析，确定实际服役环境下的构件应力水平。经过测试及统计分析，获得典型构件在实际服役环境中的应力水平范围，为后续环境及荷载耦合试验应力水平的确定提供参考。需要指出的是，由于结构自重作用下的应力难以确定（由上述分析可知该应力较小)，此处通过现场测试获得的结构应力为码头结构靠泊或模拟可变荷载作用下的结构应力响应。

2.3.1　惠州华德石化码头

1. 工程概况

15 万 t 惠州华德石化码头位于惠州大亚湾海域，于 1997 年 3 月投用，码头泊位长 430m，由 1 个工作平台、2 个靠船墩及若干系缆墩和连系墩组成，码头平面形如蝴蝶状，总体平面如图 2-6 所示。码头结构形式为高桩墩台结构，桩基采用

外径 Φ1200mm 钢管桩，壁厚 $\delta\approx16\sim18$mm，高桩墩台为现浇钢筋混凝土结构，混凝土强度为 C30。靠船墩原设计尺寸为 18m×20m×4m，墩台前沿有削角处理，墩台前沿设置 SUC2000H 高反力型两鼓一板型垂直式橡胶护舷。码头于 1998 年对靠船墩进行了改扩建，改造后增大了墩台两侧及前沿尺寸，目前尺寸为 20.5m×20m×4m。在两侧的改造部分增加了 SUC2000H 标准反力型一鼓一板橡胶护舷各一个，改造后靠船墩前沿有橡胶护舷 3 个，中间护舷为 SUC2000H 高反力型两鼓一板型垂直式橡胶护舷，两侧为 SUC2000H 标准反力型一鼓一板橡胶护舷。

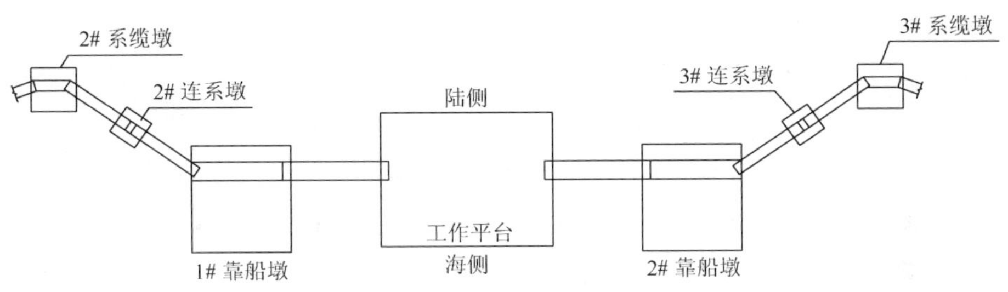

图 2-6　码头总体平面图

2011 年受台风“纳沙”影响，码头的两个靠船墩出现了不同程度的破损。根据现场检测结果，靠船墩的顶面和底面多处混凝土开裂及脱落，尤其在墩台改造部位，即新旧混凝土交接位置，裂缝有明显的开展趋势。2#靠船墩北侧橡胶护舷受本次事故影响发生明显的破损和变形，1#靠船墩现浇护舷鼓身外观情况尚良好。为获得典型构件在实际服役环境中的应力水平范围，提出了采用现场实时监测对靠船墩进行靠泊应力测试，以得到不同时期的应力水平。

2. 现场靠泊应力测试

靠泊实时监测内容主要包括：环境监测及结构应变监测两个方面。根据天气预报，靠泊试验测试选取天气较为恶劣的期间进行，对码头结构的靠泊、卸货、离岸全过程进行现场测试，以验证码头在特定环境条件下停靠大型油轮的能力。出于码头方要求、作业条件限制及结构安全考虑，测试时不能选取 15 万 t 的满载船进行试验，而是选用了载重吨位为 6.8 万 t 的半载油船进行靠泊测试，靠泊试验船资料如表 2-19 所示。

表 2-19　靠泊监测试验油轮相关参数

船型	船长/m	船宽/m	到港水尺/m	总吨/t	净吨/t	载重吨/t
油轮	229	33	11.0	38999	20758	68404

1）环境监测

主要对浪高、风速及风向进行监测，在码头前沿相对固定位置绑定固定式水尺，用全站仪实时监控码头前沿浪高变化情况，并采用机械式风速风向仪对周围风力、风向进行测量。试验油轮于 2012 年 10 月 10 号 11：30 靠泊，10 月 11 号 16：45 离泊，对整个靠、离泊过程的环境条件进行了实时监测。监测期间风向主要为东南风，偶见东北风。表 2-20 与图 2-7 和图 2-8 为风级、风向和浪高的监测结果。

表 2-20 监测时段划分及风向风级

靠离泊典型时段	时间区间	风向及风级
靠泊	10 月 10 日（11：30～12：05）	东南风二级
卸载	10 月 10 日（19：00）～10 月 11 日（05：00）	东南风为主，四～七级
离港	10 月 11 日（16：30～16：50）	东南风四～五级
风速最大	10 月 10 日（19：00～20：00）	东南风七级

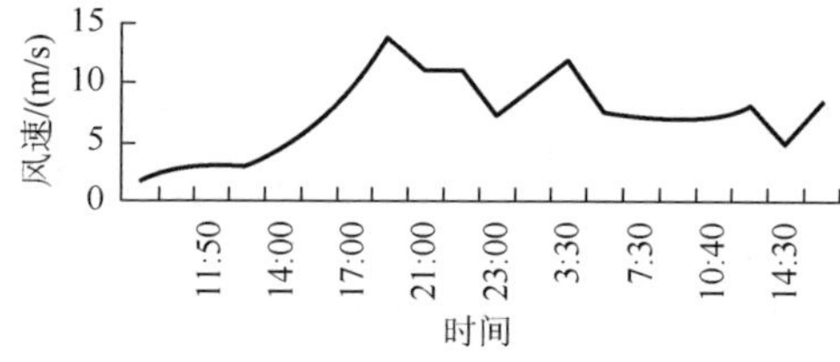

图 2-7 风速监测结果曲线（10 月 10 日）

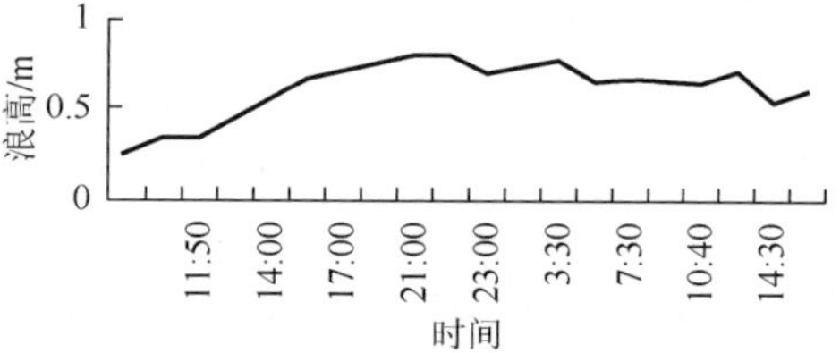

图 2-8 浪高监测结果曲线（10 月 10 日）

通过环境监测结果可以看出，油轮靠泊时段（10 月 10 日 11：45～12：05）风力为 2 级，浪高在 0.25～0.30m，靠泊时外界环境条件相对良好。但 10 月 10 号下午 14：20 左右开始下起了大雨，风速逐渐增强，到晚上 19：30 左右一度达到了 14m/s，风级为阵风 7 级，浪高为 0.7～0.8m，之后风速逐渐减弱，仍有 3～6 级风。油轮离港时的风速为 8.5m/s，风级为 5 级，浪高 0.6m。整个靠泊及离岸过程中，停靠期间天气较为恶劣，靠泊及离岸时由于码头作业气象窗口规定的限制，选取的气象条件尚好。

2）应变监测

在靠船墩顶面布置 4 组测点对墩台结构的应变进行监测，其中第 3 组和第 4 组布置在墩台前沿位置，第 1 组和第 2 组布置在墩台南侧中部和后方，测点位置如图 2-9 所示。每组测点布置 3 枚应变片，并在墩台上放置混凝土块粘贴温度补偿片。在粘贴应变片时，将前沿应变片 3-2、3-3、4-1 放置于新旧结构交接部位，其余应变片粘贴于靠近交接部位的主体结构上。测试用静态应变仪（UCAM-60B-

ACM14）对应变片的数据进行采集和分析，应变片现场埋设如图 2-10 所示。

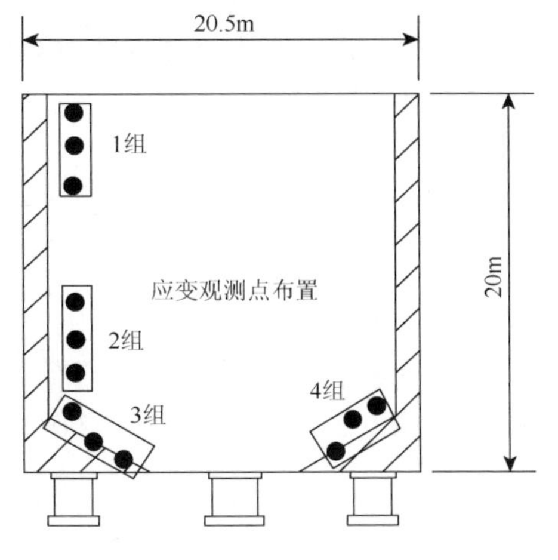

图 2-9　应变测点布置图

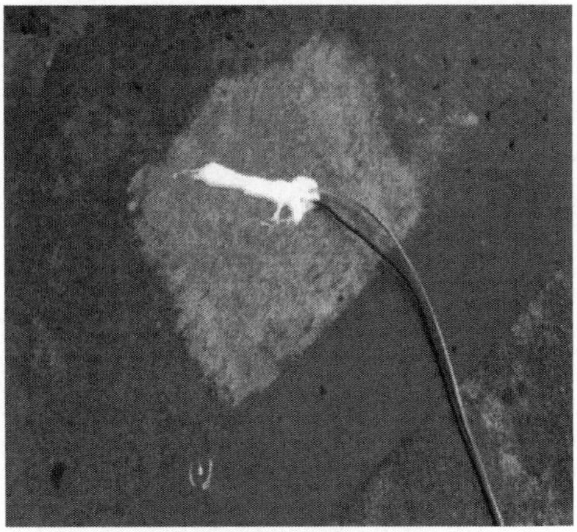

图 2-10　应变片现场埋设

3. 现场靠泊应力测试

对应变数据进行分析，并按式（2-1）得到各个时段应力数据最值表（表 2-21）。

$$s = \mu E \tag{2-1}$$

C30 混凝土弹性模量取 30GPa。

表 2-21　各时段应变数据最值表

代表性时段	时间	应力值/MPa	
		主体结构	新旧结构交接位置
		最小值	最小值
靠泊	10 月 10 日（11：45～12：05）	−4.29	−3.39
卸载	10 月 10 日（19：00）～10 月 11 日（05：00）	−1.77	−1.88
离港	10 月 11 日（16：30～16：50）	−1.68	−1.58
风速最大	10 月 10 日（19：00～20：00）	−1.41	−1.20

注：由于混凝土结构可能存在一定的微裂纹，所以此处不再分析结构出现的拉应力

通过分析上述表格结果，得到如下结论。

（1）码头靠泊时段，主体结构应力最大，最大压应力为 4.29MPa。靠泊时，码头前沿结构应力水平以最大压应力计算，α=4.29/14.3=30%，这里的应力水平是指构件中混凝土的应力与其抗压强度设计值的比值。

（2）风速最大时段，除个别奇异值外，结构最大压应力为 1.41MPa，结构整体应力水平均较低。风速最大时结构的应力水平为α=1.41/14.3=10%。

（3）船舶离港时段，结构最大压应力在 1.68MPa，离港时段的最大应力水平α=1.68/14.3=12%。

2.3.2 中船大岗基地码头

1. 工程概况

码头始建于 2003 年，为高桩码头，全长 126m。为满足生产需要，对码头结构进行了改造，新建吊机墩台 1 个，引桥 1 座。新建吊机墩台长 13.1m，宽 12.5m，新建引桥为高桩梁板式结构，长 58m，宽 10m，混凝土强度等级为 C30，桩基均为直径 1000mm 钻孔灌注桩。

2. 应力测点布置及加载方式

应力测点布置如图 2-11 所示，现场布置情况如图 2-12 所示。

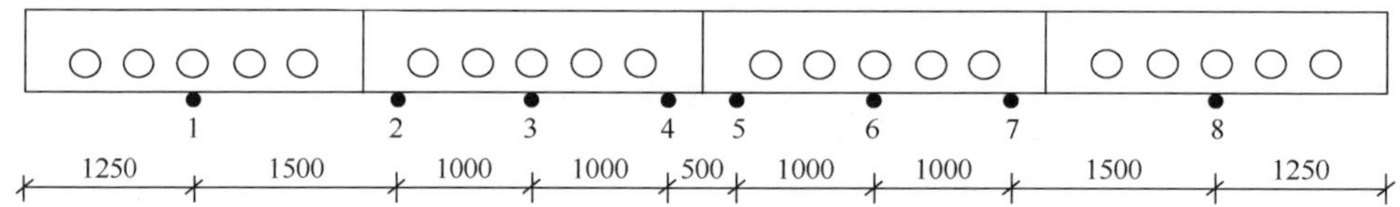

图 2-11 跨中应变测点布置示意图（单位：mm）

图 2-12 测点现场埋设情况

静载试验主要测试在各级荷载作用下结构的工作性能，主要测试跨中截面应力变化。采用 2 部 280kN 双后轴重车进行中心加载，加载位置如图 2-13 所示，在试验过程中对试验跨中控制截面进行裂缝观测跟踪。

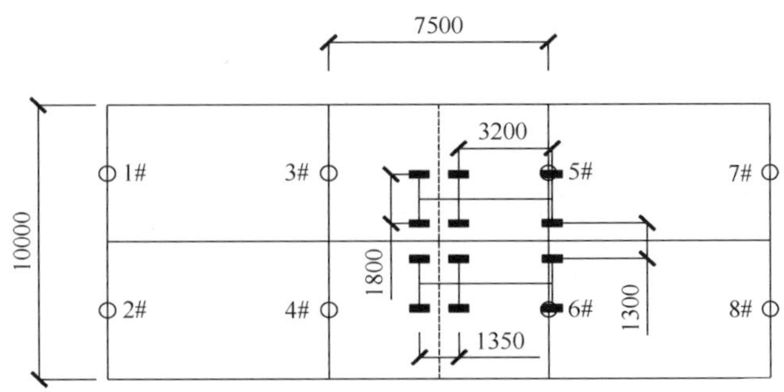

图 2-13　加载位置图（单位：mm）

通过 2 部 280kN 双后轴重车循环加载和卸载完成跨中正弯矩工况、桥墩最大反力工况静载试验。试验步骤为：跨中截面分 2 级进行加载，即 1＃和 2＃重车分别驶入预定位置，完成主跨正弯矩工况试验加载，试验加载顺序如表 2-22 所示，试验加载现场如图 2-14 所示。

表 2-22　新建引桥静载试验加载表

加载顺序	荷载值/kN	加载方式
0	0	引桥空载
1 级	280	1 号车驶入西侧预定位置
2 级	560	2 号车驶入东侧预定位置
卸载	0	两车同时驶出引桥

图 2-14　加载现场

3. 应力测试结果

板构件以拉应力作为控制应力，新建引桥第 2 跨在最大正弯矩试验工况下，产生的最大拉应力为 1.269MPa，混凝土强度等级为 C30，抗拉强度设计值为 1.43MPa。试验工况下跨中截面的实测应力值见表 2-23。因此，应力水平α=1.269/1.43=89%，这里的应力水平是指构件中混凝土的最大应力与其抗拉强度设计值的比值。

表 2-23　第 2 跨跨中截面实测应力值　（单位：MPa）

测点号＼工况	一级	二级	卸载	弹性应力值
1	0.03	0.075	0	0.075
2	0.69	1.245	0.03	1.215
3	0.69	1.269	0.03	1.239
4	0.69	1.26	0.03	1.23
5	0.072	1.119	0.03	1.089
6	0.072	1.131	0.03	1.101
7	0.072	0.831	0.03	0.801
8	0	0.045	0	0.045

另外，该引桥构件的荷载效应组合的设计值为 344.5kN·m（未考虑构件自重），承受的极限荷载为 1073.4kN·m，因此应力水平α=344.5/1073.4=32%，这里的应力水平是荷载效应组合的设计值与结构构件的抗力设计值的比值。

第 3 章　混凝土构件荷载和环境耦合试验方法

3.1　概　　述

根据前述工程的耐久性调查与实际构件受力分析，服役中的工程结构，不仅要遭受周围恶劣环境的腐蚀，还要承受包括自身荷载在内的各种静荷载、动荷载及冲击荷载。在各种荷载的作用下，混凝土的结构必然会发生宏观、微观方面的变化，从而引起混凝土自身一些物理、化学性能发生改变，最终导致混凝土结构的力学性能发生变化，引起结构失效。现有的研究已经表明[1，2]，混凝土在服役环境下的耐久性与荷载有非常密切的关系，为了能够更加准确地反映实际服役环境下荷载对混凝土渗透性能的影响，有必要提出并实现适用于模拟试验环境的加载设备。

由于荷载的形式分为静荷载和动荷载两类，因此混凝土加载试验装置也分为静荷载试验加载装置和动荷载试验加载装置两类。当前，国内外已经有不少的学者和研究人员进行过类似的工作，并设计使用了各具特色的加载装备。对承受轴向拉、压应力试件的试验研究，多采用试件外钢壳支撑对拉或试件内部埋设螺杆对拉，如文献[3]～[8]中的加载装置，典型的如东南大学[4]为此专门设计的一种测试氯离子在轴向受拉混凝土试件内的扩散系数的试验装置，如图 3-1 所示。

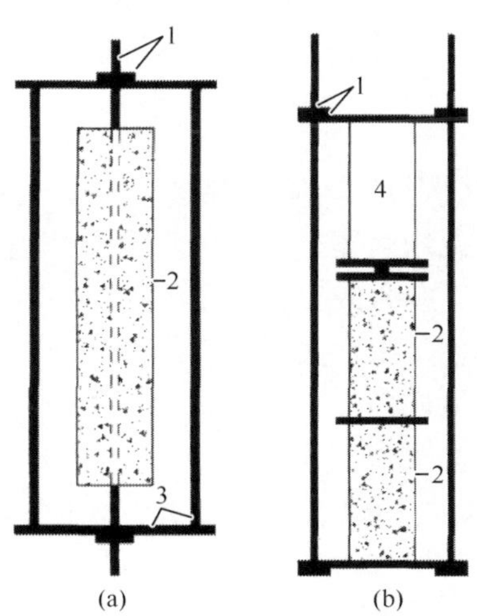

图 3-1　轴向荷载施加装置示意图

1-螺栓；2-试件；3-钢架；4-测力计

对承受弯曲应力的试件试验研究，加载装置方式方法多样，主要采用单支点、双支点等模式，加载方法有：反力架加载法、自锚法（三点或四点）、杠杆法[8]等，如图 3-2 所示。每种方法又可分为多种形式，如自锚法可分为中间锚与两边锚，可见于文献[9]～[17]，文献[18]增加了通过对紧固件施加扭矩来控制持荷试件的应力水平并实时监测，文献[19]通过二次杠杆作用实现了加载端荷载放大，使得装置组装方便、适用性强、加载性能稳定。

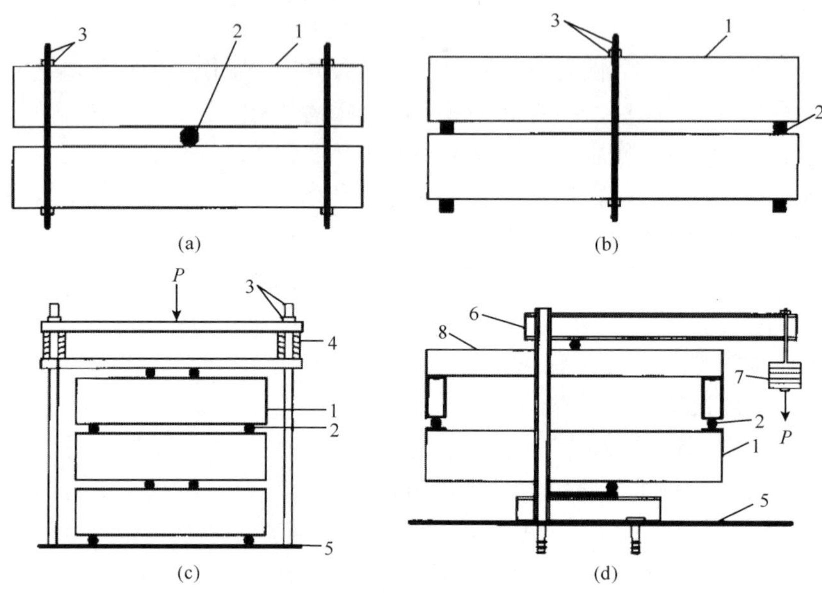

图 3-2 受弯荷载施加装置

1-梁；2-支点；3-螺栓；4-弹簧；5-加强底座；6-杠杆；7-重物；8-反力架

各种方法的优缺点如下。

（1）反力架加载法的优点是容易控制荷载大小，且可实现多组梁同时加载；缺点是占地面积较大，加载场地需有反力槽，试验过程需有电源。因此，不能长期加载。加载过程中可控制应力或裂缝宽度。

（2）自锚加载法的优点是占地面积小，加载方便，成本小，可长期加载；缺点是锚具在加载过程会发生松弛，因此在试验过程中需调整荷载，锚具一般不能重复利用。适合控制裂缝宽度。

（3）杠杆加载法的优点是加载过程中荷载不发生变化，加载装置可重复利用，可长期加载；缺点是占地面积大，加载场地需有反力槽，加载装置成本较高。适合控制应力水平。

试验采用的构件形式分为短梁和长梁，短梁一般采用素混凝土试件，而长梁则配有一定直径和数量的钢筋。

3.2　荷载类型分析

混凝土是抗压强度远远大于抗拉强度的复合材料，因此在结构设计过程中应尽可能避免混凝土处于单纯的受拉状态。事实上，在实际海工构筑物中单纯受拉的构件很少，而且若产生同样的受拉变形，弯曲受拉所需施加的荷载远远小于轴向受拉，荷载施加过程容易实现，所以以弯曲受拉代替轴向受拉。

混凝土构件在横向荷载作用下发生弯曲变形时，不仅有弯矩的作用，在横截面上还有剪力的作用，因而横截面上将同时存在正应力和切应力，这种弯曲情况称为横力弯曲。若作用在某一段各横截面上的弯矩等于常量，而剪力等于零时，该段为纯弯区段；当同时有弯矩和剪力作用时，该段为弯剪区。试件受横力弯曲作用会发生变形，但在材料内部必然存在长度不发生变化的层，这一层称为中性层，在它两侧一端缩短而另一端伸长，缩短区受到压应力作用，伸长区受到拉应力作用，分别记为压应力层和拉应力层。从力学的角度来分析，纯弯区段所受的应力都要大于弯剪区，所以对于构件而言，纯弯区段遭受的应力破坏大于弯剪区。在抗弯试验中，单纯荷载提供的应力是不足以引起裂纹扩展的，但会起到一定的破坏作用。Hillerborg 提出了混凝土虚拟裂缝的概念，他认为裂缝在混凝土内的扩展不是单一的，而是多条裂缝共同作用，裂纹的尖端相当于存在许多虚拟裂缝，而虚拟裂缝的扩展对整个裂缝的扩展起到至关重要的作用。

把未产生裂缝的基体处称为弹性区，已开裂的部位为开裂区，裂纹的尖端部位为虚拟裂缝区，如图 3-3（a）所示。对于压应力层和拉应力层，由结构对称性可知它们受力大小是相同的，但是压应力作用下混凝土内的微裂缝会得到愈合，如图 3-3（b）所示，尚未造成摩擦滑移，结果是裂缝的弹性变形减弱，向前扩展的动力得以抑制；而拉应力作用下裂缝则会张开，进一步增大裂缝的尖端应力，进而促进裂缝的弹性变形，形成裂缝桥与其他的裂缝连通，如图 3-3（c）所示。因此，拉应力层的破坏作用要大于压应力层。

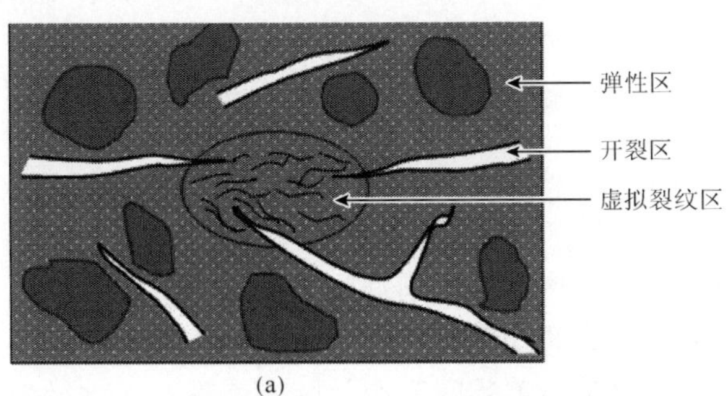

图 3-3　试件在应力作用下裂纹的发展示意图

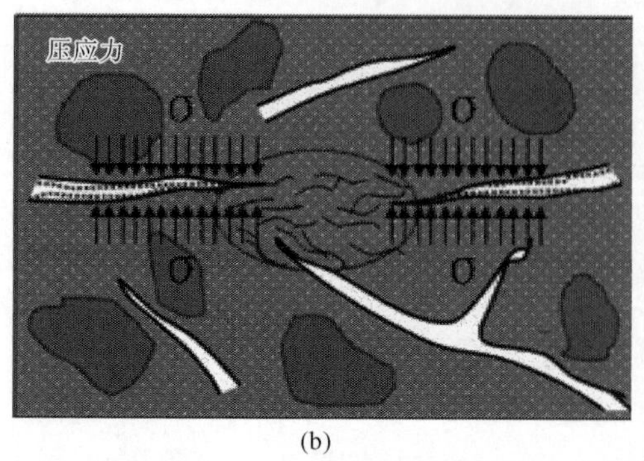

(b)

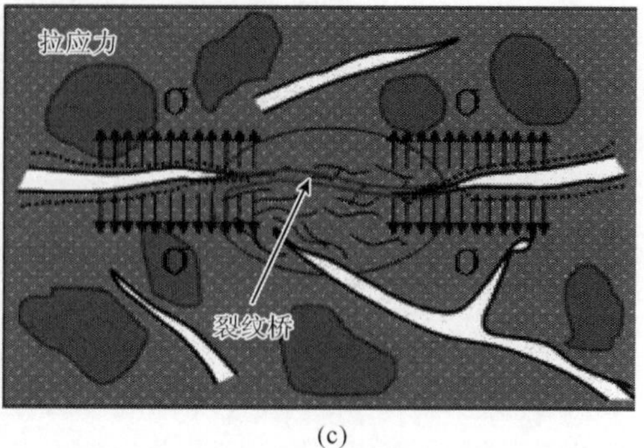

(c)

图 3-3　试件在应力作用下裂纹的发展示意图（续）

整个试件结构受荷载破坏最严重的部位为纯弯区拉应力层。因此，重点考虑纯弯区段（受拉区）。此外，为了减少混凝土自身不均匀性造成的实验误差，在试件磨粉取样的过程中应尽量扩大取样范围，同时保证所取试样都处于同一受力状态。从图 3-4 可以看出，在四点弯曲荷载作用下，构件部分区域处于纯弯区段，而三点弯区只有中间某一个横截面受力最大（称为虚纯弯区）。此外，三点弯曲由于跨距大，在加载过程中很容易应力集中，造成混凝土构件发生失稳，甚至断裂。综合比较两种加载方式的优劣，四点抗弯作为弯曲荷载施加方案更优。

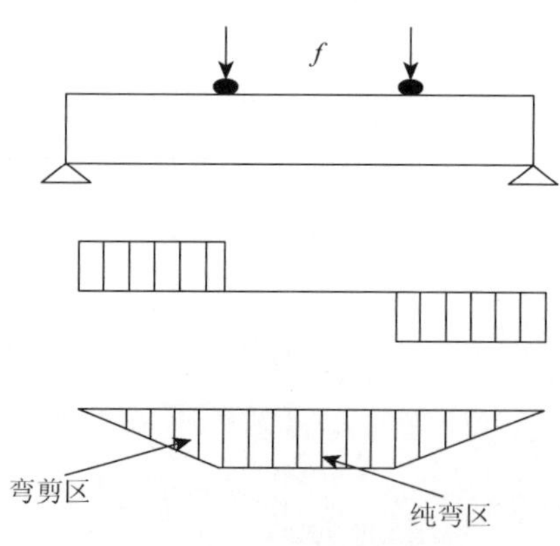

图 3-4　弯曲荷载受力图示意图

除了弯曲荷载之外，压荷载也是混凝土结构中比较常见的一种受力方式，如桥梁结构中的墩柱、承台等构件都是作为主要的承压构件，而且处于海洋环境中的这些构件，部分区域位于浪溅区和潮差区，遭受的腐蚀最为严重，很容易引起结构的失效，因此压荷载作用下混凝土氯离子的渗透性能也应该引起重视。

3.3　静荷载试验方法

3.3.1　静荷载设计思路

维持混凝土试件长期处于恒定荷载下的加载装置设计是本书的重要环节。为了研究混凝土在长期荷载状态下的渗透性变化规律，加载装置需要与混凝土试件长期处于同一种环境下，面对恶劣的腐蚀环境，保证加载装置的长期稳定性和耐腐蚀性是首要考虑的问题。此外，加载装置操作的便捷性也是设计过程中不可忽略的环节。

因此，混凝土试件的加荷装置必须满足以下三个要求，才能用于试验研究：①较强的耐腐蚀性；②能够较为精确地控制外加荷载的大小，以便调整混凝土构件施加荷载及裂缝宽度，并保证不同试件的试验结果之间具有可比性；③由于本试验需要开展长期耐久性试验，必须考虑加载装置的应力松弛现象，还需要保证能够在试验现场较为简便地调节外加荷载。

试件形状的选取与其相应的加载装置设计是本课题研究的重要内容。根据课题研究内容、特点及试验大纲要求，着重考虑试件的代表性、可操作性和精确性，加载装备的目的性、精确性、稳固性和耐久性。

1. 试件选择

（1）代表性：海工构筑物中主要常见构件为梁、承台、墩柱和板构件，这些构件在结构中主要承受拉力、压力和剪切力。因此，制作构件时需要兼顾不同类型的结构和受力形式。梁结构主要承受弯矩和剪切力；承台、墩柱结构主要承受压力，由于施工的原因也有可能存在部分偏心受压；板构件多受局部压力和近似弯矩。

实物模型是指按一定的相似定律，以某种合适的比例由实物（或称原型）缩制而成的模型。在设计模型时，常常可把原型的特性抽象化，并保持所研究的模型中主要的特性相似。在做应力与混凝土渗透、开裂关系研究时，主要的参数（混凝土特性、应力等）要能充分代表实际。因为混凝土材料各项性能不能进行缩小和放大，而用与实际相同的混凝土，所以模型中混凝土承受的应力也需要与实际相同。模型尺寸缩小，调整受力大小，保证单位截面内应力与实际基本相同。

（2）可操作性：实际水工结构物中的梁、承台、墩柱和板构件尺寸较大，在进行模拟试验时需要缩小一定比例便于操作。另外需要考虑压力、拉力和弯矩施加的方便，必要时需改变形状。例如，一般在施加拉力时需要把梁端头截面增大等。

（3）精确性：由于模型试件较小，尺寸和荷载的精确性显得很重要，这些量的误差会导致混凝土试件内部应力的变化，进而影响试验结果。试件尺寸需在方便掌握的范围内。

2. 加载装备

（1）目的性：加载装备主要目的是为一定的混凝土试件施加荷载的试验装置，不同受力情况下的氯离子扩散、裂纹扩展等研究都基于该装置。装置首先需要考虑简单受力条件加载，包括单面均匀压力、轴向拉力；其次考虑复杂受力条件加载，包括弯矩、偏心受压。

（2）精确性：加载装置需要量化荷载大小，除了设备本身各个尺寸的精确外，测量应力、变形和混凝土裂缝等仪器精度也需要达到要求。

（3）稳固性：加载装置涉及加载和支撑的问题，需要考虑结构体系的稳定性、加载装置自身材料和尺寸值，以及焊接工艺和支撑点等力学关键指标。

（4）耐久性：整个试验系统需要放置在海洋环境暴露试验站和模拟试验箱，腐蚀环境较为恶劣，研究混凝土耐久性的同时需要考虑加载装备的耐久性。需要保证加载装置在混凝土破坏前性能完好。加载装置材料多采用钢铁，要涂防腐漆，必要时施加阴极保护措施。

3. 应力水平计算

目前，海洋工程常用混凝土强度等级一般在C30～C60，混凝土结构正常受力状态下的荷载状况，一般根据实际情况和设计安全系数确定。

要探索实际构件所受应力水平与混凝土渗透性之间的关系，必须确定几个具有代表性的荷载值。以往的研究表明[18]：当作用荷载水平在30%以内时，混凝土内部结构不会发生变化，荷载水平达到50%（极限荷载）时会引起界面裂缝的扩展，但扩展是稳定的，当施加荷载超过70%时，界面裂缝延伸至水泥浆体中，并进一步成为连续裂缝。从混凝土破坏的整个过程来看，存在两个应力临界点：第一个是30%，此时骨料与砂浆界面发生失稳；第二个是70%，砂子与水泥浆体界面失稳，造成整个水泥基材料破坏，这个应力水平在实际工程设计中应该避免。

根据我国实际高桩码头典型构件（桩、轨道梁、横梁和连系梁）应力状态分析，正常使用设计荷载效应与承载力设计荷载效应的比值在38%～76%，轨道梁承载能力设计剪力值与抗剪承载力比值为97%，安全储备较小，其余构件承载力设计荷载效应与抗力的比值皆在75%以内，有比较大的安全储备。以海港工程混凝土常见强度等级C45混凝土为例，其强度极限值一般为53.2MPa左右，设计值为21.1MPa。按照大致比例换算，我国实际高桩码头典型构件的正常使用荷载与极限荷载的比例为15%～30%，个别构件达到38%。因此，综合考虑实际工程结构受力荷载及研究的意义，实验选取了对 0、15%、30%、50%（占混凝土试件极限抗压强度和抗折强度值的比值）的应力水平进行研究。

当混凝土试块受到压荷载均匀作用时，按照圣维南原理可近似认为其内部各点应力相同，应力大小依据公式 $\sigma = \frac{F}{S}$ 计算（F 为压荷载大小，S 为受压面积）。取试块内部应力大小分别为 5MPa、10MPa、15MPa、20MPa，受压截面积为 0.1m×0.1m 时，所需荷载大小分别为 50kN、100kN、150kN、200kN；受压截面积为 0.15m×0.15m 时，所需荷载大小分别为 112.5kN、225kN、337.5kN、450kN。因此，要使较大体积的试块内部应力达到与体积小的试块内部应力相同值，需要施加更大的荷载，荷载大小与截面面积成正比。

梁受弯时受拉面是最容易破坏的区域，要重点考虑。此处受到拉应力作用，应力值 $\sigma_{\max} = \frac{M}{bh^2/6}$。式中，$M$ 为梁所受弯矩；b 为梁截面宽度；h 为梁截面高度。最大拉应力取 0.5MPa、1.0MPa、1.5MPa、2.0MPa，根据试件截面尺寸，宽高均为 0.1m 时，得出该最大应力处弯矩分别为 83Nmm、167Nmm、250Nmm、333Nmm；宽高均为 0.15m，得出该最大应力处弯矩分别为 281Nmm、563Nmm、844Nmm、1125Nmm。因此，在达到相同应力的情况下，截面尺寸越大需要的弯矩值越大，而且弯矩大小与 bh^2 成正比。

3.3.2　静荷载加载装置结构设计

1. 弯曲荷载试验装置

混凝土构件受到弯矩作用时，构件一侧受拉，另一侧受压。由于混凝土的抗拉强度远远低于抗压强度，因此，在相同的弯矩作用下，受拉面首先出现破坏，混凝土空隙率变大、微裂纹扩张或者形成宏观裂缝，危害混凝土结构的耐久性。

目前，混凝土抗折强度一般在 4～8MPa，构件常规荷载最大不超过其 70%。试块大小尺寸定为 100mm×100mm×500mm，四点抗折下中间稳定弯矩距离采用 10～20cm，因此该区域的弯矩荷载需维持在 600～1000Nmm。

1）弯曲荷载装置框架

整个加弯装置系统（图 3-5 和图 3-6）包括两个并排放置的混凝土梁试件，试件距两端一定距离处预留两穿插孔，试块的长度根据需要可以变动，但两试块穿插孔位置应一一对应，方便螺杆从中穿插。加载装置机械组成为主体螺杆、辅助螺杆、钢垫块、压簧、传感器和反力架。加载时用 2 根直径 16mm 的主体螺杆通过预留孔道连接两试块，螺杆一端穿插两垫块附加一压簧（压簧在两垫块之间），拧上螺母；另一端穿过垫块，拧上螺母，露出的螺杆端头连接传感器，传感器通过辅助螺杆与反力架相连。拧紧压簧端螺母加载，主体螺杆、传感器和辅助螺杆相对于试块与反力架向一方移动，主体螺杆端头上螺母与反力架发生作用力，阻碍其移动，该部分作用力与另一端的压簧压缩产生的力相等，主体螺杆上的传感器能够同步显示施加荷载大小，达到预定荷载大小时，拧紧传感器侧主体螺杆上的螺母，使传感器读数归零。

其中弹簧采用丝径 8～10mm 的压簧，可以承担 300～500kg 的力，最大压缩量在 20～30mm。混凝土试块在发生徐变、收缩等变形 1mm 内，应力损失在 5%以内。

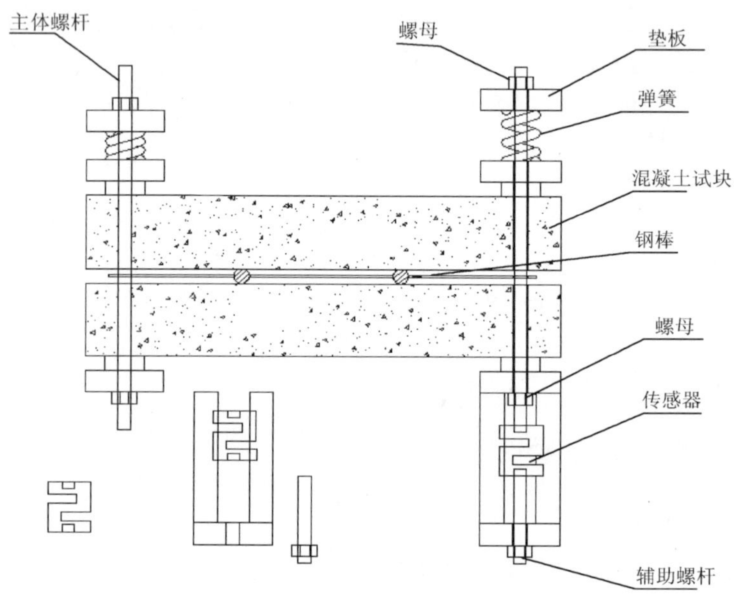

图 3-5　弯曲荷载装置示意图

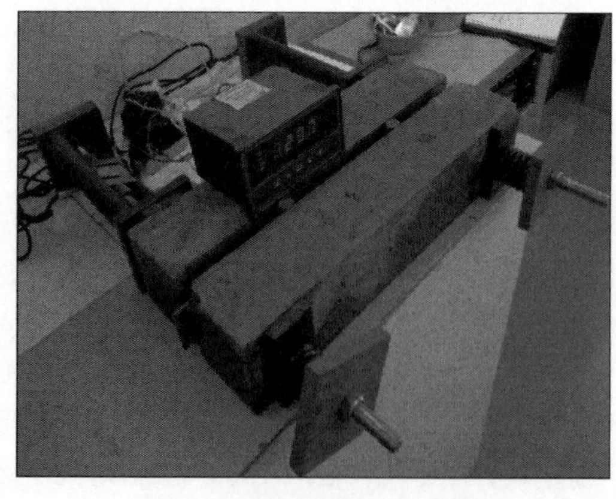

图 3-6　弯曲加载装置实物图

2）受力验算

（1）钢结构受力和变形验算。受弯梁试件长度为 500mm，截面尺寸为 100mm×100mm，主体螺杆与支撑钢棒之间距离为 100mm 时，最大弯矩在 333Nmm 下主体螺杆所施加的荷载大小为 3.33kN。直径 16mm 的钢螺杆屈服荷载为 26.6kN，因此该加载结构满足受力要求。在该荷载下，普通钢铁弹性模量为 2.06×10^{11}Pa，螺杆伸长量为 0.14mm。

（2）压簧受力和变形验算。目前，圆柱螺旋压缩弹簧应用最为广泛，其所用材料截面多为圆形，螺旋压缩弹簧一般为等节距，本次试验采用的压缩弹簧参数见表 3-1。

表 3-1　压弹簧参数

产品编号	外径/mm	内径/mm	自由长/mm	压缩量/mm	荷重/kgf
Y50×50	50	34	50	16.0	300

该类弹簧在满负荷时压缩量大于 10mm，远大于钢螺杆的变形量，缓冲效果明显，使最大应力损失量控制在 1%左右。

2. 压荷载试验装置

承台、墩柱等混凝土构件主要承受压应力，其在受压工作状态下所受荷载一般远小于自身的破坏荷载，实际工程中混凝土材料在压应力下直接破坏的情况也极少出现。目前，混凝土强度等级一般在 C30～C60，设计加压装置提供的最大载荷为 30MPa，试块截面尺寸为 100mm×100mm，试块长度可以根据需要取 100～300mm。在设计并制作加压装置时需保证装置本身在 30t 的荷载作用下维持稳定。设计方案如图 3-7～图 3-9 所示。

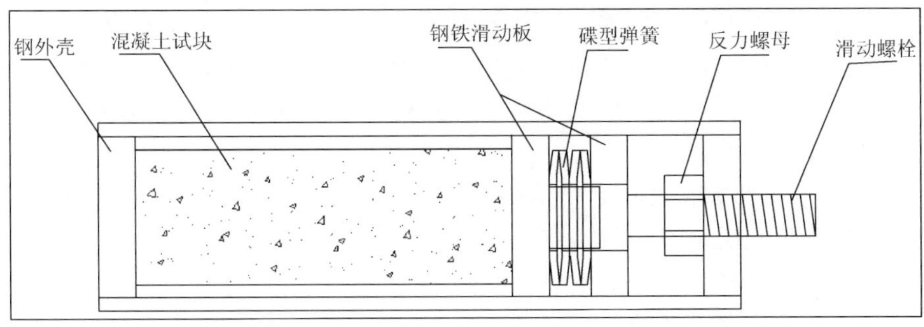

图 3-7　混凝土加压装置示意图

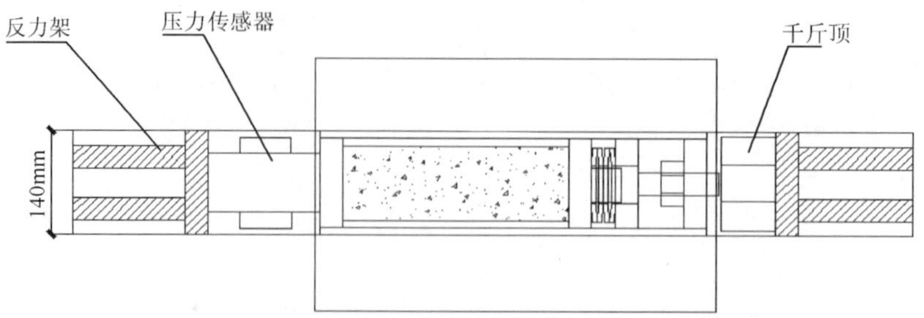

图 3-8　反力加载系统示意图

图 3-9　加载装置实图

整个加压装置属于类“活塞结构系统”，由钢外壳、钢铁滑动板、蝶形弹簧、反力螺母和滑动螺栓组成，此外还需要反力装置，包括反力架、传感器和千斤顶。施加荷载时把 1 个 100mm×100mm×300mm 混凝土试块放入钢外壳内，由千斤顶作用使滑动螺栓推动钢铁滑板，挤压混凝土试块，此时蝶形弹簧发生相应的压缩变形。当传感器监测到的荷载达到指定大小时，拧紧反力螺母，压力传感器读数变为零时代表外力完全转化为有装置自身承担的内力，此时外力自动完全卸载。把反力螺母向外拧紧，传感器读数有所减小时完全卸载外力，装置也同样将完全承担该外力，但有一部分外力将被装置自身的钢结构变形消耗掉，加载到混凝土试件上的荷载有部分损失，钢结构的变形量相对于弹簧的变形量小许多，损失在可以接受范围内。

钢外壳两侧钢板厚 15mm，另两侧无钢板，方便混凝土试件暴露于腐蚀环境，外壳两端钢板厚 30mm；钢铁滑动板分为两块，一块中间设有中轴方便固定碟型弹簧，是固定弹簧承接试块与滑动螺栓的构件；碟型弹簧在这里的作用为位移缓冲，当反力螺栓或某个部位发生一定的松弛，产生一定位移时保证施加在试块上的力损失不会太大；滑动螺栓用于传递外界的力到整个系统，反力螺栓用来保留住外界传递的力。

（1）钢结构受力和变形验算。混凝土试块抗压强度大，施加较大的荷载时需对加载装置进行稳定性、强度等验算。

钢外壳：截面积，$0.015\times0.1\times2=0.003\text{m}^2$；受力，30t；应力，100MPa。

滑动螺杆：截面积，$(0.02)^2\times3.14=1.256\times10^{-3}\text{m}^2$；受力，30t；应力，239MPa。

普通钢铁弹性模量为 2.06×10^{11}Pa，在 100MPa 应力下应变为 4.85×10^{-4}，长度 513mm 的钢外壳总变形量为 0.25mm；239MPa 应力下应变为 1.16×10^{-3}，长度 175mm 的滑动螺杆总变形量为 0.20mm。

钢外壳的最大拉应力 100MPa 小于 Q235 钢的屈服强度 235MPa；滑动螺杆采用 45 号钢，其最大压应力为 239MPa，小于屈服强度 355MPa；钢结构变形量需与弹簧变形量比较后确定应力损失量。

（2）碟型弹簧受力和变形验算。碟形弹簧（表 3-2 和图 3-10）是承受轴向负荷的碟状弹簧，分为无支承面和有支承面，可单个使用，也可对合组合或叠合使用、复合组合成碟簧组使用。承受静负荷或变负荷。

表 3-2　碟形弹簧参数

类别	D/mm	d/mm	t/mm	h_0/mm	H_0/mm	F_f/N	f=0.75h_o/mm
2	100	51	6	2.2	8.2	48000	1.65

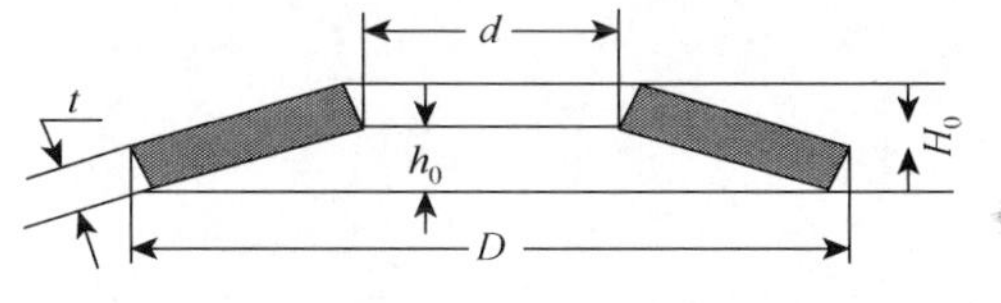

图 3-10　参数示意图

根据碟形弹簧工作原理，两个同方向放置的碟形弹簧最大承受荷载是单个弹簧的 2 倍，弹簧总变形量不变；两个反方向放置的碟形弹簧最大变形量是单个弹簧的 2 倍，弹簧最大承受荷载不变。该型号单个弹簧最大荷载量为 48kN，若使本加载装置最大荷载达到 300kN，需最少采用该型号碟型弹簧 6 个，同方向放置。该变形量为 3.3mm，当钢外套变形量为 0.24mm 时应力损失为 $\frac{0.24}{3.3}\times100\%=7.3\%$。减少损失的办法是多加 10%的荷载，或增加相同数量的反向碟形弹簧。

3. 环境试验的设计

1）环境试验设备——步入式大型人工海水模拟试验箱

海洋是氯离子的主要来源，我国沿海港区的一项调查表明[19]：除部分河流入海口处的海水氯离子浓度偏小外，各地区的海水浓度相差不大，基本为14～19g/L，氯离子浓度较高。我国的海岸线很长，大规模的基础建设又多集中在沿海地区，尤其是海洋工程，如桥梁、港口码头及海洋电力等基础设施，由氯离子引起的钢筋锈蚀破坏现象十分突出。国内外的工程经验教训已经表明，海水、海风、海雾及海砂中的氯离子是影响混凝土结构耐久性的主要原因之一。因此，有必要建立大型海洋气候模拟试验室，并以此为依托，对我国沿海地区一些在建的或者待建的海港工程构筑物开展相关的室内耐久性试验。本书利用中交四航工程研究院有限公司交通运输部水工构造物耐久性技术交通行业重点实验室——自制步入式大型人工海水模拟试验箱（图 3-11）展开研究工作。海水模拟试验箱内的温度和湿度可以根据测试的需要进行调节，温度为 5～60℃，湿度为 50%～90%；模拟试验箱内沿高度防线分为水下区、水位变动区和浪溅区，对应的涨落潮和喷洒盐水等都可以控制。

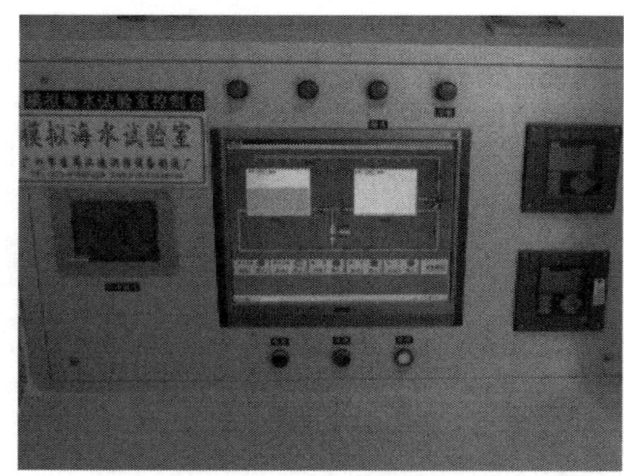

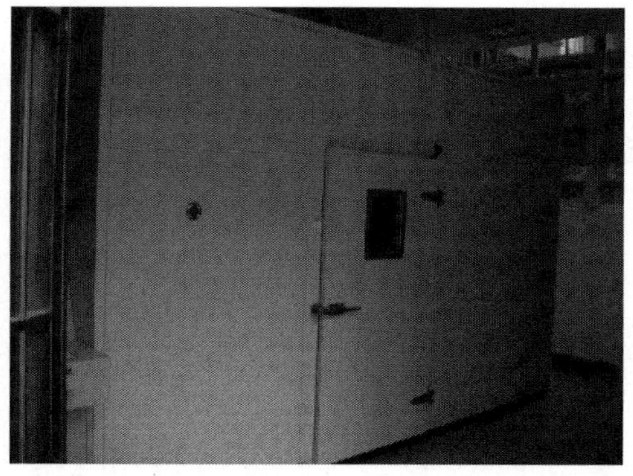

图 3-11　步入式大型海水模拟试验箱外观

2）环境试验条件

将养护至规定龄期的钢筋混凝土试件或素混凝土试件放置于大型海水模拟试验箱内的浪溅区和水位变动区，模拟试验箱的温度控制为 25℃，湿度为 60%，氯离子浓度为 1.50%～1.55%，海水模拟试验箱内的水位变动区每天涨落潮 4 次，浪溅区每天喷水 6 次，如图 3-12 所示。

3.3.3　应力松弛问题的解决

尽管加载装置在施加荷载的过程中通过弹簧自身的变形在一定程度上缓解了部分应力松弛问题，但并不能完全消除，特别是在荷载、腐蚀溶液及周围其他环境多重因素作用下，混凝土自身的收缩、徐变及加载装置的锈蚀都会引起整个构件发生较大的变形，导致较为严重的应力松弛。

(a) 浪溅区

(b) 水位变动区

图 3-12　步入式大型海水模拟试验箱内部试验条件

1. 应力实时监控与调整

实现应力实时监控[图 3-13（a）]是最为重要的环节，它保证了施加荷载的准确性。试验采用在施加荷载反向端布置应力传感器和采集器，同步监测施加荷载大小。施加荷载之后，传感器和反力架都可以很便捷地拆除。试验进行过程中如果要对施加荷载进行监测，可将传感器与采集器再置于反力架一端，然后拧松螺栓，使施加荷载作用在传感器上，通过采集器读取荷载大小，进行相应的调整。

(a) 应力实时监控

(b) 多重防腐措施

图 3-13　应力松弛解决措施

(c) 混凝土试件预加载

图 3-13　应力松弛解决措施（续）

2. 加载装置自身的应力松弛

加载装置自身材料在荷载的作用下也会发生形变，而且由于整个装置长期暴露在海洋腐蚀环境中，在氯盐及干湿交替作用下，一些零部件可能发生锈蚀，从而进一步增大整个构件的应力松弛。为了减少装置由于腐蚀造成的应力松弛，本书选用环氧云铁漆、环氧树脂及环氧重防腐三种涂层对加载装置进行防腐处理，如图 3-13（b）所示。螺杆、螺栓采用不锈钢，并在外层涂覆一层厚厚的黄油。

3. 混凝土自身变形

混凝土结构在外加荷载的作用下会产生一种除弹性应变之外的附加应变，这种应变随着持荷时间的延长缓慢增大，称为徐变应变。此外，如果混凝土不是一直处于潮湿环境中，在荷载的长期作用下还会产生一种特殊的干燥徐变，这种收缩是在施加应力作用下使水泥浆中的水挤出所致，由于干燥，失水将进一步增加，混凝土徐变的产生必然会引起整个加载装置发生应力松弛，使得实际施加荷载小于初始荷载。因此，为了减小混凝土自身徐变造成的应力损失，所有构件在预加载后放置一段时间，如图 3-13（c）所示，然后调至要求荷载，后期通过定期监测调整施加荷载。

3.4　动荷载试验方法

3.4.1　动荷载与氯离子耦合试验装置的设计与制作

1. 动荷载试验装置的组成

为了研究海洋浪溅区内钢筋混凝土构筑物受氯离子的侵蚀破坏机理，环境箱需具备真实模拟海洋浪溅区环境的功能。考虑试验试件[1800mm×200mm×350mm（长×宽×高）]、喷洒口及管线等所占用的空间，环境箱的尺寸至少为2100mm×300mm×510mm（长×宽×高）；加载装置的加载空间可依据环境箱的尺寸配套设计。根据上述设备技术指标的需求分析，设备的设计、研发与制作主要包括加载装置、喷洒系统及环境箱与主机的连接系统三个主要方面。

1）加载装置

加载装置采用电液伺服动静试验机，主要包括主机、电控柜、油源等。主机固定于机架上，机架上设置有底轮轨道，供喷洒系统中的环境箱底轮行走。主机设置有对试件施加动力荷载的试验机加载头和动力荷载控制电路，电控柜控制油源与主机的打开或关闭。油源供应至液压装置，驱动试验机加载头做出压缩、拉伸、弯曲等动作。

电液伺服动静试验机通过动力荷载控制电路可对试验机加载头施加正弦、方波、三角波、单调波和简单正弦叠加波荷载，其最大静态试验力为±500kN，最大动态试验力为±500kN，频率为 0.01～20Hz，作动器行程为±75mm，精度为示值的±1%。

最后，充分考虑模拟高浓度腐蚀溶液试验的严酷性，以及腐蚀作用下混凝土损伤失效过程测试的精确性、可重复性，本加载装置采用了高精度、高适应性不锈钢加载装置。通过试验，该装置在严酷的模拟实验条件下，方便混凝土性能测试，保证了测试精度。加载装置如图 3-14 所示。

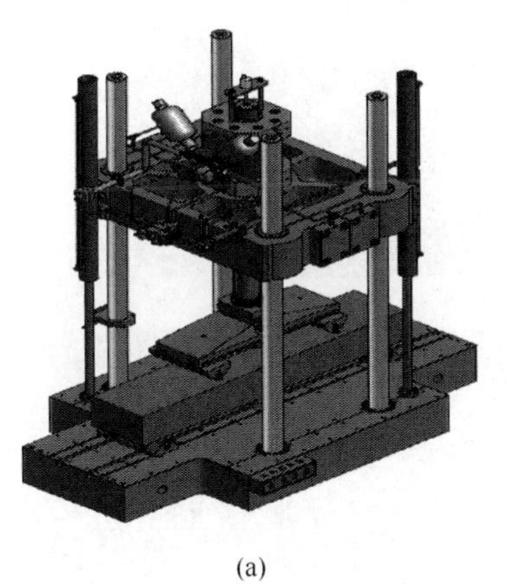

(a)

(b)

图 3-14　试验机效果图（a）与实物图（b）

2）喷洒系统

喷洒系统包括环境箱和盐水喷洒设备两部分，环境箱是一个整体，称为“工作室”，尺寸为 2200mm×300mm×510mm（长×宽×高），可满足最大的试验试件尺寸 1800mm×200mm×350mm（长×宽×高），内设置盐水喷洒喷头、溢流口及排水口等。此外，环境箱箱体内底面开有两条平行槽作为试验试件支座的滑行轨道，并设计了可滑动支座，方便不同长度的试件试验；盐水喷洒设备为另一整体，由喷洒电控柜、空气压缩机等组成。两个部分用气管与水管连接。

通过喷洒电控柜上的开关，可实现环境箱箱体内水面涨落潮、喷洒盐雾的间歇喷洒周期或连续喷洒等操作，从而模拟出更多样、更真实的海洋环境。此外，喷雾时间、周期及压力可随意设定；盐雾喷洒分布均匀，盐雾沉降自由调节。

环境箱箱体为密封结构，箱盖采用双开铰链“门”，开启方式采用自动气弹簧；开孔处采用伸缩式护罩密封；“门框”用硅橡胶条密封。此外，两侧“门”上采用防雾玻璃作为观察窗。

环境箱材料的选取，与试验机情况相同，箱体全部采用不锈钢特殊材质，满足腐蚀性环境的要求，此外箱体四周增加支撑，增加箱体的刚度，提高箱体的抗震性能。箱体的刚度满足本套装置试验机加载方式的要求。海洋环境试验箱如图 3-15 所示。

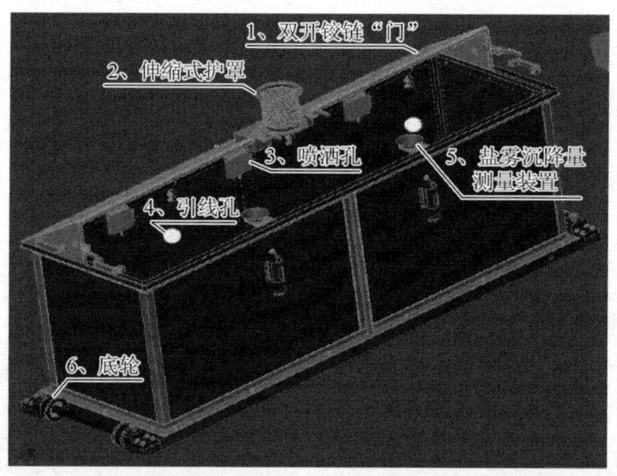

(a) 环境箱各部分组成

(b) 箱体照片

(c) 箱体照片

图 3-15　海洋环境箱

喷洒口的设计是难点及重点，合理的喷洒口数量及位置是保证海洋环境与荷载耦合试验成功的砝码。喷洒口的位置及数量如图3-16所示。

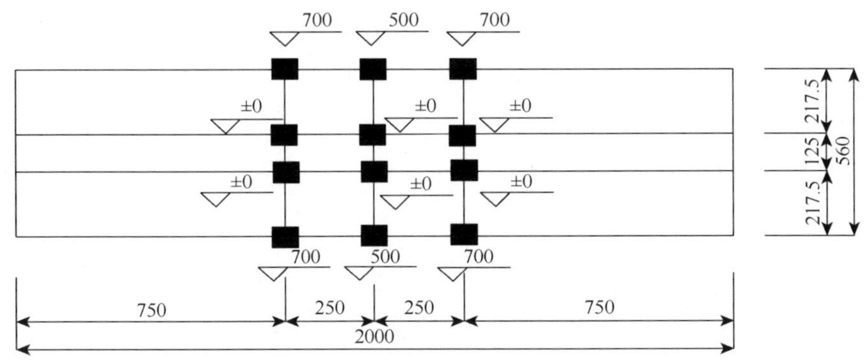

图3-16 现喷洒口的位置及数量（平面图）（单位：mm）

3）环境箱与主机的连接系统

试验机底座为“T”形槽，槽的大小要适应固定盐水箱或试验件支座的“T”形不锈钢地脚螺栓。环境箱底部装配有底轮，可沿轨道滑入电液伺服动静试验机下方，在试验时锁住滑动，成为固定槽；当不需要环境箱进行普通疲劳试验时，解锁滑动槽，滑出环境箱。采用轨道连接方式方便试验试件与箱体的“出入”，特别适合钢筋混凝土梁的耐久性试验。环境箱与主机的连接如图3-17所示。

螺栓连接固定方式操作简便，便于现场操作人员的掌握，其缺点在于在腐蚀环境下，螺栓上螺丝的锈蚀将可能导致滑丝等问题，从而影响荷载精度的控制，但可依据需要，定期检查并更换以便解决螺栓锈蚀的问题。

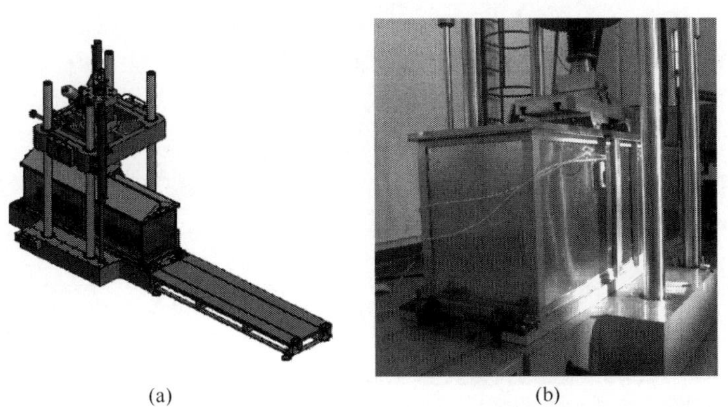

(a) (b)

图3-17 环境箱与主机的连接设计

2. 动荷载试验装置的特点

在现有腐蚀-加载试验装置的调研基础上，研究开发适用于荷载与海洋环境耦合作用下的加载装置，如图 3-18 所示，其具有以下特点。

（1）动载加载装置与海洋环境试验箱两个部分，其中动载加载装置为 50t 疲劳试验机，提供多种频率与加载方式的动荷载；海洋环境试验箱提供盐水浸泡、盐水涨落及盐雾喷洒环境，可模拟海洋水下区、水位变动区及浪溅区的海洋环境特点。

（2）加载装置的功能指标与环境箱可以自由组合，模拟海工结构处于海洋腐蚀海域与荷载同时作用的实际服役情况。

（3）耦合装置加载精度高，可模拟浪溅区环境、加载与喷洒周期长等特点；关键部件采用不锈钢并采取涂层等防腐措施，满足实际海洋环境下的抗腐蚀要求。

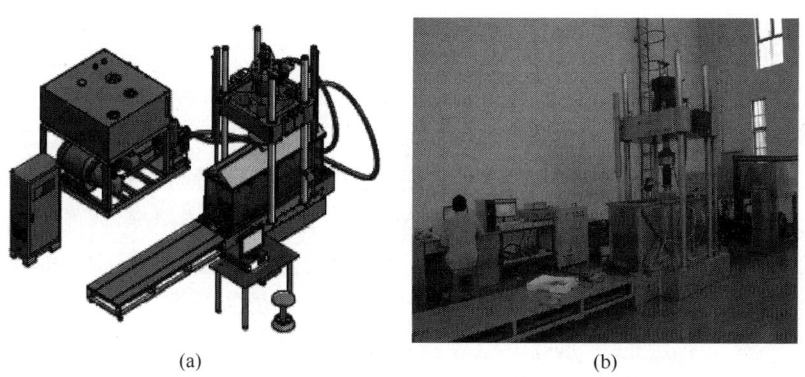

(a)　　(b)

图 3-18　海洋环境与动载加载耦合设备效果图（a）与实物图（b）

3.4.2　动荷载试验参数的选择和混凝土构件的设计

1. 疲劳试验机的吨位选择

由于是疲劳荷载，配筋方式如图 3-19 所示，钢筋为二级钢，由于加入了钢筋，

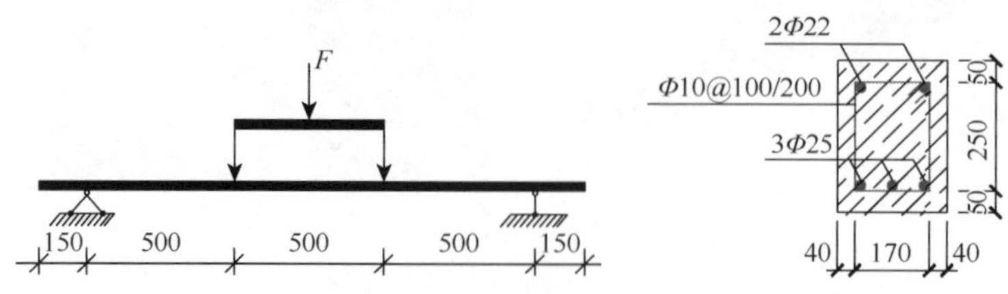

图 3-19　构件尺寸及钢筋布置（单位：mm）

不能再以混凝土的抗折强度判别，按照《混凝土结构设计规范》抗弯进行计算，因构件承受的力为疲劳荷载，按照单筋设计，采用 C40 的混凝土，经计算分析，$F \leqslant 419\text{kN}$，即 $F \leqslant 42\text{t}$，选用 50t 的疲劳试验机。

2. 试验频率的确定

疲劳试验机的频率为 0～10Hz，目前大部分的混凝土构件疲劳试验都采用 10Hz 的频率。由于码头的受荷频率较小，为考察荷载历程对结构耐久性的影响，初选 0、2Hz、10Hz 三种情况进行比对。

3. 混凝土构件参数的确定

采用构件尺寸为 250mm×350mm×1800mm（宽×高×长，重量约 394kg），该尺寸主要基于以下考虑：构件太短，四点弯曲试验不易进行，且试件太小会导致试验荷载过小，试验机荷载灵敏度较低。

若采用素混凝土的梁构件，在一定的动载应力水平下会较早地发生破坏，难以实现动载与环境的耦合作用，因此采用配置钢筋的混凝土受弯构件。

4. 应力水平和试验加载值

根据相关文献和调查工程应力状态，初步采用 0、0.15、0.3、0.5 四个应力水平。由于采用钢筋混凝土试件，还需判断该应力水平的加载值参数。

疲劳试验时的结构应力水平、载荷循环特征值及荷载频率是三个重要的参数，应力水平是指疲劳试验加载最大值与结构破坏荷载的比值，即加载水平=F_{max}/构件静力破坏荷载，取应力水平为 0、15%、30%、50%四种，载荷循环特征值是指加载最大值和最小值的比值，即载荷循环特征值=F_{min} / F_{max}，经参考疲劳试验的文献，取循环特征值为 0.2。

5. 加载方法

加载采用力控制模式，疲劳循环的荷载波为正弦波，为了避免长时间疲劳加载过程中出现脱空现象和加载头冲击试件的危险，设置正弦波荷载的最小荷载 S_{min} 为最大荷载 S_{max} 的 20%，即加载的循环特征值 R=0.2，并在所有试件的疲劳实验中保持不变。图 3-20 为采用的疲劳荷载谱，根据疲劳试验机本身的稳定性，对 t_1、t_2、t_3、t_4、t_5 时间参数进行了设定。

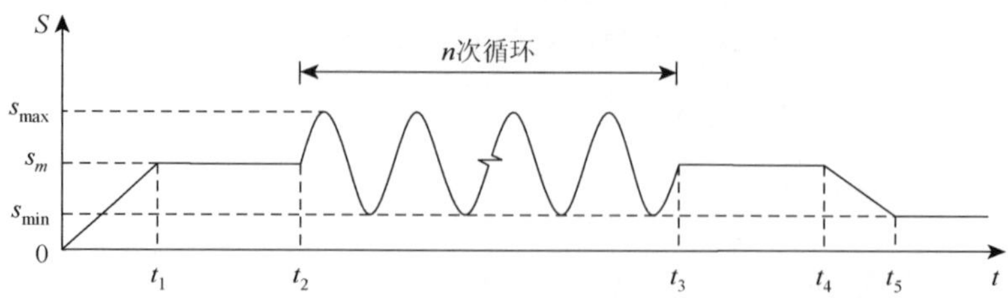

图 3-20　疲劳荷载谱

参 考 文 献

[1] Konin A，Franfois R，Arliguie G. Penetration of chlorides in relation to the micro-cracking state into reinforced ordinary and high strength concrete[J]. Mater Struct，1998，31（5）：310-316.

[2] 东南大学. 拉应力作用下混凝土渗透系数测试装置及测试方法[P]：中国，CN，200910024476.8，2009.

[3] 孙继成，姚燕，吴浩，等. 荷载条件下加载装置和渗透性测试方法的研究[J]. 混凝土与水泥制品，2013，6：70-73.

[4] 王中平，施惠生，李启令. 混凝土长期恒定单轴压应力加载仪[P]：中国，CN2879166，2007.

[5] 顾冲时，方永浩，吴中如，等. 水工混凝土在荷载作用下的渗透性能测试装置及测试方法[P]：中国，CN101074912，2007.

[6] Yoon S，Wang K J，Weiss W J，et al. Interaction between loading，corrosion，and serviceability of reinforced concrete[J]. ACI Mater J，2000，97（6）：637-644.

[7] Francois R，Maso J C. Effect of damage in reinforced concrete on carbonation or chloride penetration[J]. Cem Coner Res，1988，18（6）：961-970.

[8] Gowripalan N，Sirivivatnanoni V，Lim C C. Chloride diflusivity of concrete cracked in flexure[J]. Cem Concr Res，2000，30（5）：725-730.

[9] 邢锋，冷发光，冯乃谦，等. 长期持续荷载对素混凝土氯离子渗透性的影响[J]. 混凝土，2004，5：3-8.

[10] 赵尚传，贡金鑫，水金锋. 弯曲荷载作用下水位变动区域混凝土中氯离子扩散规律试验研究[J]. 中国公路学报，2007，4：76-82.

[11] 何世钦，贡金鑫. 弯曲荷载作用对混凝土中氯离子扩散的影响[J]. 建筑材料学报，2005，8（2）：134-138.

[12] Konina，Franciosr，Arliguie G. Penetration of chlorides in relation to the micro-cracking state into reinforced ordinary and high strength concrete[J]. Materials and Structures，1998，31（6）：310-316.

[13] Konina，Franciosr，Arliguie G. Analysis of progressive damage of reinforced ordinary and high performance concrete[J]. Materials and Structures，1998，31（6）：27-35.

[14] 李伟文，隋莉莉，邢峰，等. 一种混凝土梁加载试验装置[P]：中国，201464350U，2010.

[15] 余世策，蒋建群，刘承斌，等. 一种钢筋混凝土实验教学综合加载装置[P]：中国，CN201060092，2008.

[16] 许崇法，范沈龙，曹双寅，等. 持荷混凝土构件耐久性试验加载装置应用技术[J]. 实验力学，2013，28（4）：469-474.

[17] 张伟平，刘伟，顾祥林，等. 基于二次杠杆作用的受弯构件持续加载装置[J]. 实验室研究与探索， 2011，

10：4-7，119.

[18] Banthia N，Bhargava A. Permeability of stressed concrete and role of fiber reinforcement[J]. ACI Mater Journal，2007，104（1）：70-76.

[19] 王胜年，范志宏. 海港工程混凝土结构耐久性寿命预测与健康诊断研究[R]. 广州：中交四航工程研究院有限公司，2010.

第 4 章　恒定荷载与氯盐耦合作用下混凝土耐久性劣化进程及损伤行为

4.1　概　　述

荷载对混凝土耐久性的影响，主要通过荷载引起混凝土微裂缝的发生和扩展来实现。由于泌水、收缩、温度梯度、冻融及碱-骨料反应等原因，浇筑后的混凝土在使用前可能已经存在微裂缝，而在外部荷载和环境条件联合作用下会导致混凝土中产生更多的微裂缝，并促使混凝土中的原始微裂缝扩展和相互连通。这些微裂缝的存在为各种侵蚀介质的传输提供了便捷通道，大幅降低了混凝土结构的耐久性。相关研究表明：开裂后的混凝土，离子扩散系数会增大 1～10 倍，钢筋锈蚀、硫酸盐侵蚀、冻融破坏等劣化行为更容易发生，材料的实际服役寿命将短于单纯环境侵蚀作用下的混凝土预测耐久性寿命。

应力状态（拉、压、弯曲）、加载速率、应力水平（施加荷载与极限应力的比值）等均会影响混凝土裂缝产生的时间及形式，从而导致混凝土渗透性的改变。Hoseini 等研究表明：普通混凝土所承受的荷载低于 30%的极限荷载时，集料与水泥浆体界面裂缝无明显变化，不会发生扩展，混凝土整体上体现为弹性变形；当荷载达到极限荷载的 30%～50%时，界面裂缝的数量、长度和宽度将会不断增加，界面借助摩擦阻力继续承担荷载，裂缝开始有所延伸，但发展是稳定的；当荷载超过极限荷载的 50%时，裂纹发生失稳扩展，逐渐延伸到水泥基材中；当超过 75%时，水泥基材中的裂缝会持续扩展，并将临近的界面裂缝连接起来成为连续裂缝，最终导致混凝土破坏。因此，在实际混凝土结构中存在着一个临界应力，当混凝土所承受的荷载达到该临界应力时，其内部孔隙结构会发生突变，或者微裂纹的连通性大幅度增加，进而导致混凝土渗透性劣化加速，但由于腐蚀介质在形态及性能方面的差异，氯离子、水分子，以及有关气体在荷载作用下的渗透性劣化规律也有所不同。

就压荷载与氯盐腐蚀的耦合作用而言，澳大利亚的 Lim 等[1]试验室小型试件的研究结果也表明：在压应力情况下，如果混凝土的压应力不超过一般结构使用状态下应力水平的 80%，则在氯盐作用下不会加速腐蚀。Saito 和 Lshimori[2]通过试验研究了静载和循环荷载下的氯离子侵蚀规律。前者采用 200t 的万能试验机进行加载，加到极限荷载的 30%、50%、70%、90%、100%后卸载；后者采用 20t 的液压伺服试验装置进行加载，加载频率为 300 次/min，所加荷载为 50%、60%、70%、80%的极限荷载，然后取出试件内一部分混凝土进行电通量测试（AASHTO T277）。试验结果表明：静力荷载作用对氯离子的侵蚀影响很小（即使荷载值达到极限的 90%）。Samaha 和 Hover[3]对混凝土材料在受压荷载作用下氯离子的传输性能进行了研究，将试件施加不同的压应力后卸载，试验结果表明，荷载水平高于 75%时，导电量提高 20%以上，但是荷载水平低于极限荷载的 75%时，导电量不受荷载的影响。该研究揭示了在静荷载作用下，压应力水平对混凝土材料抗氯离子侵蚀性能的影响。方永浩等[4]用以受压弹簧为荷载的压力与渗透实验装置研究了持续单向压荷载作用对混凝土渗透性的影响，也得出了类似结果：压荷载的存在会影响混凝土的渗透性。当荷载低于 60%极限荷载时，混凝土的渗透系数随应力比（压荷载/极限荷载）的增大而近似呈负指数减小。荷载达到 70%极限荷载后，混凝土的渗透性随应力的增大而急剧增大。一些添加剂对混凝土抵抗疲劳的能力有提高作用。张武满等[5]先对掺一定量磨细矿渣的混凝土施加 40%和 80%抗压强度的循环荷载，然后进行快速氯离子渗透试验。结果表明：压应力越快，氯离子在混凝土内的渗透速度越快；磨细矿渣掺量不大于 30%时，对混凝土抗氯离子渗透性有很好的改善作用。蒋金洋等[6]对钢纤维混凝土施加 65%水平的轴向疲劳压力，然后进行氯离子传输试验，发现只有当疲劳次数达到 250 万次时，才加快了氯离子在混凝土内的传输速度。

弯曲荷载下的氯离子侵蚀研究最早始于 20 世纪 80 年代，Francois 和 Maso[7]采用三点弯曲自锚的加载方法，对一批梁喷洒盐雾或通入 CO_2 气体，结果发现侵蚀性介质在受拉区的渗透速度显著大于在受压区的渗透速度，且通过对一组 3m 长的梁的荷载与腐蚀环境耦合作用分析，发现在受拉区骨料与水泥浆界面的脱离增大了有害离子的渗透速度。Gowripalan 等[8]也进行了相似的试验，发现受拉区的氯离子扩散系数相对大于受压区，并将之归结为受拉区骨料与水泥浆界面的脱离及受压区孔隙率的减少。Yoon 等[9]采用杠杆法加载，研究了干湿循环下无载、加载后卸载和持载梁的钢筋锈蚀情形。结果发现，相同情况下，三种梁的钢筋锈蚀速率关系由低到高依次为无载梁、预载梁、持载梁。施加荷载越大，钢筋起锈时间越短，锈蚀速度越快，变形越大，剩余承载力越小。蒋金洋等[6]对钢纤维混凝土在 65%弯曲疲劳荷载后的氯离子含量检测发现，只有当疲劳次数达到 150 万次以上时，氯离子传输速率才逐渐增大。邢锋[10]等利用自行设置的加载装置对处于弯拉状态的混凝土的氯离子侵蚀性能进行了研究，研究表明，在荷载作用下的素混凝土受弯构件，其受拉区的氯离子渗透性随荷载的提高而增大，荷载较小时，增长幅度也小，当荷载进一步提高后，达到 50%～60%时，就会使氯离子渗透性与不加载的情况相比显著增大。赵尚传等[11]研究了干湿交替条件和弯曲荷载共同作用下氯离子在混凝土中的扩散规律，结果表明：随着混凝土强度等级的提高，氯离子扩散性能降低，随着荷载水平的提高，受拉区混凝土抗氯离子侵蚀的能力降低，受压区混凝土抗氯离子侵蚀的能力有所提高；受拉区混凝土抗氯离子侵蚀能力明显低于受压区。何世钦和贡金鑫[12]测试了在持续弯曲荷载作用下的混凝土于 NaCl 溶液中浸泡一定时间后的自由氯离子含量，结果表明：持续弯曲荷载作用增加了氯离子在混凝土中的含量，氯离子扩散系数与荷载作用有一定关系，且同一深度的氯离子含量随着弯曲荷载的增大而增加。文献[13]和[14]也有类似结论：弯曲荷载对氯离子在混凝土中的扩散有着一定的影响，在持续弯曲荷载作用下，混凝土界面产生拉应力，使得混凝土中的微裂缝增多，氯离子扩散速度加快，扩散系数增大。

本章通过室内模拟试验开展恒定单轴压荷载对混凝土抗氯离子渗透性能，以及恒定弯曲荷载对混凝土抗氯离子渗透性能影响的研究，建立了荷载-环境多因素耦合作用下的混凝土结构耐久性寿命预测模型。

4.2 原材料和试验方法

4.2.1 试验原材料

水泥采用粤秀 PⅡ42.5R 硅酸盐水泥；粉煤灰采用广州珠江电厂Ⅱ级灰，密度为 2230kg/m^3；磨细矿渣粉采用韶钢嘉羊矿渣粉 S95，密度为 2930kg/m^3。粗骨料采用珠海建邦石场生产的花岗岩碎石（5～20mm），表观密度为 2.70g/cm^3，针片状含量为 2.3%，压碎值为 3.0%。细骨料采用广东西江砂，表观密度为 2.64g/cm^3，细度模数为 2.7，含泥量为 0.4%，泥块含量为 0.2%。减水剂为广州四航材料科技有限公司生产的 HSP-V 型聚羧酸高效减水剂。

4.2.2 混凝土配合比设计及拌制

设计、施工最大限度地提高混凝土本身的抗氯离子侵入能力，以限制氯离子、氧和水等侵蚀介质侵入混凝土，从而预防钢筋腐蚀是提高混凝土结构耐久性的基本措施。从 19 世纪末起，具有优异抗氯离子渗透性的海港工程高性能混凝土在我国海港工程、跨海大桥工程等已广泛应用，如深圳港盐田港区二期、三期及三期扩建集装箱码头工程，上海洋山港集装箱码头工程、东海大桥、杭州湾大桥、青岛海湾大桥、港珠澳大桥等重点工程均采用了海港工程高性能混凝土[15-22]。

海港工程高性能混凝土配制的关键在于选用与水泥相匹配的高效减水剂，在水胶比不大于 0.38 的条件下，使用粉煤灰、粒化高炉矿渣粉、硅粉等活性矿物掺合料替代部分水泥作胶凝材料。这些磨细矿物掺合料都含有大量的活性二氧化硅，与水泥拌和后，它们可以与水泥水化产物 $Ca(OH)_2$ 发生二次水化反应，生成 C—S—H 凝胶，即火山灰反应。它不仅使掺合料颗粒与水泥浆体的界面胶合，还促使水泥水化产物的析出不局限于正在水化的熟料粒芯周围，会在它们之间的间隙中析出。这样，既促进了水化胶凝反应，改变了水泥浆体活性组分的表面性质，又大大增加了水化产物反应与析出的场所，细化了水泥石的孔结构。同时，对浆体与集料界面也起到了致密作用，使粗孔隙和连通毛细孔被堵塞，混凝土的初始结构致密化，从而显著提高了混凝土抗氯离子渗透性。除此之外，一些学者实验表明，掺有大量活性矿物掺合料的混凝土，氯离子在混凝土孔壁之间的静电吸附作用，要比没有掺加矿物掺合料的混凝土强很多，也就是说，氯离子在混凝土中扩散收到的阻力要大得多。降低混凝土拌合物的用水量；采用低水胶比是提高混凝土耐久性的关键。结合工程经验，海港工程高性能混凝土混掺或单掺矿物掺合料适宜掺量如表 4-1 所示。

表 4-1　混掺或单掺矿物掺合料适宜掺量

矿物掺合料种类	混掺矿物掺合料的总量	粒化高炉矿渣粉	粉煤灰	硅灰
占胶凝材料质量分数/%	45～70	≤45	≤30	≤5

本书选用海洋环境浪溅区，混凝土结构较多采用 C50 强度等级的海港工程高性能混凝土，在对混凝土配合比优化筛选的基础上，确定了 3 个高性能混凝土配合比，并采用纯水泥混凝土试件做对照试验，混凝土配合比的水胶比均为 0.35，减水剂的用量约为胶凝材料用量的 0.8%。混凝土配合比如表 4-2 所示。

表 4-2　混凝土配合比及 28d 龄期混凝土的基本性能

编号	胶凝材料比例/%			水胶比	混凝土配合比/（kg/m^3）				抗压强度/MPa	抗折强度/MPa
	水泥	粉煤灰	矿渣粉		胶凝材料	砂	碎石	水		
L01	100	—	—	0.35	420	738	1107	147	55.2	5.4
LF	70	30	—	0.35	420	721	1082	147	62.0	5.7
LS	40	—	60	0.35	420	732	1098	147	52.6	6.2
FS	40	20	40	0.35	420	723	1084	147	55.8	5.4

对于单轴压荷载混凝土试件，混凝土试件的尺寸为 10cm×10cm×30cm，对于弯曲荷载混凝土试件，混凝土试件的尺寸为 10cm×10cm×55cm，试件成型后 24h 拆模，置于混凝土试件养护室内进行标准养护。前期的摸索性试验表明，当混凝土的弯曲荷载达到混凝土抗折强度的 50%时，素混凝土试件容易出现断裂，所以开展弯曲荷载试件的成型时，在混凝土的中轴线位置放置两根直径为 8mm 的光圆钢筋，以降低混凝土试件断裂的概率。

4.2.3 混凝土试件的加载和试验

根据码头典型构件的应力监测与分析结果，以及静荷载应力水平的计算结果，正常使用状态时混凝土试件的应力水平要低于混凝土极限强度的 50%，所以选择了 0.15、0.30 和 0.50 这三种应力水平对混凝土试件进行了加载试验（0.15 倍、0.3 倍和 0.5 倍的极限抗压强度和极限抗折强度）。

针对成型的混凝土试件（10cm×10cm×55cm 弯拉试件及 10cm×10cm×30cm 压应力试件），选取了弯曲荷载和轴压荷载两种类型，采用恒定加载试验装置对试件加载，用于室内研究的混凝土试件放入海水模拟试验箱，同时将不加载试件一并放入海水模拟试验箱，用于长期暴露试验的试件至于暴露试验站相应的区位。海水模拟箱的温度控制分别为 20℃，湿度为 60%，氯离子浓度为 1.50%～1.55%。加载试件分别放置在海水模拟试验箱的水位变动区和浪溅区，其中浪溅区设置每天喷淋 3 次，每次喷淋时间设置为 15min；模拟试验箱的水变区每天设置 6 次涨潮落潮，海水模拟试验箱内混凝土试件暴露试件分别为 56d 和 90d。

4.2.4 混凝土试件氯离子含量的测定

1. 混凝土试件的取样

混凝土分层取样是通过一台改装的小型机床进行的，磨取样品的深度通过相对转动机芯来控制。混凝土试件首先固定于底板上，将钻头调节到与试件表面接触后，转动机芯便可以开始磨取粉样了。从表面向内以 1mm 的间隔钻取 4 层的粉样，再以 2mm 的间隔钻取 4 层粉样。钻取每层粉样之后都需要用一个钢勺取样，然后用吸尘器将残余粉末清理干净才能进行下一层的取样。混凝土磨粉取样如图 4-1 所示。

将收集的样品进行水溶性和总氯离子含量的测定。利用测量所得的氯离子浓度分布曲线与菲克第二扩散定律的误差函数解，通过最小二乘法的非线性回归分析法进行拟合，便可以得到表面氯离子浓度和表观氯离子扩散系数。可通过下式计算氯离子扩散系数和表面氯离子浓度：

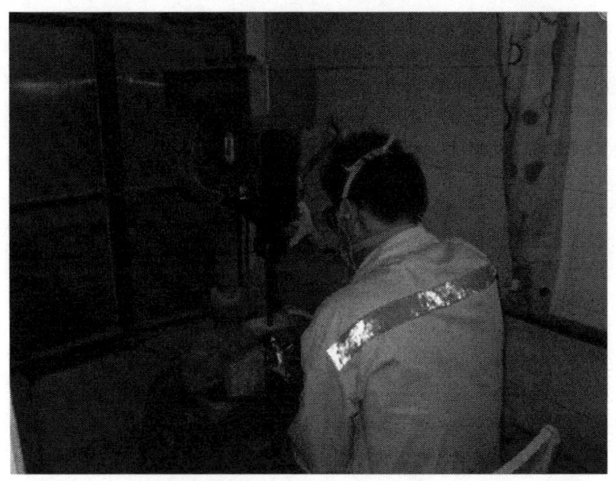

图4-1　混凝土磨粉取样图

$$C_{x,t} = C_0 + (C_s - C_0)\left[1 - \mathrm{erf}\left(\frac{x}{\sqrt{4D_t \cdot t}}\right)\right] \tag{4-1}$$

式中，$C_{x,t}$为t时刻x深度处的氯离子浓度，%；C_0为初始浓度，%；C_s为表面浓度，%；D_t为混凝土的有效扩散系数，它会随时间增长而衰减，mm^2/a；erf为误差函数。

2. 混凝土样品总氯离子含量测试

在105℃左右干燥样品至恒重，待其在干燥器内冷却至室温，称取约5g样品，放置于200mL的锥形瓶中，并加入100mL浓度为15%的硝酸溶液，用瓶塞塞紧锥形瓶，将锥形瓶置于震荡器上震荡24h。用中速定量滤纸对锥形瓶中的溶液过滤，用移液管准确移取20mL过滤的溶液，用NaOH溶液对移取的溶液进行pH调节，待pH调节至1.5～2.5时进行氯离子含量分析。

利用Metrohm MET 752自动电位滴定仪进行氯离子含量测定，用0.035mol/L的硝酸银溶液作为滴定溶液，该电位滴定仪有自动搅拌系统用来在滴定的时候分散溶液。在滴定的终点，根据电位-体积曲线进行作图，该仪器可以自动测量并计算溶液中的氯离子浓度，样品中的氯离子含量可以通过式（4-2）计算：

$$C_t = \frac{20 \times 100 \times V \times 35.45 \times 0.035}{1000 \times g} \tag{4-2}$$

式中，C_t为总氯离子含量占样品的质量百分比；V为滴定所消耗的硝酸银体积，mL；g为称取混凝土样品的质量，g。

4.3 恒定荷载作用下氯离子在混凝土内渗透情况

4.3.1 弯拉荷载对混凝土内氯离子浓度分布的影响

加载混凝土试件置于室内海水模拟试验箱的浪溅区和水位变动区至规定暴露龄期后，依据 4.2.4 节中的方法在纯弯段受拉区取样，取样面积为 40mm×40mm，取样完毕后测试混凝土粉样中的酸溶性氯离子含量。

1. 浪溅区混凝土内氯离子浓度分布

暴露 56d 龄期时浪溅区混凝土内的氯离子浓度分布如图 4-2～图 4-5 所示。

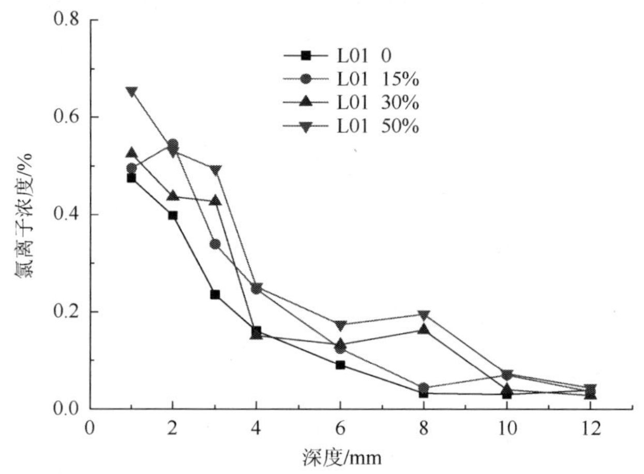

图 4-2 浪溅区暴露 56d 纯水泥混凝土试件的氯离子浓度分布图

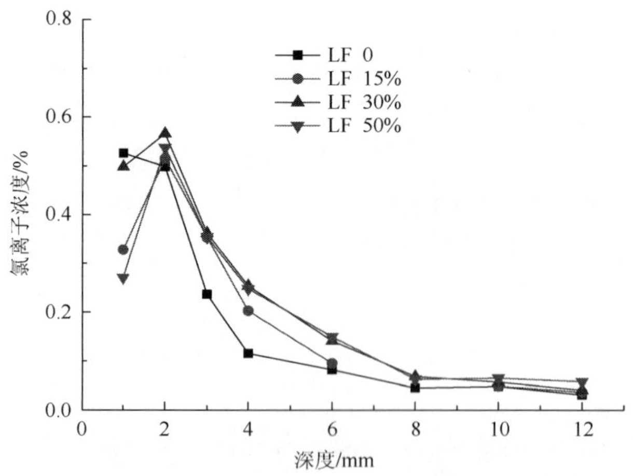

图 4-3 浪溅区暴露 56d 粉煤灰混凝土试件的氯离子浓度分布图

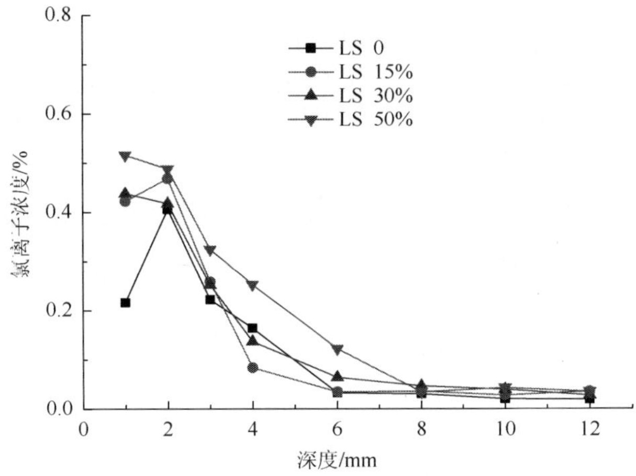

图 4-4　浪溅区暴露 56d 矿渣粉混凝土试件的氯离子浓度分布图

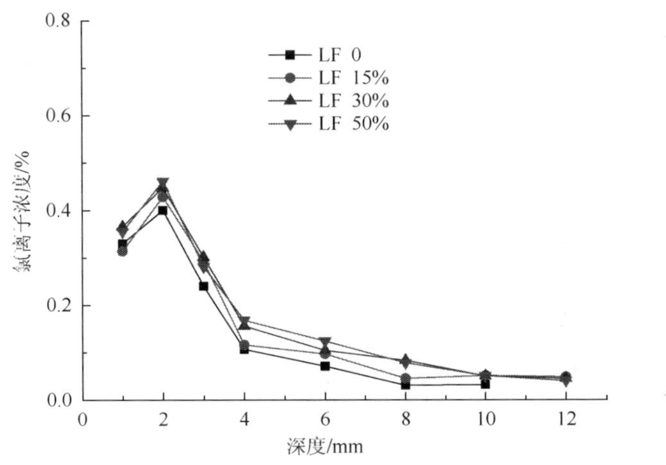

图 4-5　浪溅区暴露 56d 复合掺合料混凝土试件的氯离子浓度分布图

图 4-2～图 4-5 表明，不同配合比的混凝土试件在弯曲荷载作用下呈现出相同的扩散规律：弯曲荷载的施加加速了混凝土内部氯离子的扩散。尽管所得结果存在一定的离散性，但总的来看，在相同的暴露环境下，受拉区距离暴露表面相同深度处的氯离子浓度随着弯曲应力水平的增加不断上升，即承受应力水平大的试件相同深度处的氯离子含量要高于较低荷载作用试件。同时，可以看出，当弯曲应力水平较小时，不同的应力水平作用，受拉区相同深度处的氯离子浓度之间的差异很小，而且比较接近自然状态下（无荷载作用）的氯离子浓度分布，氯离子的渗透深度也相近。当应力水平不断增大时，与无荷载作用试件相比，相同深度处的氯离子浓度明显增大，尤其是近表面

处，并且，不同深度处氯离子浓度的变化也越明显，氯离子的渗透深度也逐渐加深。因此可以判断，荷载主要影响混凝土近表面处的氯离子浓度分布，并且影响深度随着应力水平的增大不断加深。这种现象是由于弯曲荷载先引起混凝土近表面处产生微裂缝，在长期作用下，近表面处的微裂缝得以扩展和连通，使得外界氯离子更容易进入混凝土内部，荷载作用越大，混凝土内部结构的这种变化越明显，对氯离子的迁移越有利，混凝土中的氯离子含量也越高。

90d 龄期时浪溅区混凝土内的氯离子浓度分布如图 4-6～图 4-9 所示。

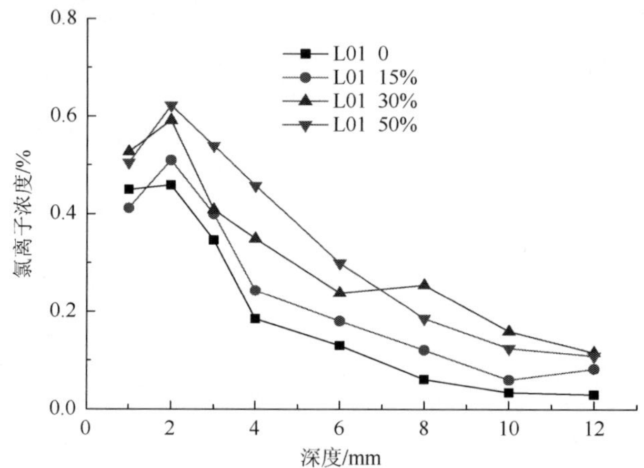

图 4-6　浪溅区暴露 90d 纯水泥混凝土试件的氯离子浓度分布图

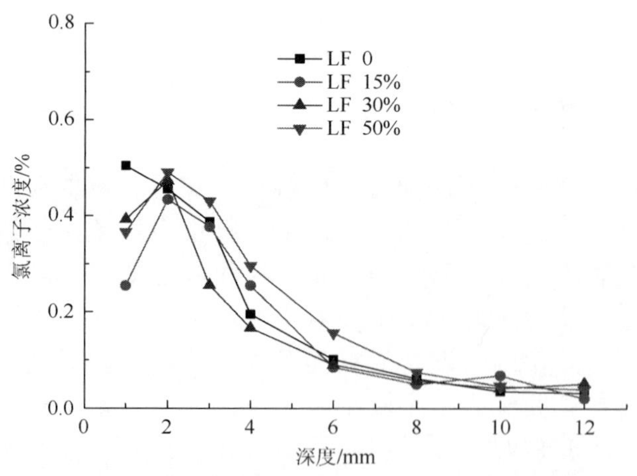

图 4-7　浪溅区暴露 90d 粉煤灰混凝土试件的氯离子浓度分布图

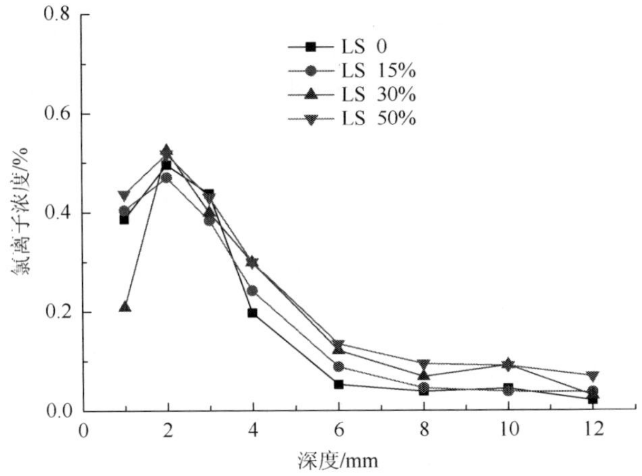

图 4-8　浪溅区暴露 90d 矿渣粉混凝土试件的氯离子浓度分布图

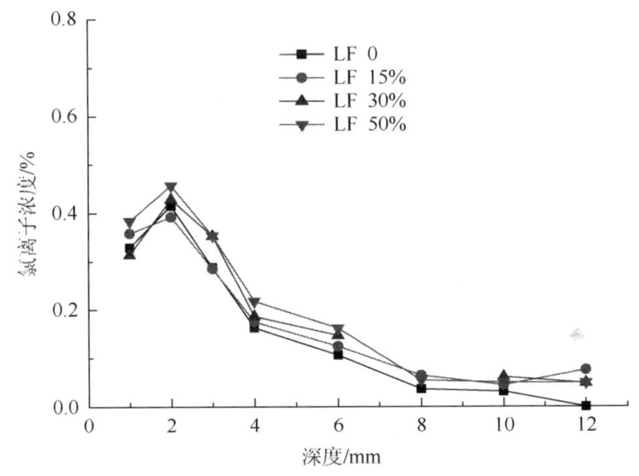

图 4-9　浪溅区暴露 90d 复合掺合料混凝土试件的氯离子浓度分布图

由图 4-6～图 4-9 可见，不同配合比的混凝土试件在弯曲荷载作用，相同的暴露环境下，受拉区距离暴露表面相同深度处的氯离子浓度随着弯曲应力水平的增加不断上升，即承受应力水平大的试件相同深度处的氯离子含量要高于较低荷载作用试件。

比较暴露龄期为 56d 和 90d 龄期可见，相同配合比试件承受相同的荷载应力时，暴露 90d 龄期的混凝土试件内的氯离子浓度总体上要高于暴露 56d 龄期时的氯离子浓度。同时由图 4-6～图 4-9 可知，混凝土试件的表层氯离子浓度要低于内部某深度处的氯离子浓度，混凝土内部距离表面约 2mm 处出现了一个氯离子浓度的峰值。

由于混凝土经受干湿交替的物理作用，当混凝土表层干燥时，接触海水后的混凝土将首先以毛细管吸入机制吸收海水，混凝土的毛细管吸入能力主要取决于混凝土孔结构和混凝土孔隙水含量，混凝土水饱和度越低，毛细管吸收作用就越大，吸入速度就越快；当混凝土吸水饱和后，海水中氯离子开始以扩散机制向混凝土内部渗透，当混凝土外部环境干燥时，混凝土中的水分逐步向外蒸发，整个干燥过程始终伴随着水分向外迁移和氯离子向内扩散两个传输过程，这样实际上表层混凝土氯离子浓度得不到积累，但混凝土内部某一深度处氯离子浓度会升高，氯离子向内扩散的浓度梯度加大。

2. 水位变动区混凝土内氯离子浓度分布

暴露 56d 时水位变动区混凝土内的氯离子浓度分布如图 4-10～图 4-13 所示。

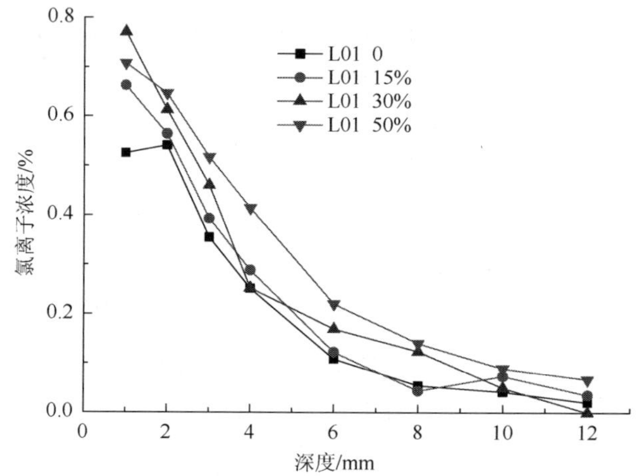

图 4-10　水位变动区暴露 56d 纯水泥混凝土试件的氯离子浓度分布图

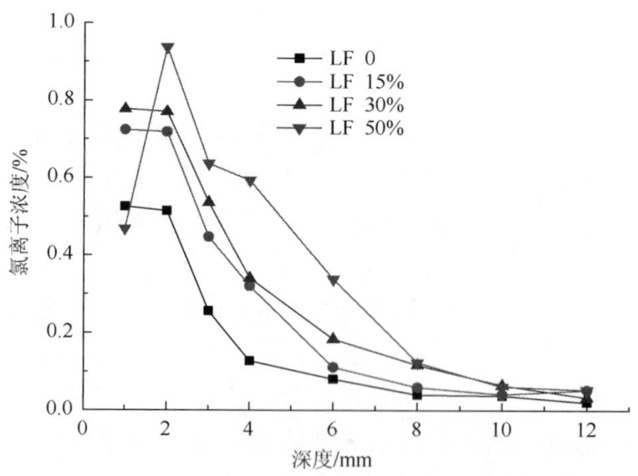

图 4-11　水位变动区暴露 56d 粉煤灰混凝土试件的氯离子浓度分布图

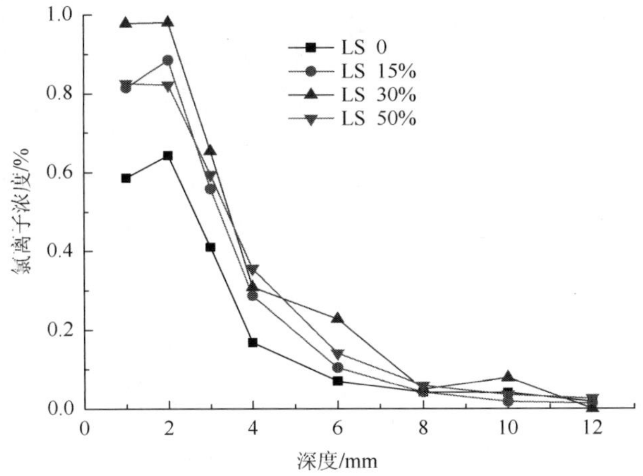

图 4-12　水位变动区暴露 56d 矿渣粉混凝土试件的氯离子浓度分布图

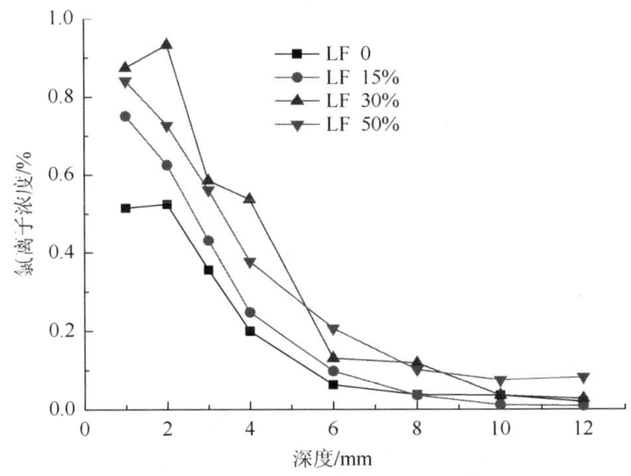

图 4-13　水位变动区暴露 56d 复合掺合料混凝土试件的氯离子浓度分布图

由水位变动区暴露 56d 的混凝土试件氯离子浓度分布可见，在混凝土试件近表面的同一深度处的氯离子浓度随弯曲应力水平的提高而逐渐增加，即承受应力水平大的试件相同深度处的氯离子含量要高于较低荷载作用试件。施加弯曲荷载加速了混凝土内部氯离子的扩散。当应力水平不断增大时，与无荷载作用试件相比，相同深度处的氯离子浓度明显增大，尤其是近表面处，并且不同深度处氯离子浓度的变化也越明显，氯离子的渗透深度也逐渐加深。

暴露 90d 龄期时水位变动区混凝土内的氯离子浓度分布如图 4-14～图 4-17 所示。由水位变动区暴露 90d 时混凝土试件氯离子浓度分布图可见，尽管所得结果存在一定的离散性，但总的来看，在相同的暴露环境下，受拉区距离暴露表面相同深度处的氯离子浓度随着弯曲应力水平的增加而上升，即承受应力水平大的试件相同深度处的氯离子含量要高于较低荷载作用试件。这种现象是由于弯曲荷载先引起混凝土近表面处产生微裂缝，在长期作用下，近表面处的微裂缝得以扩展和连通，使得外界氯离子更容易进入混凝土内部，荷载作用越大，混凝土内部结构的这种变化越明显，对氯离子的迁移越有利，混凝土中的氯离子含量也越高。

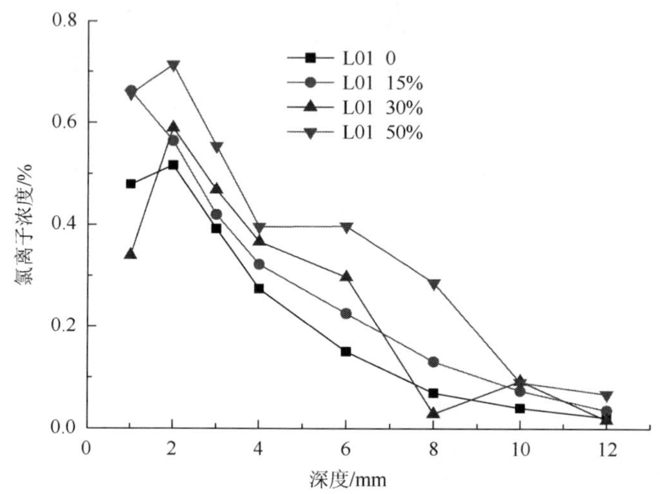

图 4-14 水位变动区 90d 纯水泥混凝土试件的氯离子浓度分布图

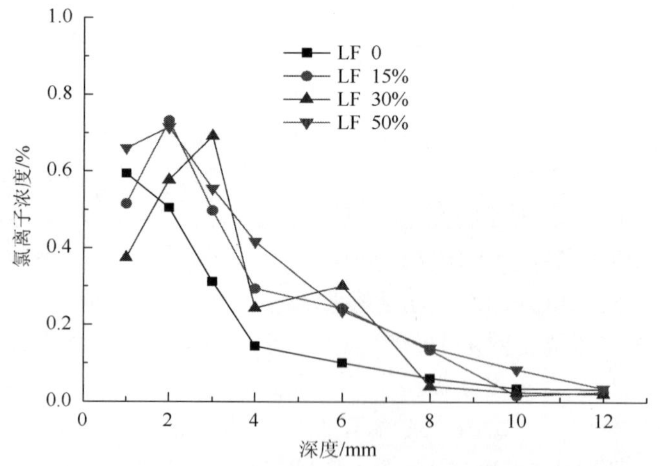

图 4-15 水位变动区 90d 粉煤灰混凝土试件的氯离子浓度分布图

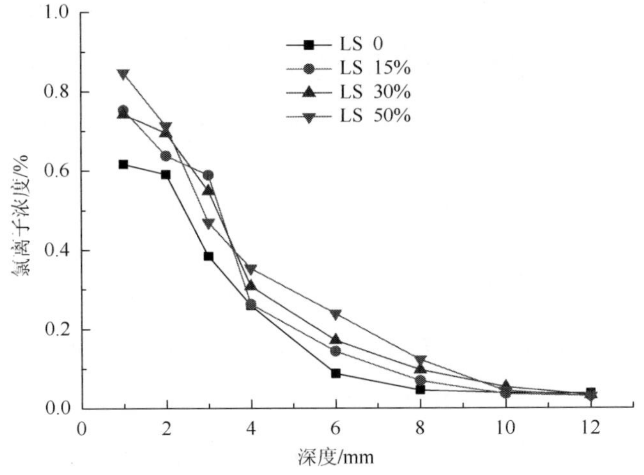

图 4-16　水位变动区 90d 矿渣粉混凝土试件的氯离子浓度分布图

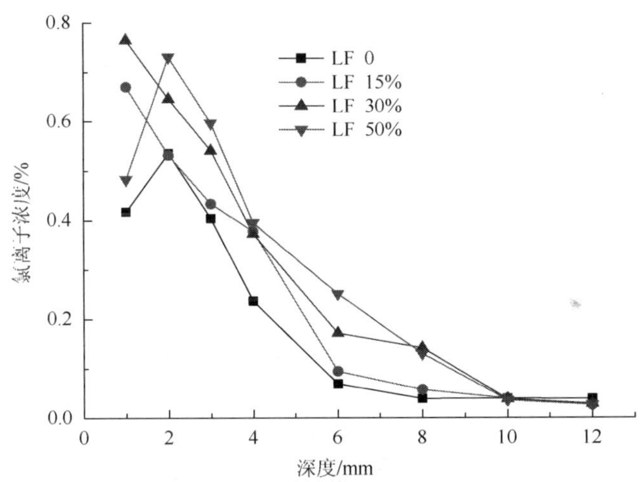

图 4-17　水位变动区 90d 复合掺合料混凝土试件的氯离子浓度分布图

对上述图像进行比较分析可知，同一配合比在相同的应力水平下分别置于浪溅区和水位变动区时，在相同的混凝土深度处水位变动区混凝土试件的氯离子浓度要高于浪溅区混凝土试件内的氯离子浓度，其原因可能是水变区的混凝土试件内部大部分的时间处于饱水状态。尽管在海洋环境下混凝土的毛细吸附也是氯离子渗透的一种重要方式，但是大量的研究表明，由氯离子浓度差而导致的氯离子扩散是氯离子渗透入混凝土的主要原因。水位变动区混凝土试件的饱水时间要高于浪溅区的混凝土试件，所以水位变动区混凝土试件的氯离子浓度要高于浪溅区混凝土试件的氯离子浓度。

4.3.2 单轴压荷载对混凝土内氯离子浓度分布的影响

将加载完毕的混凝土试件置于室内海水模拟试验箱的浪溅区和水位变动区至规定暴露龄期后，取样测试混凝土粉样中的总氯离子含量，取样面积为50mm×50mm。

1. 浪溅区混凝土内氯离子浓度分布

暴露龄期为56d的浪溅区混凝土内的氯离子浓度分布如图4-18～图4-21所示。

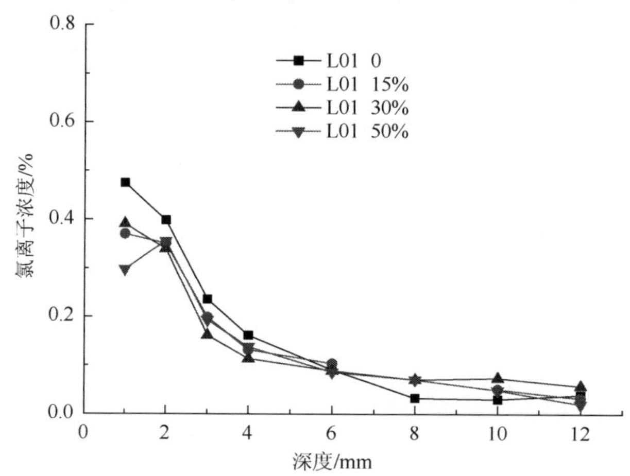

图4-18　浪溅区56d纯水泥混凝土试件的氯离子浓度分布图

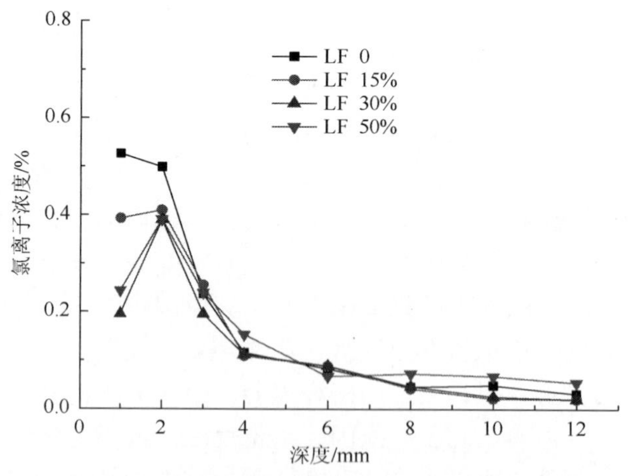

图4-19　浪溅区56d粉煤灰混凝土试件的氯离子浓度分布图

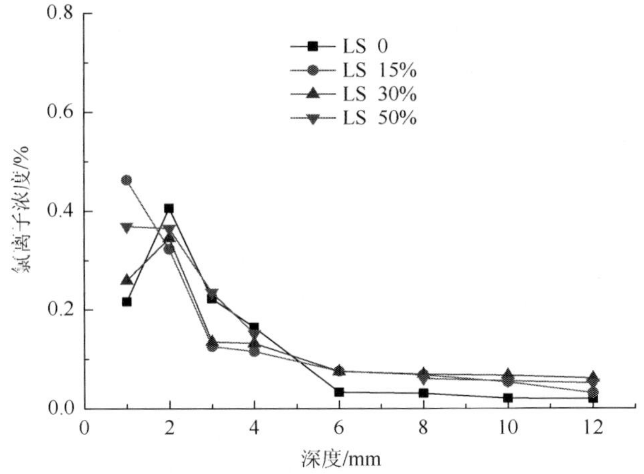

图 4-20　浪溅区 56d 矿渣粉混凝土试件的氯离子浓度分布图

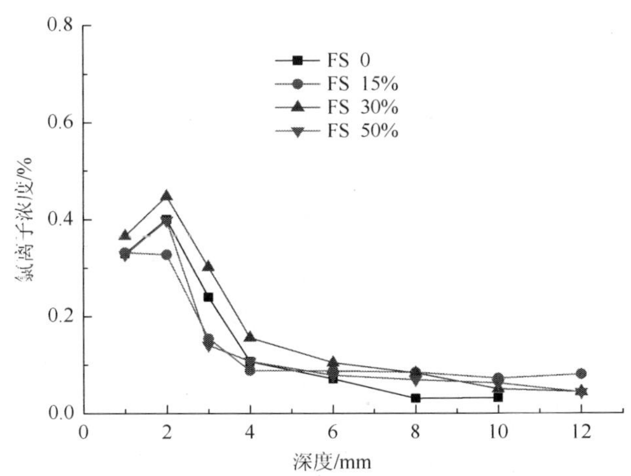

图 4-21　浪溅区 56d 复合掺合料混凝土试件的氯离子浓度分布图

图 4-18～图 4-21 表明，不同配合比的混凝土试件在单轴压荷载作用下呈现出相同的扩散规律：单轴压荷载的施加总体上降低了混凝土内部的氯离子浓度。相同的暴露环境下，对于大部分的混凝土试件而言，在混凝土抗压强度 30%以内的荷载内，距离暴露表面相同深度处的氯离子浓度随着压应力水平的增加不断降低，即承受应力水平大的试件相同深度处的氯离子含量要低于较低荷载作用试件。当压应力水平较小时，相同深度处的氯离子浓度之间的差异很小，比较接近自然状态下（无荷载作用）的氯离子浓度分布，氯离子的渗透深度也相近。同时，由上述图表可知，当荷载进一步提高到 50%时，部分混凝土试件内的氯离子浓度出现再增加的现象，如纯水泥混凝土试件 L01，在 2mm 深度处应力水平为 30%时氯离

子浓度为 0.3399%，当应力水平提高到 50%时氯离子浓度增加至 0.3559%。

当轴压荷载过大时，在混凝土内的部分压应力体现出的作用是剪切应力，研究表明：当压荷载超过抗压强度的 30%后，混凝土试件的应变应包括弹性应变和塑性应变两部分，原有的混凝土内部微裂缝发展，并在孔隙等薄弱处产生新的个别微裂缝，而这些微观裂缝的外在表现形式使得外界氯离子更容易进入混凝土内部，进一步提高混凝土的荷载，混凝土内部结构的这种变化越明显，对氯离子的迁移越有利，混凝土中的氯离子含量也越高。所以当混凝土的轴压荷载达到 50%时，混凝土内的氯离子浓度出现了升高的现象。

暴露龄期为 90d 的浪溅区混凝土内的氯离子浓度分布如图 4-22～图 4-25 所示。

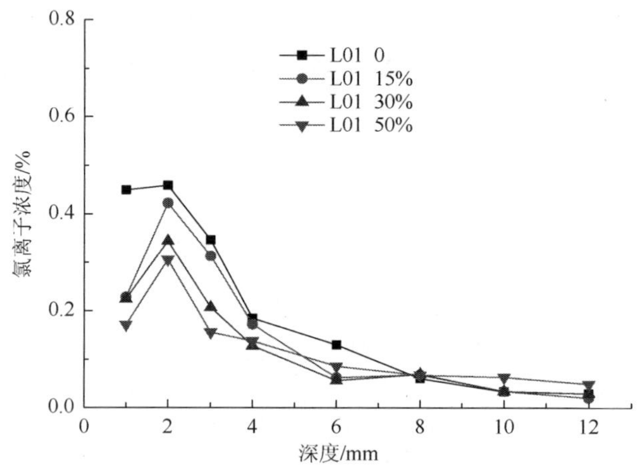

图 4-22　浪溅区 90d 纯水泥混凝土试件的氯离子浓度分布图

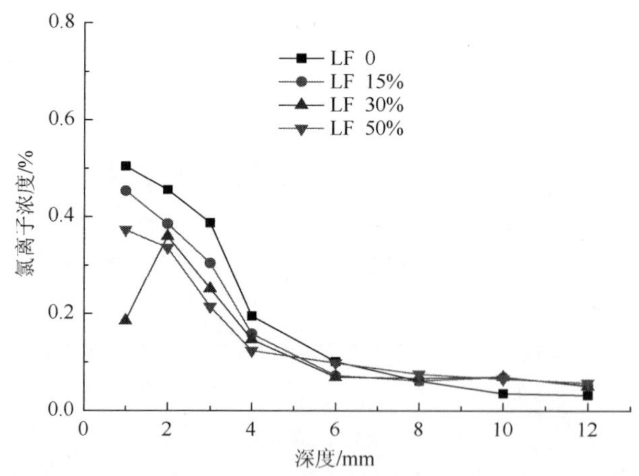

图 4-23　浪溅区 90d 粉煤灰混凝土试件的氯离子浓度分布图

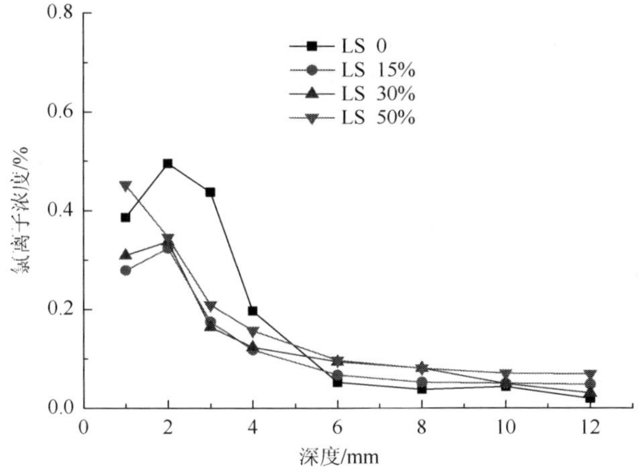

图 4-24　浪溅区 90d 矿渣粉混凝土试件的氯离子浓度分布图

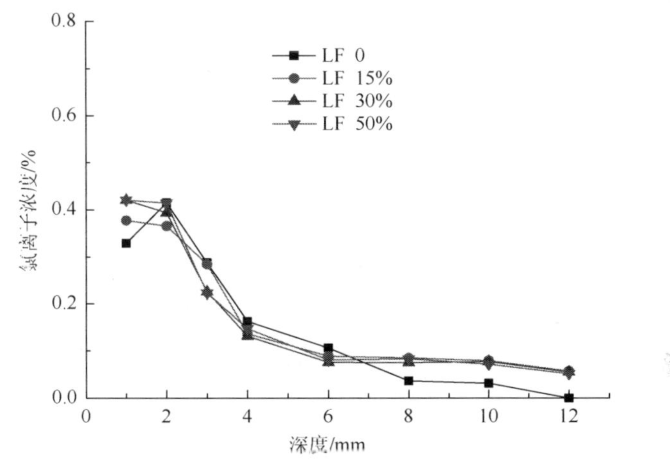

图 4-25　浪溅区 90d 复合掺合料混凝土试件的氯离子浓度分布图

由图 4-22～图 4-25 可知，不同配合比的混凝土试件在单轴压荷载作用下，当荷载不高于抗压强度的 30%时，距离暴露表面相同深度处的氯离子浓度随着压应力水平的增加不断降低，即承受应力水平大的试件相同深度处的氯离子含量要低于较低荷载作用试件。

比较氯离子浓度分布可见，相同配合比试件承受相同的荷载应力时，90d 暴露龄期的混凝土试件内的氯离子浓度总体上要高于 56d 暴露龄期时的氯离子浓度。同时由图 4-18～图 4-25 可知，大部分混凝土试件的表层氯离子浓度要低于内部某深度处的氯离子浓度，混凝土内部距离表面约 2mm 处出现了一个氯离子浓度的峰值。其原因是海水模拟箱的干湿循环，会在混凝土的表层形成一个氯离子的对流区，在此区域氯离子对混凝土的渗透过程主要是毛细吸附。氯离子峰值累积程度和向内推移速度主要取决于干湿交替期长短和循环次数的多少，干燥程度越高，循环次数增加，氯离子向内推移速度越快。

2. 水位变动区混凝土内氯离子浓度分布

暴露龄期为 56d 时水位变动区混凝土内的氯离子浓度分布如图 4-26～图 4-29 所示。

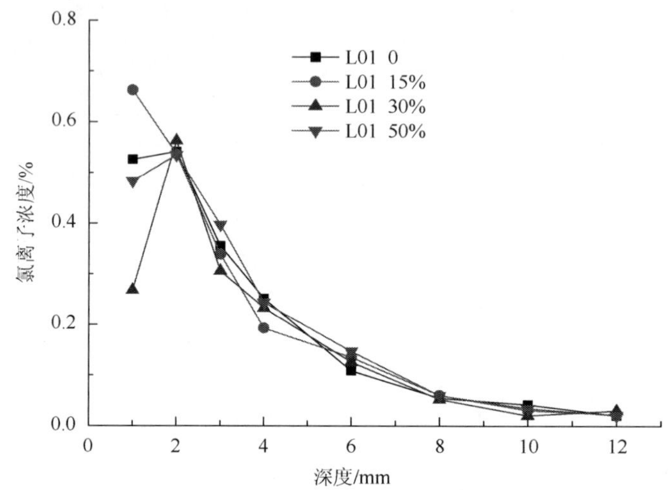

图 4-26 水位变动区 56d 纯水泥混凝土试件的氯离子浓度分布图

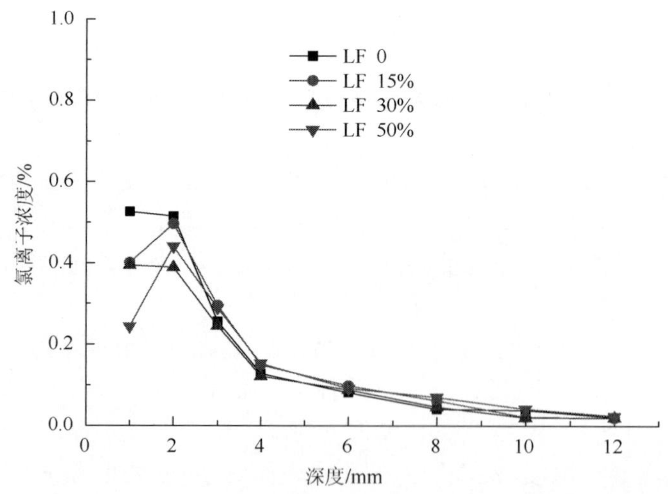

图 4-27 水位变动区 56d 粉煤灰混凝土试件的氯离子浓度分布图

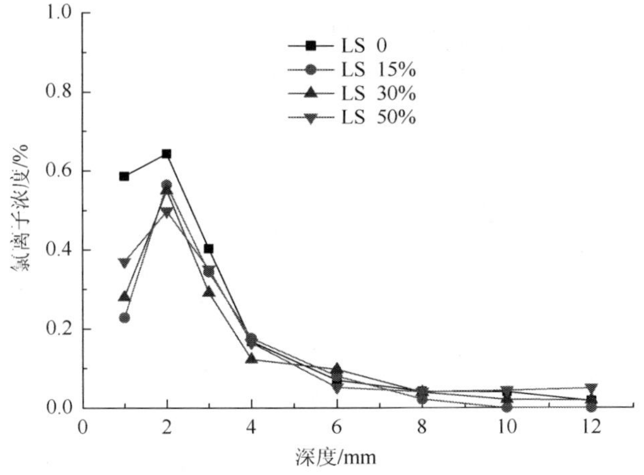

图 4-28　水位变动区 56d 矿渣粉混凝土试件的氯离子浓度分布图

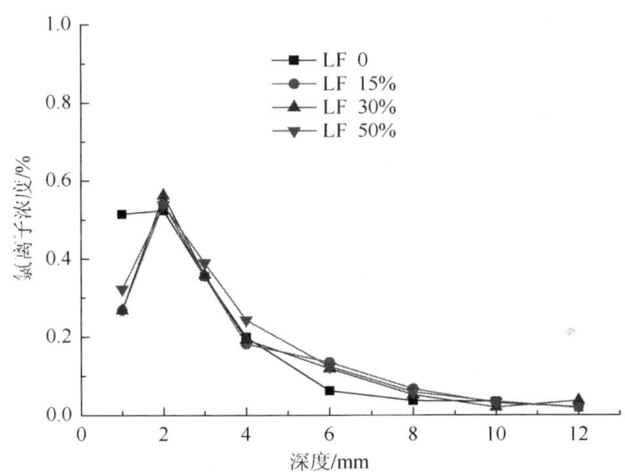

图 4-29　水位变动区 56d 复合掺合料混凝土试件的氯离子浓度分布图

由图 4-26～图 4-29 可知，置于水位变动区暴露龄期为 56d 的混凝土试件，当混凝土试件的单轴压荷载不高于混凝土抗压强度的 30%时，相同混凝土配合比试件在同一深度处的氯离子浓度随压应力的提高而降低，且混凝土中的氯离子浓度随混凝土的深度增加而降低。同时，由上述可以看出，当压应力水平较小时，相同深度处的氯离子浓度之间的差异很小，比较接近自然状态下（无荷载作用）的氯离子浓度分布，氯离子的渗透深度也相近。当荷载进一步提高到 50%时，部分混凝土试件内的氯离子浓度出现再增加的现象，如复合掺合料混凝土试件 FS，当应力水平为 30%时，其在 3mm 和 4mm 深度处的氯离子浓度分别为 0.3588%和 0.1928%，而应力水平提高到 50%时，其氯离子浓度分别增加至 0.3901%和

0.2432%，其原因是轴压荷载过大时会增加混凝土内的塑性裂缝，原有的混凝土内部微裂缝发展，并在孔隙等薄弱处产生新的个别的微裂缝，使得外界氯离子更容易进入混凝土内部，进一步提高混凝土的荷载，混凝土内部结构的这种变化越明显，对氯离子的迁移越有利，混凝土中的氯离子含量也越高。

90d龄期时水位变动区混凝土内的氯离子浓度分布如图4-30～图4-33所示，由上述可知，处于水位变动区混凝土试件暴露龄期为90d时，处于单轴压荷载作用下的混凝土试件，当荷载不高于抗压强度的30%时，距离暴露表面相同深度处的氯离子浓度随着压应力水平的增加不断降低，即承受应力水平大的试件相同深度处的氯离子含量要低于较低荷载作用试件。

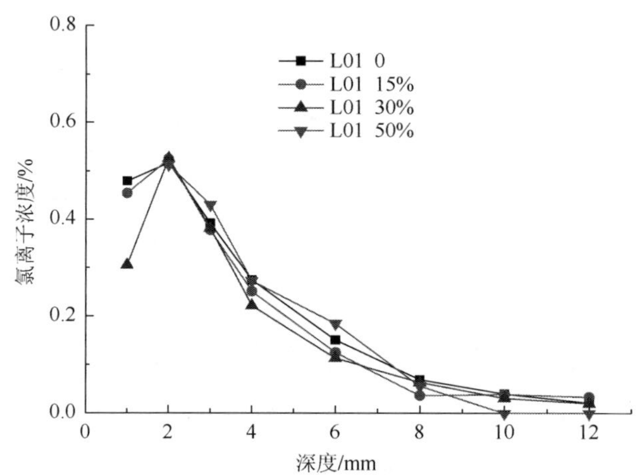

图4-30 水位变动区90d纯水泥混凝土试件的氯离子浓度分布图

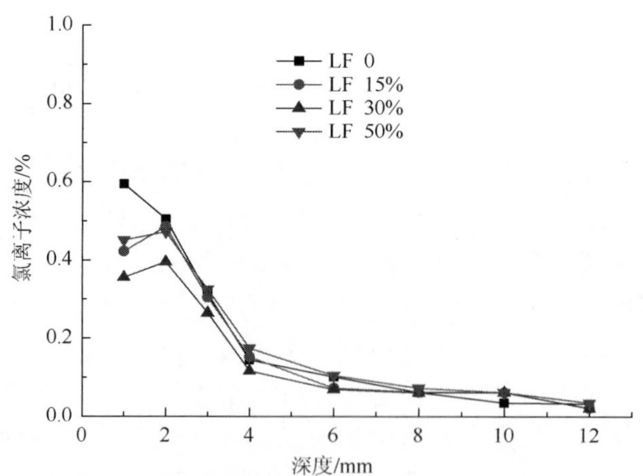

图4-31 水位变动区90d粉煤灰混凝土试件的氯离子浓度分布图

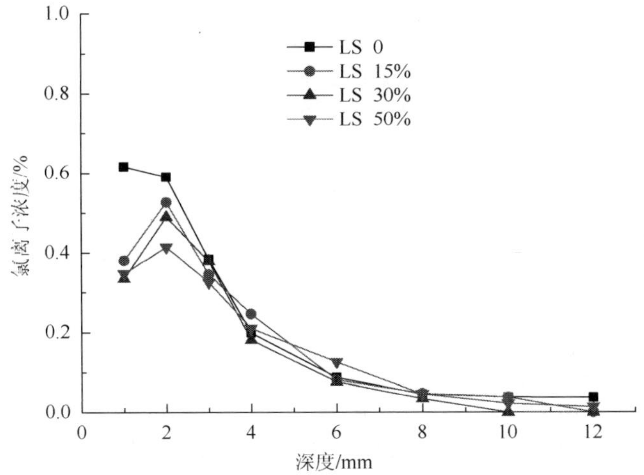

图 4-32　水位变动区 90d 矿渣粉混凝土试件的氯离子浓度分布图

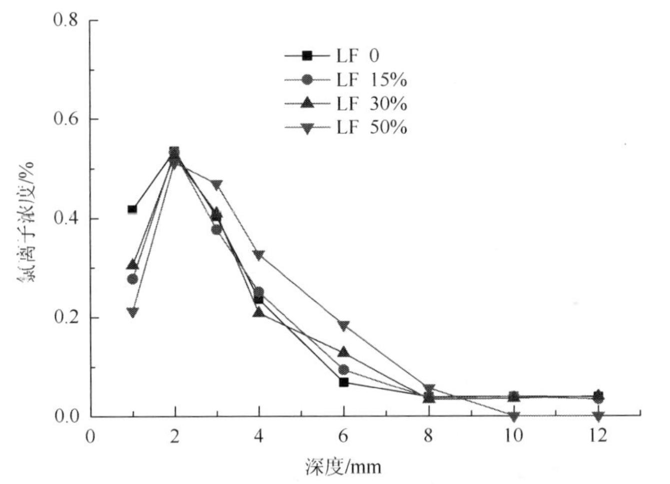

图 4-33　水位变动区 90d 复合掺合料混凝土试件的氯离子浓度分布图

比较暴露 56d 和暴露 90d 混凝土试件不同深度的氯离子浓度可知，相同配合比试件承受相同的荷载应力时，90d 暴露龄期的混凝土试件内的氯离子浓度总体上要高于 56d 暴露龄期时的氯离子浓度，混凝土试件暴露的龄期越长，则氯离子在混凝土内的渗透深度越大。

由于海水模拟箱每天都有涨落潮的变化，这意味着处于水位变动区的混凝土试件有很长的时间处于模拟海水中，而模拟海水的压力差也会加速氯离子在混凝土内的渗透从而加速氯离子在混凝土内的扩散，所以暴露的时间越长氯离子的渗透深度越大。

4.4　恒定荷载对混凝土氯离子扩散系数的影响

4.4.1　弯曲荷载对混凝土氯离子扩散系数的影响

1. 浪溅区弯曲荷载对混凝土氯离子扩散系数的影响

置于浪溅区暴露 56d 和 90d 时不同配合比混凝土试件的氯离子扩散系数如图 4-34～图 4-37 所示。

由图 4-34～图 4-37 可知，同一混凝土配合比在相同的应力水平作用下，暴露龄期为 56d 和 90d 混凝土试件的氯离子扩散系数均随弯曲应力水平的提高而增

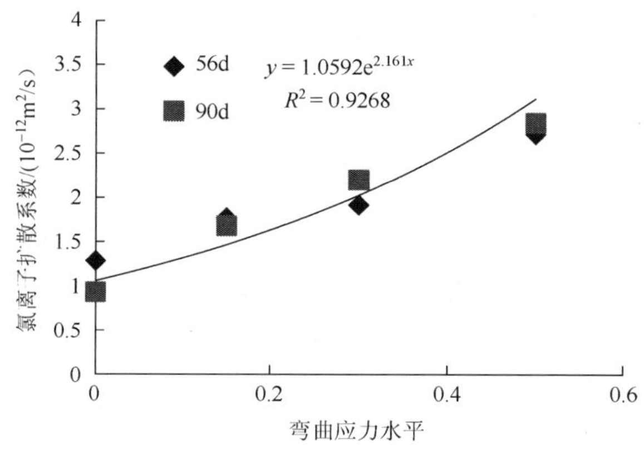

图 4-34　弯曲应力对浪溅区纯水泥混凝土氯离子扩散系数的影响

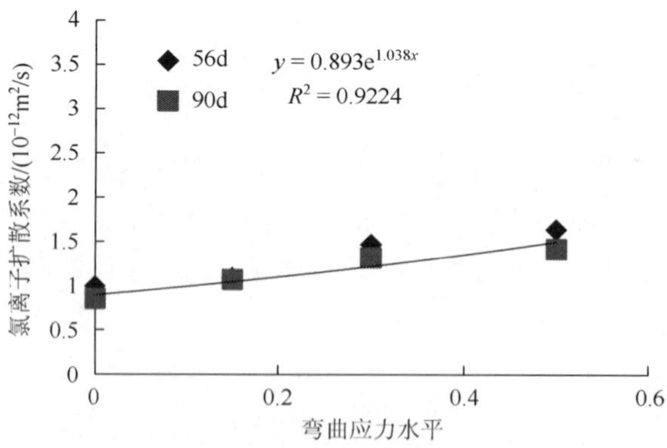

图 4-35　弯曲应力对浪溅区粉煤灰混凝土氯离子扩散系数的影响

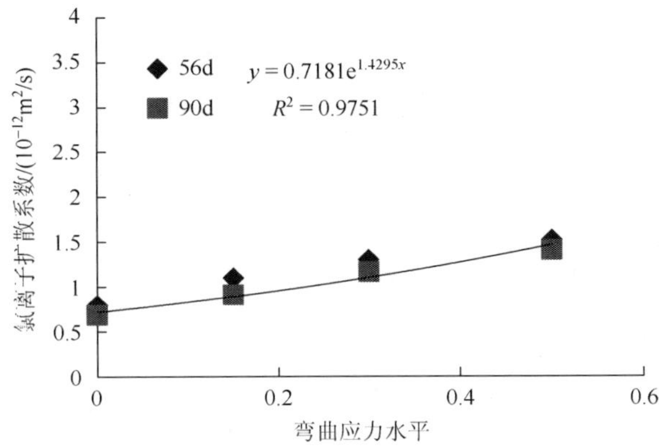

图 4-36　弯曲应力对浪溅区矿渣粉混凝土氯离子扩散系数的影响

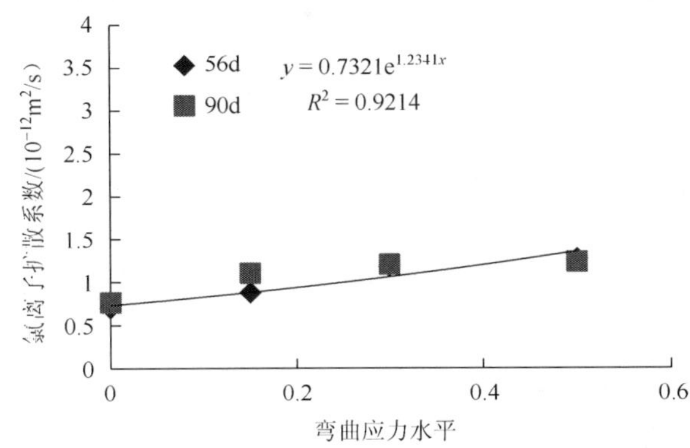

图 4-37　弯曲应力对浪溅区复合掺合料混凝土氯离子扩散系数的影响

大，当应力水平达到 0.5 时，混凝土试件的氯离子扩散系数约为无荷载试件氯离子扩散系数的 2 倍，且总体而言随着应力水平的增加，氯离子扩散系数变化越显著。同时由上述可知，暴露龄期 90d 的混凝土试件的氯离子扩散系数总体上要略低于暴露龄期为 56d 的。通过对不同龄期的氯离子扩散系数随应力水平变化的规律进行拟合，混凝土氯离子扩散系数与应力水平可用公式 $y = A \cdot e^{B_x}$ 进行表述，如纯水泥混凝土试件，关系式可表示为 $y = 1.059 \cdot e^{2.161x}$，氯离子扩散系数与混凝土试件的弯曲应力水平呈指数函数关系，其中 A 和 B 是与胶凝材料组成有关的参数。

2. 水位变动区弯曲荷载对混凝土氯离子扩散系数的影响

置于水位变动区 56d 和 90d 暴露龄期的不同配合比混凝土试件的氯离子扩散系数如图 4-38～图 4-41 所示。

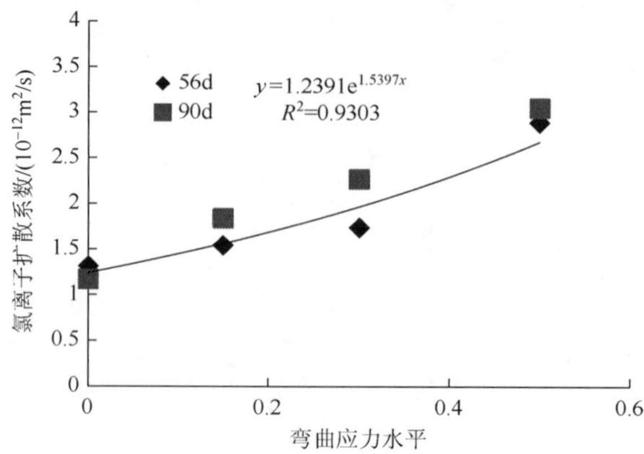

图 4-38　弯曲应力对水位变动区纯水泥混凝土氯离子扩散系数的影响

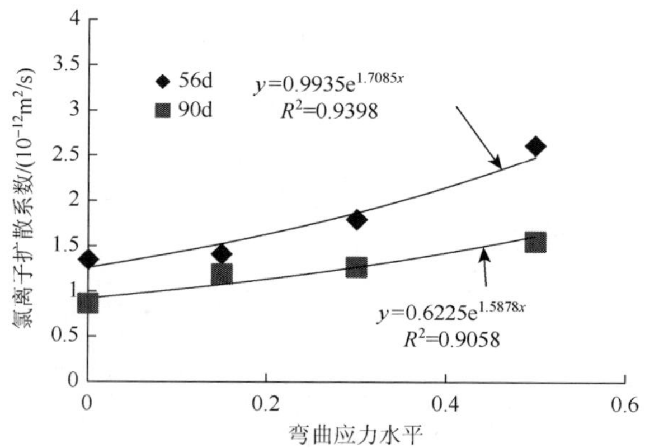

图 4-39　弯曲应力对水位变动区粉煤灰混凝土氯离子扩散系数的影响

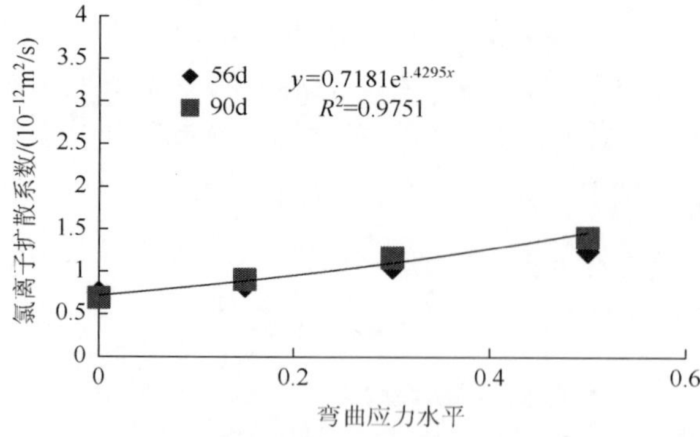

图 4-40　弯曲应力对水位变动区矿渣粉混凝土氯离子扩散系数的影响

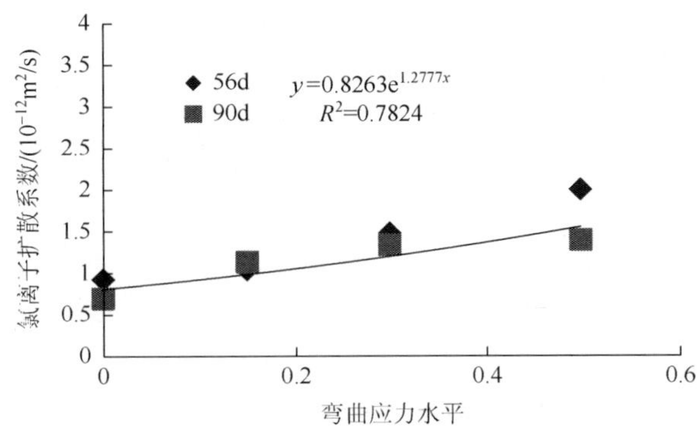

图 4-41　弯曲应力对水位变动区复合掺合料混凝土氯离子扩散系数的影响

由图 4-38～图 4-41 可知，同一混凝土配合比在相同的应力水平作用下，暴露龄期为 56d 和 90d 的混凝土试件的氯离子扩散系数均随弯曲应力水平的提高而增大，当应力水平达到 0.5 时，混凝土试件的氯离子扩散系数约为无荷载试件氯离子扩散系数的 2 倍，且总体而言随着应力水平的增加氯离子扩散系数的变化越显著，对于相同的混凝土配合比和应力水平，纯水泥混凝土试件、矿渣粉混凝土试件和复合掺合料混凝土试件暴露龄期 90d 的混凝土试件的氯离子扩散系数总体上要略低于暴露龄期 56d 的，而粉煤灰混凝土暴露龄期为 90d 的试件的氯离子扩散系数要显著低于其暴露龄期为 56d 试件的氯离子扩散系数。通过对不同龄期的氯离子扩散系数随应力水平的变化规律进行拟合，水位变动区混凝土氯离子扩散系数与应力水平可用公式 $y = A \cdot e^{Bx}$ 进行表述，氯离子扩散系数与混凝土试件的弯曲应力水平呈指数函数关系，其中，A 和 B 是与胶凝材料组成有关的参数，如粉煤灰混凝土试件，尽管暴露 56d 和 90d 龄期的试件的氯离子扩散系数具有一定的差异性，但是扩散系数与应力水平间的关系仍可用指数函数进行描述。

由浪溅区和水位变动区各配合比试件的氯离子扩散系数的变化规律可知，与无荷载的混凝土试件相比较，混凝土的弯曲荷载会增加混凝土的氯离子扩散系数，且氯离子扩散系数的增加幅值随应力水平的提高而增大，二者呈指数函数关系。这说明弯曲荷载作用可以加快氯离子在混凝土中的扩散速度，因此有弯曲荷载作用时要考虑荷载对氯离子渗透性的影响。

混凝土在外部拉应力作用下，混凝土中的微裂缝会扩展和延伸，当拉应力增大到一定程度时，还将产生许多新的微裂缝。由液体在固体孔隙中的转移机理可知，孔径的微小变化会引起液体流量较大的变化，因此氯离子在混凝土中的扩散速度随外部应力水平的提高而增大，从而引起氯离子扩散系数增大。此外，外部弯曲应力最大值在试件跨中区域均匀分布，此时外部荷载的作用主要在于受拉区引起的应力集中，这将使局部应力显著增大，裂缝快速发展，所以弯曲应力水平越大对氯离子在混凝土中的扩散影响也越大，导致扩散系数随应力水平呈指数变化。

4.4.2 混凝土氯离子扩散系数的弯曲荷载影响因子

影响海工混凝土结构耐久性的一个重要因素就是混凝土的氯离子扩散系数，在混凝土结构的耐久性寿命设计和耐久性寿命评估模型中，混凝土氯离子扩散系数都是一个非常重要的参数，而在我国现行的标准和规范关于混凝土结构的耐久性设计和耐久性寿命预测模型中，氯离子扩散系数的控制指标都是以无荷载的混凝土试件为标准的。由前述研究可知，浪溅区和水位变动区混凝土试件的氯离子扩散系数与弯曲应力水平呈指数函数关系，而与具体的胶凝材料组成无关。因此，56d 和 90d 龄期时应力水平与混凝土氯离子扩散系数的关系如图 4-42 和图 4-43 所示。

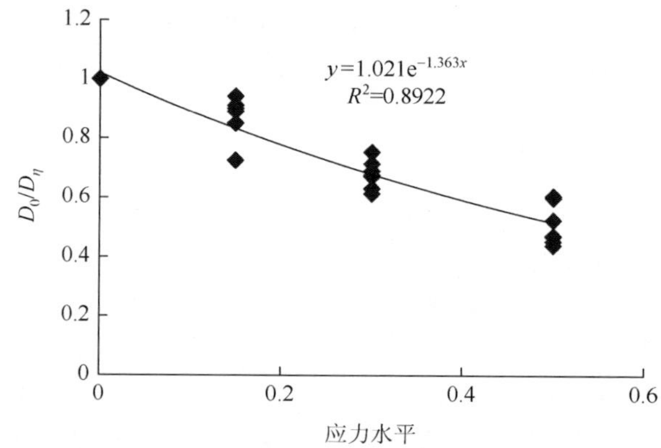

图 4-42　56d 龄期时弯曲荷载与混凝土氯离子扩散系数的关系

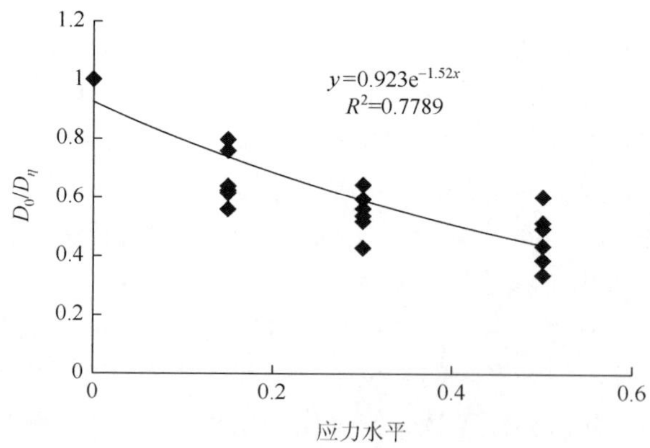

图 4-43　90d 龄期时弯曲荷载与混凝土氯离子扩散系数的关系

由图 4-42 和图 4-43 可见，对于典型的工程配合比在不考虑具体的环境暴露区域情况下，弯曲应力水平与混凝土氯离子扩散系数的关系呈近似指数函数关系：

$$\frac{D_0}{D_\eta} = A \cdot \mathrm{e}^{-B_\eta} \tag{4-3}$$

式中，η 为自变量应力水平；D_0 为无荷载混凝土试件的氯离子扩散系数；D_η 为应力水平为 η 的试件的氯离子扩散系数；A 和 B 为与暴露龄期有关的常数。本试验中，暴露 56d 龄期时 A=1.021，B=1.363；暴露 90d 龄期时 A=0.923，B=1.52。引起 A 和 B 变化的原因是，胶凝材料的水化是一个与时间有关的变量，胶凝材料的水化会引起氯离子扩散系数的衰减。考虑与现有标准规范中氯离子扩散系数测定方法的衔接，氯离子扩散系数与弯曲应力水平的关系可采用暴露 56d 龄期的试验数据。

4.4.3　单轴压荷载对混凝土氯离子扩散系数的影响

1. 浪溅区轴压荷载对混凝土氯离子扩散系数的影响

置于浪溅区 56d 和 90d 暴露龄期的不同配合比混凝土轴压荷载试件的氯离子扩散系数如图 4-44～图 4-47 所示。

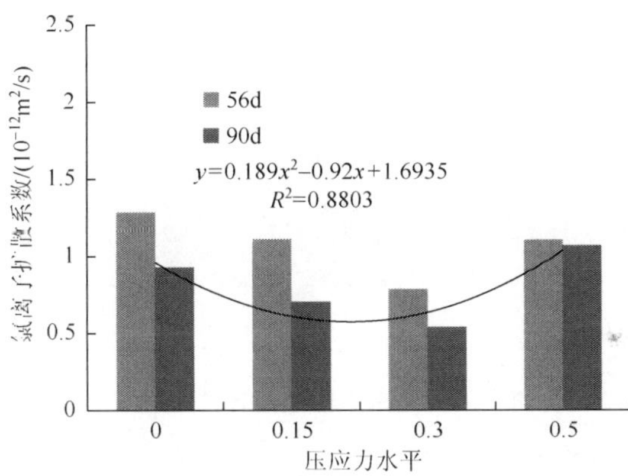

图 4-44　压应力对浪溅区纯水泥混凝土氯离子扩散系数的影响

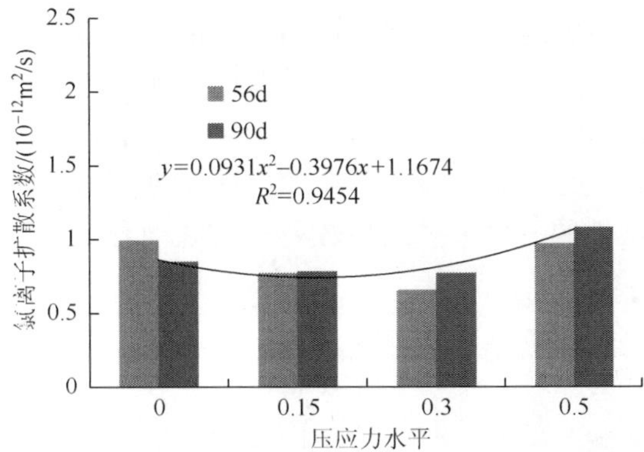

图 4-45　压应力对浪溅区粉煤灰混凝土氯离子扩散系数的影响

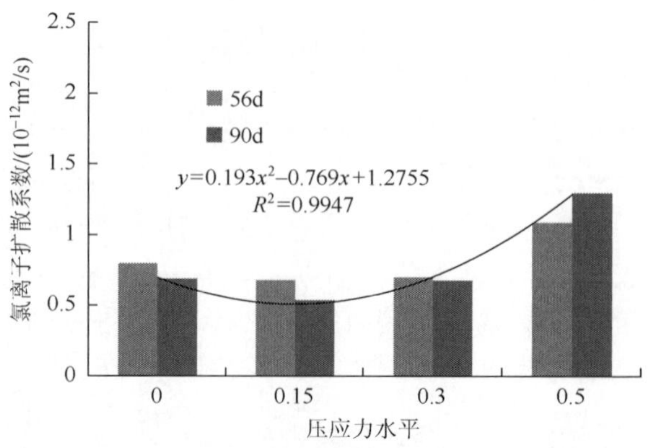

图 4-46 压应力对浪溅区矿渣粉混凝土氯离子扩散系数的影响

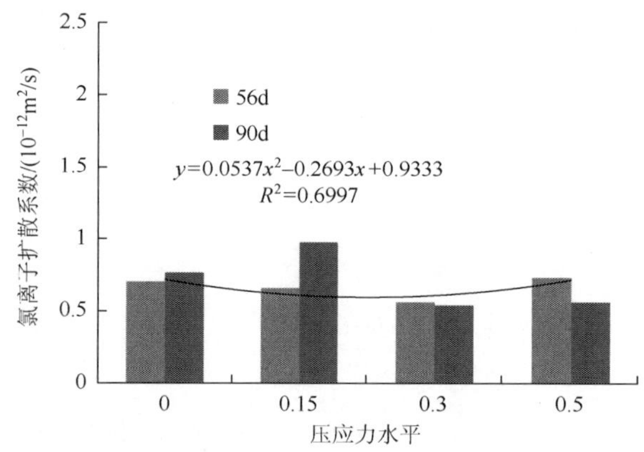

图 4-47 压应力对浪溅区复合掺合料混凝土氯离子扩散系数的影响

由图 4-44～图 4-47 可知，对于相同的混凝土配合比和应力水平，暴露龄期为 56d 和 90d 的混凝土试件的氯离子扩散系数均随轴压应力水平的提高先减少后增大，当混凝土的轴压荷载达的应力水平达到 50%时，压荷载混凝土试件的氯离子扩散系数与无荷载混凝土试件的氯离子扩散系数较接近，且部分试件的扩散系数要高于无荷载试件的氯离子扩散系数。尽管计算的扩散系数具有一定的离散型，但是其总体的变化趋势是，压应力水平在 30%时试件的氯离子扩散系数最低，且暴露龄期为 90d 的试件的氯离子扩散系数要低于同配合比同应力水平暴露 56d 的试件的氯离子扩散系数。

2. 水位变动区轴压荷载对混凝土氯离子扩散系数的影响

水位变动区 56d 和 90d 暴露龄期的不同配合比混凝土轴压荷载试件的氯离子扩散系数如图 4-48～图 4-51 所示。

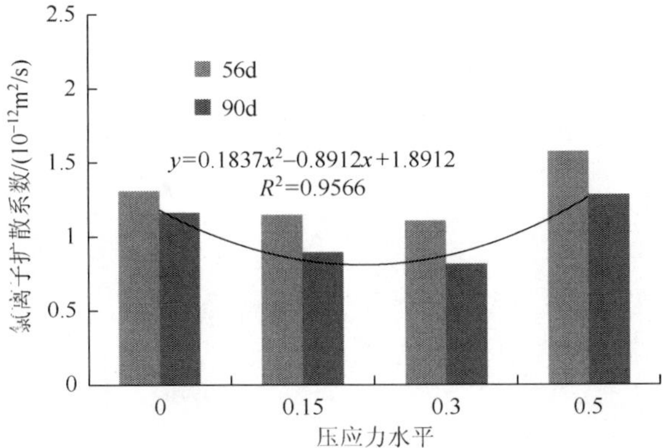

图 4-48　压应力对水变区纯水泥混凝土氯离子扩散系数的影响

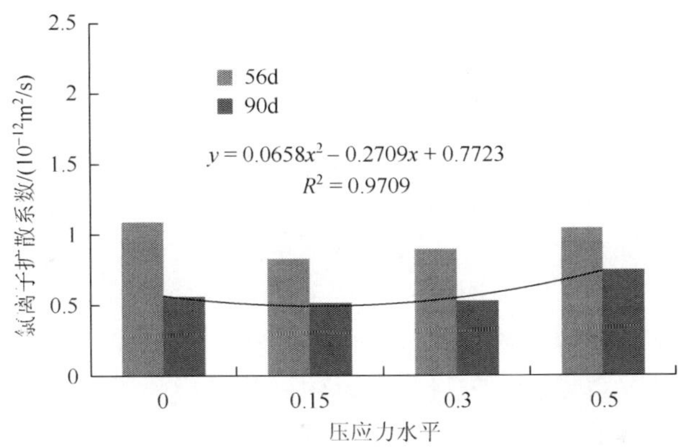

图 4-49　压应力对水变区粉煤灰混凝土氯离子扩散系数的影响

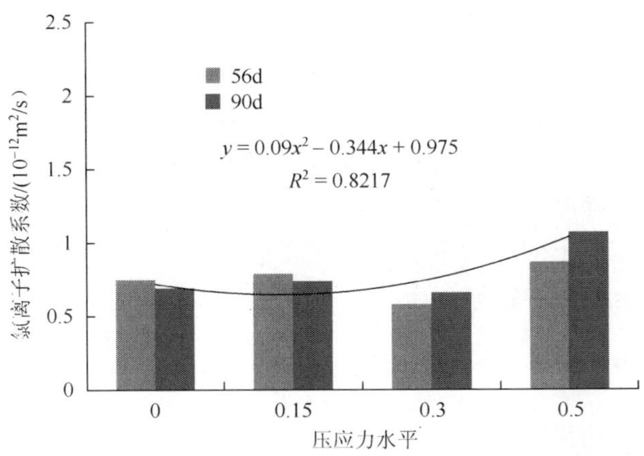

图 4-50　压应力对水变区矿渣粉混凝土氯离子扩散系数的影响

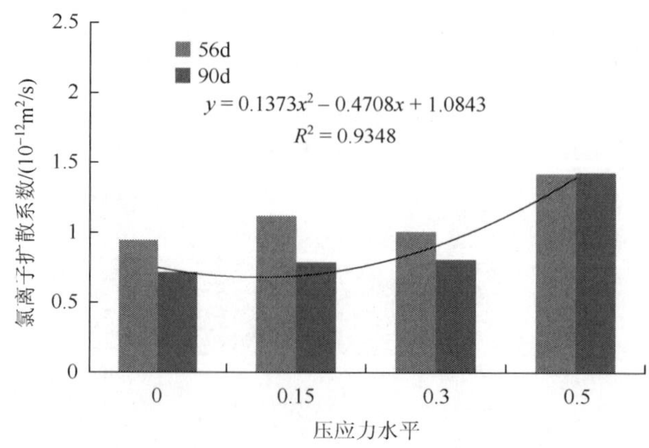

图 4-51 压应力对水变区复合掺合料混凝土氯离子扩散系数的影响

由图 4-48～图 4-51 可知，对于相同的混凝土配合比和应力水平，水位变动区纯水泥混凝土试件、矿渣粉混凝土试件和复合掺合料混凝土试件暴露龄期为 56d 和 90d 时的氯离子扩散系数的差异性并不显著，总体上暴露 90d 的试件的氯离子扩散系数要低于暴露 56d 的，而粉煤灰混凝土试件暴露龄期为 90d 的扩散系数要明显低于暴露龄期为 56d 的试件，其原因可能是在此龄期内粉煤灰的水化速率较快，明显地降低了混凝土的渗透性。同时由上述可知，各配合比不同暴露龄期的混凝土试件的氯离子扩散系数均随轴压应力水平的提高先减小后增大，压应力水平对试件氯离子扩散系数的影响规律与具体的胶凝材料组成无直接的关系，且当混凝土的轴压应力水平达到 50%时，压荷载混凝土试件的氯离子扩散系数接近或高于无荷载混凝土试件的氯离子扩散系数。

通常，压荷载对混凝土氯离子扩散系数的影响分成两个阶段：弹性应变导致的氯离子扩散系数降低的阶段；弹性和塑性应变导致的氯离子扩散系数开始升高的阶段。当混凝土的轴压荷载较低时，轴压荷载对混凝土的作用仅仅产生弹性应变，大量的试验表明：此荷载值约为混凝土抗压强度的 30%，混凝土在此荷载范围内主要产生弹性应变，此阶段混凝土的孔隙随应力水平的增加而降低。当混凝土的荷载超过抗压强度的 30%后，混凝土的应变主要由弹性应变和塑性应变组成，且应力水平越高混凝土的塑性应变越大，而塑性应变的增加会提高混凝土内微裂缝，使得混凝土内的微裂缝增加而导致孔隙率的提高。

4.4.4 混凝土氯离子扩散系数的轴压荷载影响因子

由上述分析可知，各配合比不同暴露龄期的混凝土试件的氯离子扩散系数均随轴压应力水平的提高先减小后增大，轴压荷载对混凝土氯离子扩散系数的影响规律与典型的混凝土配合比无关。压荷载混凝土试件的氯离子扩散系数与应力水平和无荷载试件氯离子扩散系数有关，不同压应力水平作用下的 D_0/D_η 值分布分别如图 4-52～图 4-54 所示。

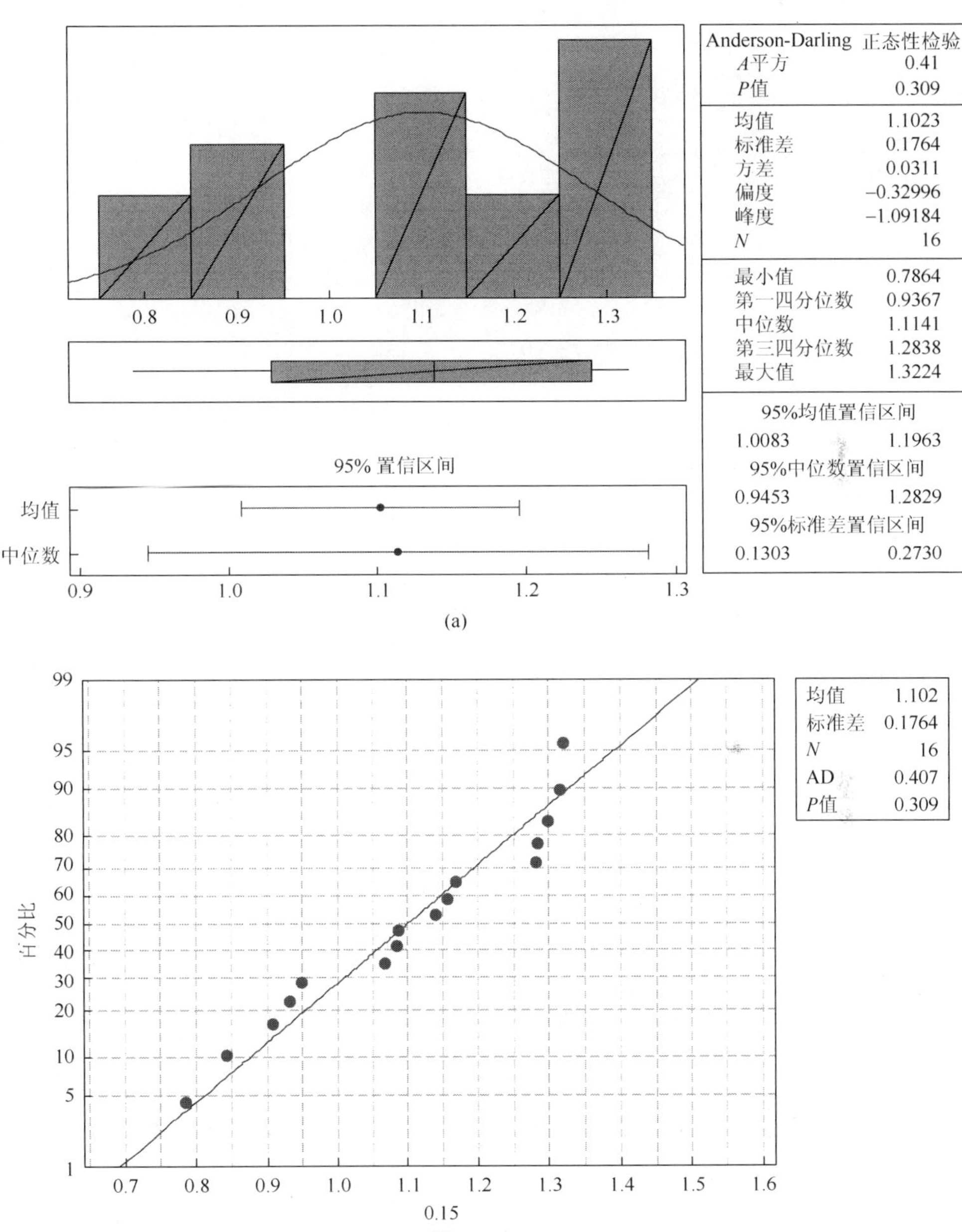

图 4-52　压应力水平为 0.15 的 D_0/D_η 值分布柱状图（a）和正态概率图（b）

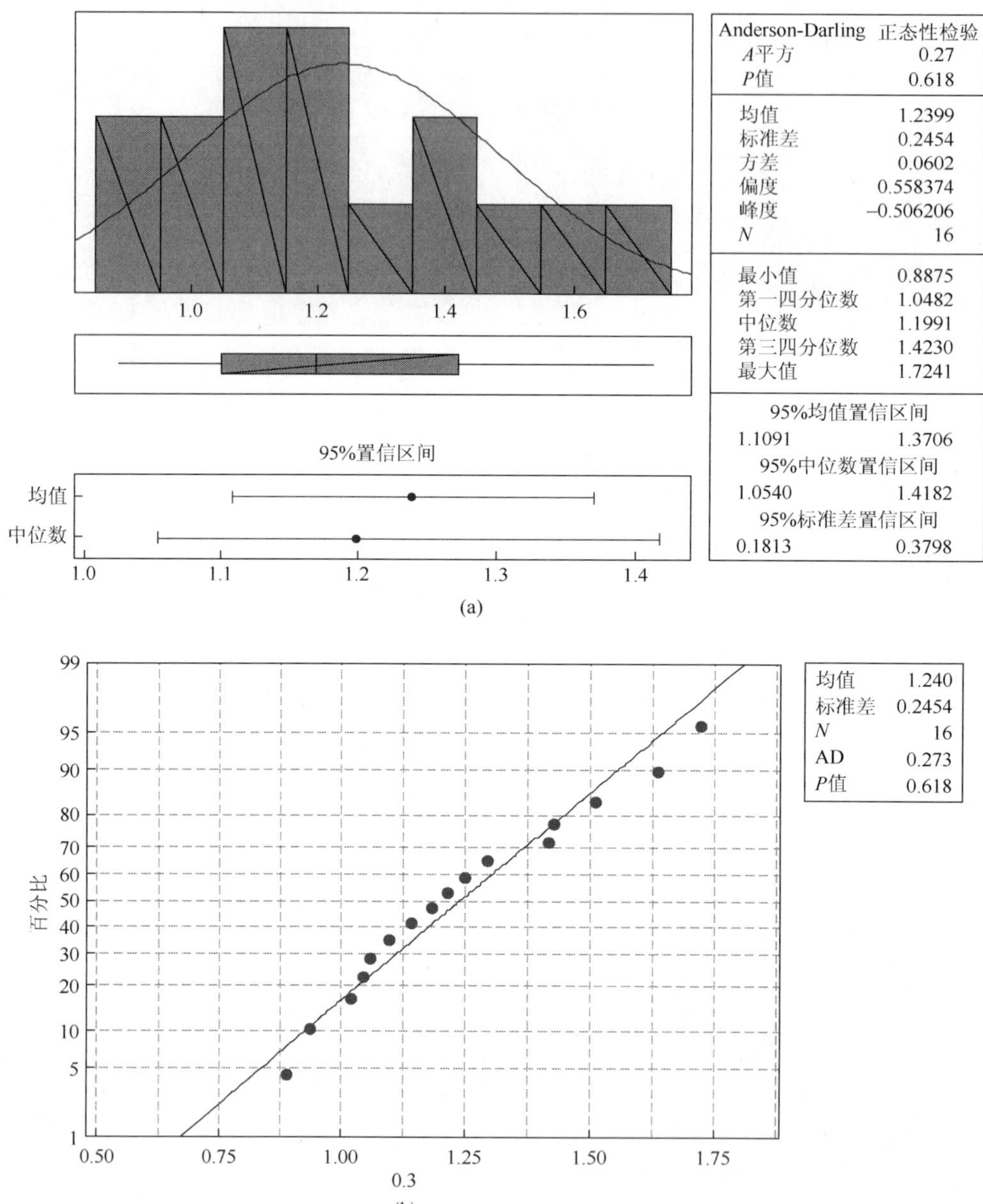

图 4-53　压应力水平为 0.30 的 D_0/D_η 值分布柱状图（a）和正态概率图（b）

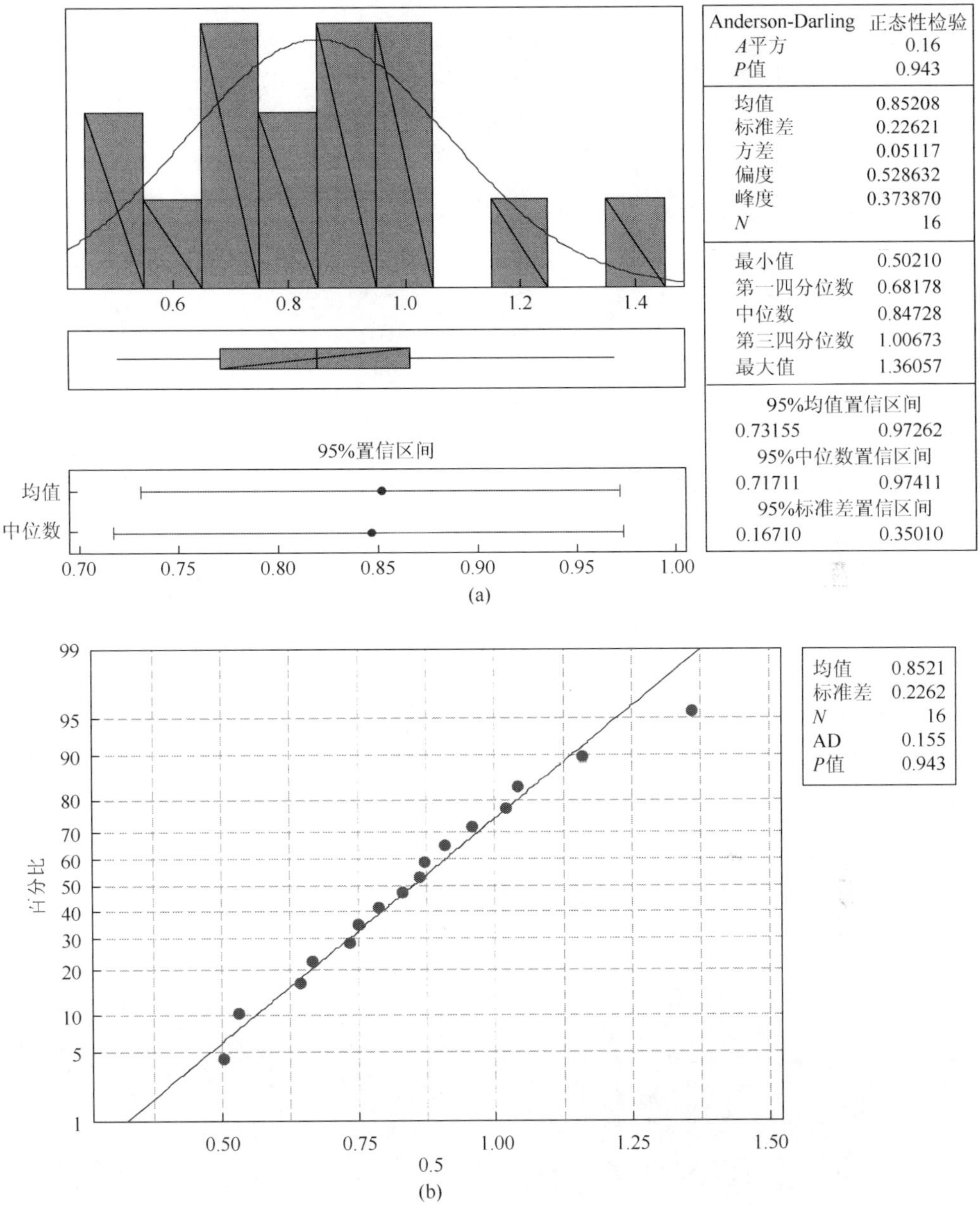

Anderson-Darling	正态性检验
A平方	0.16
P值	0.943
均值	0.85208
标准差	0.22621
方差	0.05117
偏度	0.528632
峰度	0.373870
N	16
最小值	0.50210
第一四分位数	0.68178
中位数	0.84728
第三四分位数	1.00673
最大值	1.36057
95%均值置信区间	
0.73155	0.97262
95%中位数置信区间	
0.71711	0.97411
95%标准差置信区间	
0.16710	0.35010

95%置信区间

均值

中位数

(a)

均值	0.8521
标准差	0.2262
N	16
AD	0.155
P值	0.943

百分比

0.5

(b)

图 4-54　压应力水平为 0.50 的 D_0/D_η 值分布柱状图和正态概率图

由图 4-52～图 4-54 可知，当混凝土试件的压应力水平为抗压强度的 15%时，D_0/D_η 值的均值为 1.102，标准差为 0.176，其 P 值为 0.309；当混凝土试件的压应力水平为抗压强度的 30%时，D_0/D_η 值的均值为 1.24，标准差为 0.245，其 P 值为 0.618；当混凝土试件的压应力水平为抗压强度的 50%时，D_0/D_η 值的均值为 0.852，标准差为 0.226，其 P 值为 0.943。分析以 P 值作为参考标准验证是否满足某种概率分布，P 值的数学意义是指“出现更不符合假定概率模型的样本的几率”，通常当 $P>0.2$ 时，认为假定概率分布模型是合理的。由上述数据可见，不同的压应力水平下的 D_0/D_η 值的分布 P 值 >0.2，属于正态分布。由此可知，相同压应力水平下混凝土试件的 D_0/D_η 值服从正态分布，不同压应力水平下的 D_0 和 D_η 的关系见式（4-4）。

$$D_0=\begin{cases}D_\eta & 0\\ 1.102\cdot D_\eta & 15\%\\ 1.240\cdot D_\eta & 30\%\\ 0.852\cdot D_\eta & 50\%\end{cases} \tag{4-4}$$

4.5　荷载对混凝土氯离子扩散系数的影响机理分析

任何混凝土材料中的宏观性能都取决于它的化学组成和微观结构，混凝土由水泥石、界面过渡区和骨料三个环节组成，其中界面过渡区是将性质完全不同的水泥浆体和骨料两种材料联成一个整体的最重要环节组成，起到桥梁的作用。由于在混凝土的界面过渡层中存在晶体取向、晶体尺寸大、孔隙数量多且孔径大等缺陷，因而界面过渡区也被认为是混凝土的最薄弱区域，而混凝土的界面过渡区也被认为是影响混凝土氯离子扩散系数最重要的区域。

4.5.1　弯曲荷载对混凝土界面过渡区的影响

不同弯曲荷载作用下的粉煤灰混凝土界面过渡区的 SEM 如图 4-55 所示。

(a) 无荷载混凝土

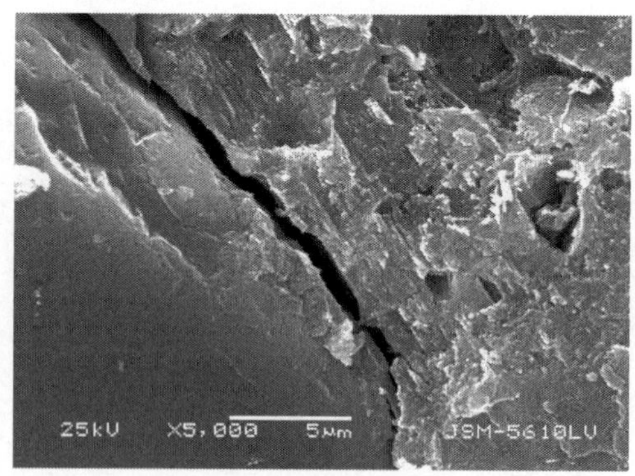

(b) 15%的弯曲荷载

图 4-55　荷载作用下粉煤灰混凝土界面过渡区的 SEM

(c) 30%的弯曲荷载

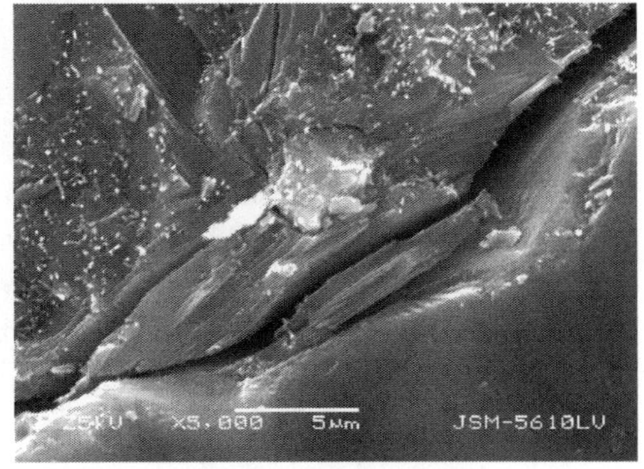

(d) 50%的弯曲荷载

图 4-55　荷载作用下粉煤灰混凝土界面过渡区的 SEM（续）

由图 4-55 可知，无荷载作用时粉煤灰混凝土的骨料与浆体界面黏结较紧密，无明显的空隙和裂缝，当混凝土试件承受弯曲荷载后，骨料与浆体界面处会出现裂缝，且界面区裂缝的宽度随弯曲应力水平的提高而增大。同时由图 4-55 可知，无荷载混凝土试件裂缝周围的水化产物主要是 C—S—H，并无明显的晶态 $Ca(OH)_2$，当应力水平增加至 30%和 50%后在裂缝处靠近浆体的方向生长了部分晶态的 $Ca(OH)_2$。$Ca(OH)_2$ 是一种微溶固体，是水泥石或者混凝土中的一个薄弱相，所以弯曲荷载对混凝土的作用不仅会使混凝土骨料和浆体间的过渡区产生裂缝，还会使过渡区内存在较多的 $Ca(OH)_2$，进一步降低混凝土的抗渗透能力。

过渡区的存在使得混凝土在受到荷载作用之前就已经有微裂缝存在。混凝土在弯曲荷载作用下，特别是在拉应力作用下，其内部的微裂缝经历一个张开到破坏的过程。混凝土中水化产物与骨料颗粒之间的黏接力是范德瓦尔兹引力，化学力较弱，在拉荷载作用下，基体裂缝的产生和扩展需要的能量降低，并且裂缝扩展方向与应力方向垂直，每一条新裂缝的产生和生长都会减小有效的承载面积，进一步增大临界裂缝尖端处应力，促进裂缝的弹性变形，形成裂缝桥与其他的裂缝联通。另外，混凝土受拉破坏往往是由少数几根裂缝的连通引起的，而不像压荷载下由许多条裂缝引起。因此，拉荷载的作用更容易引起混凝土的破坏，从而降低材料的抗渗性。

从化学反应活化能的角度考虑，增加外加荷载相当于降低了化学反应所需的活化能，腐蚀更容易进行。这是因为所有的化学反应都是建立在活化能变化基础上的。外加荷载的施加，使得水化产物内部每个化学键都要承担部分的外加应力，这时反应只需要较低的活化能就能引起化学键的断裂。而氯离子在混凝土中的输运过程实质上是带电粒子在多孔介质的孔溶液中传质的过程，是若干物理化学过程耦合作用的结果。外加荷载的施加使得化学反应的活化能降低，因此氯离子在孔隙溶液中的扩散迁移得到加速。

4.5.2　荷载对浆体试件孔隙结构的影响

本书采用比表面积测试法（BET）测试浆体的孔隙结构，孔隙结构不仅包括了孔隙率和平均孔径，还包括了孔径的分布，如凝胶孔（＜10nm）、过渡孔（10～50nm）、毛细孔（50～100nm）和大孔（＞100nm）等数类，通常在混凝土的孔径分布中，凝胶孔和过渡孔的比例越高，混凝土的耐久性能越好。

采用粉煤灰混凝土配合比中胶凝材料相同的比例和相同的水胶比成型净浆试件，试件养护至规定的龄期后施加与混凝土试件相同的应力水平，并置于相应的暴露环境中，暴露 90d 时取部分样品进行孔隙结构测定。应力水平对浆体试件总孔体积和孔径分布的影响如图 4-56 所示，荷载对硬化浆体孔隙结构的影响如表 4-3 所示。

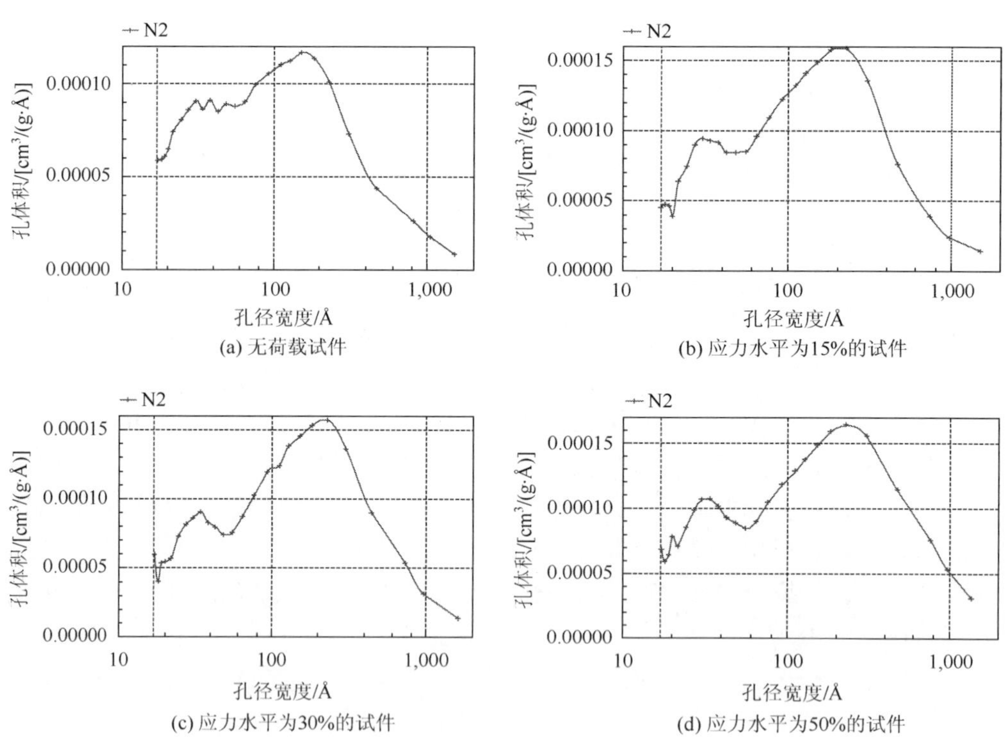

(a) 无荷载试件　(b) 应力水平为15%的试件
(c) 应力水平为30%的试件　(d) 应力水平为50%的试件

图 4-56　弯曲荷载对浆体试件总孔体积和孔径分布的影响

表 4-3　弯曲荷载对硬化浆体孔隙结构的影响

应力水平	孔体积/（cm^3/g）	平均孔径/nm	孔径分布/%			
			＜10nm	10～50nm	50～100nm	＞100nm
0	0.073	18.52	11.49	58.98	6.85	22.69
15%	0.097	19.93	8.91	65.89	6.18	19.01
30%	0.113	22.29	7.30	58.07	7.34	27.29
50%	0.141	23.72	6.34	57.46	8.43	27.77

由表 4-3 可知，浆体的总孔体积和平均孔径均随弯曲应力水平的提高而增大，无荷载时浆体的平均孔径为 18.52nm，当应力水平为 50%时试件的平均孔径达到了 23.72nm，增加幅度达到了 28%。可见，凝胶孔和过渡孔的比例随应力水平提高而降低，毛细孔和大孔的比例随应力水平提高而增大，如无荷载试件凝胶孔和过渡孔的比例达到 70.47%，应力水平为 50%时凝胶孔和过渡孔的比例降低为 63.80%。以往大量的研究表明，毛细孔和大孔的比例越高，混凝土的抗氯离子渗透性能越低，因此增加混凝土的弯曲荷载会改变混凝土的孔隙结构，从而降低混凝土的抗氯离子渗透性能。

参 考 文 献

[1] Lim C C，Gowripalan N，Sirvivatnanon V. Micro-cracking and chloride permeability of concrete under uniaxial compression[J]. Cement and Concrete Composites，2000，22：353-360.

[2] Saito M，Lshimori H. Chloride permeability of concrete under static and repeated compressive loading[J]. Cement and Concrete Research，1995，25（4）：803-805.

[3] Samaha H R，Hover K C. Influence of micro-cracking on the mass transport properties of concrete[J]. ACI Mater J，1992，89（4）：416-424.

[4] 方永浩，李志清，张亦涛. 持续压荷载作用下混凝土的渗透性[J]. 硅酸盐学报，2005，33（10）：1281-1286.

[5] 张武满，巴恒静，高小建，等. 重复载荷作用下矿渣混凝土的渗透性[J]. 深圳大学学报（理工版），2007，24（4）：352-355.

[6] 蒋金洋，孙伟，刘加平，等. 疲劳载荷作用下超高程泵送钢纤维混凝土的耐久性[J]. 东南大学学报（自然科学版），2006，36（SII）：259-262.

[7] Francois R，Maso J C. Effect of damage in reinforced concrete on carbonation or chloride penetration[J]. Cem Coner Res，1988，18（6）：961-970.

[8] Gowripalan N，Sirivivatnanoniv，Lim C C. Chloride diflusivity of concrete cracked in flexure[J]. Cem Concr Res，2000，30（5）：725-730.

[9] Yoon S，Wang K J，Weiss W J，et al. Interaction between loading，corrosion，and serviceability of reinforced concrete[J]. ACI Mater J，2000，97（6）：637-644.

[10] 邢锋，冷发光，冯乃谦，等. 长期持续荷载对素混凝土氯离子渗透性的影响[J]. 混凝土，2004，5：3-8.

[11] 赵尚传，贡金鑫，水金锋. 弯曲荷载作用下水位变动区域混凝土中氯离子扩散规律试验研究[J]. 中国公路学

报，2007，4：76-82.

[12] 何世钦，贡金鑫. 弯曲荷载作用对混凝土中氯离子扩散的影响[J]. 建筑材料学报，2005，8（2）：134-138.

[13] Konina，Franciosr，Arliguie G. Penetration of chlorides in relation to the micro-cracking state into reinforced ordinary and high strength concrete[J]. Materials and Structures，1998，31（6）：310-316.

[14] Konina，Franciosr，Arliguie G. Analysis of progressive damage of reinforced ordinary and high performance concrete[J]. Materials and Structures，1998，31（6）：27-35.

[15] 黄明冬，杨胜胜，贾鹤鸣. 高性能混凝土在深圳港盐田三期工程中的应用[J]. 水运工程，2004，7：25-28.

[16] 熊建波，黄明东，陈爱芝. 高性能混凝土在盐田港三期工程中的应用[C]. 深圳：沿海地区混凝土结构耐久性及其设计方法科技论坛暨全国混凝土耐久性学术交流会，2004.

[17] 徐强.高性能海工混凝土在上海深水港工程中的应用技术研究技术鉴定报告[R]. 上海：上海市建筑科学研究院，2002.

[18] 李建刚，罗忠良，邱琼海，等. 东海大桥近岛段工程高性能混凝土与普通混凝土优劣性对比[J]. 桥梁建设，2005，S1：38-40.

[19] 王冬松. 杭州湾跨海大桥高性能海工混凝土配合比设计[J]. 公路，2009，7：299-303.

[20] 盖国晖，李超，熊建波，等. 青岛海湾大桥海工高性能混凝土配制技术研究[J]. 公路，2009，9：155-161.

[21] 刘行，李超，范志宏. 海洋环境长寿命高性能混凝土的研究[J]. 混凝土，2014，1：105-108.

[22] 李超，王迎飞，张宝兰，等. 全断面浇筑沉管低热低收缩高性能混凝土配制[J]. 混凝土，2014，9：109-113.

第 5 章　恒定荷载与盐冻耦合作用下混凝土耐久性劣化进程及损伤行为

5.1　概　　述

目前，混凝土的耐久性研究大多是针对某种单一破坏因素作用下混凝土的损伤行为，如针对混凝土氯盐腐蚀、冻融、碳化、化学腐蚀、碱-集料反应等方面耐久性的研究已取得了大量的研究成果[1]。但实际上所有工程都是同时处于两种或两种以上不同侵蚀环境或腐蚀因素作用下，单一因素作用下的研究成果已不能准确地反映工程所处的实际环境，更不能客观地预测实际结构混凝土的服役寿命。因此，为了更好地表征实际工程结构混凝土的失效规律和特点，研究多重破坏因素复合作用下混凝土的耐久性十分必要。

处于我国北方冰冻环境下的海工混凝土结构，不仅遭受荷载和氯离子的侵蚀，还遭受冻融的侵蚀。混凝土的冻融破坏过程是比较复杂的物理变化过程。一般认为，冻融破坏主要是因为在某一冻结温度下，水结冰产生体积膨胀，过冷水发生迁移，引起各种压力；当压力超过混凝土能承受的应力时，混凝土内部孔隙及微裂缝逐渐增大，扩展并互相连通，强度逐渐降低，造成混凝土破坏[2-4]。

混凝土冻融循环产生的破坏作用主要有冻胀开裂和表面剥蚀两个方面，水在混凝土毛细孔中结冰造成的冻胀开裂使混凝土的弹性模量、抗压强度、抗拉强度等力学性能严重下降，危害结构物的安全，一般混凝土的冻融破坏，在其表面都可看到裂缝和剥落。而冻融循环破坏了钢筋的保护层后会加速氯离子向混凝土内的渗透，从而加速海工混凝土结构的耐久性破坏[5, 6]。

高性能混凝土在其服务周期内受到外荷载下的冻融试验研究也开展了试验工作，但主要是砂浆试件，与混凝土真实情况是有差异的。混凝土的冻融循环破坏和持续荷载作用下的损伤一般是单独进行研究的，所采用的试验方法依据《普通混凝土长期性能和耐久性能试验方法标准》(GB/T 50082—2009)中的相关规定[7]，即混凝土在 300 次循环后的动弹性模量高于初始值的 60%，且混凝土的质量损失不超过 5%，则混凝土试件的抗冻性合格。然而，大部分寒冷地区的混凝土结构同时受到冻融和荷载作用。为了使试验更能反映实际情况，有必要开展荷载与冻融耦合作用对混凝土氯离子扩散系数的影响研究。

本章主要介绍恒定单轴压荷载和冻融耦合作用对混凝土抗氯离子渗透性能，以及恒定弯曲荷载和冻融耦合作用对混凝土抗氯离子渗透性能的影响。

5.2 试验方法

采用第 4 章相同的混凝土配合比，通过调整减水剂中的引气剂含量，使混凝土的含气量为 3.5%～4.0%。成型了两种尺寸的混凝土试件，分别为：10cm×10cm×55cm 的弯曲荷载试件及 10cm×10cm×30cm 的压应力试件，两种不同的荷载分别对应三种应力水平（0.15 倍、0.3 倍和 0.5 倍的极限抗压强度和极限抗折强度），采用恒定加载试验装置对试件加载后，置于快速冻融试验箱中，试验箱内的混凝土套箱采用 316 不锈钢加工而成，不锈钢套箱的尺寸与荷载混凝土试件的尺寸相匹配，混凝土的冻融介质为氯离子浓度为 1.50%的氯化钠溶液。由于目前还没有非标准尺寸混凝土试件的动弹模量的测试方法，且混凝土试件加载后也无法测试其动弹模量，所以只测试了不同循环周期后无荷载试件的动弹模量。在测试动弹模量时，也测试了各混凝土的质量损失率，并最终测试了 300 次循环后混凝土试件的质量。混凝土的动弹模量测试按照《普通混凝土长期性能和耐久性能试验方法标准》（GBT50082—2009）中有关试验要求进行，测试混凝土的动弹模量试件的尺寸为 10cm×10cm×40cm，采用 DT-15 型混凝土动弹模量测定仪进行测试。

混凝土的冻融循环达到 300 次时停止试验，将混凝土试件取出并在相应的位置进行磨粉取样。混凝土单轴压荷载和弯曲荷载试件的盐冻试验如图 5-1 和图 5-2 所示。

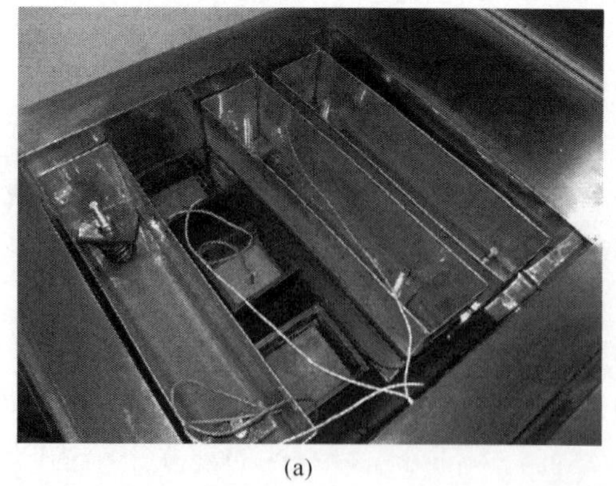
(a)

(b)

图 5-1 弯曲荷载试件盐冻图片

(a)

(b)

图 5-2　单轴压荷载试件盐冻图片

混凝土试件的冻融试验经历了表面层状破坏、表面骨料与砂浆分离、粗骨料处部分砂浆的脱落和细裂缝的产生与发展四个明显的宏观破坏过程，冻融循环试验不仅会造成混凝土质量的损失，还会影响混凝土的动弹模量，动弹模量可以检验混凝土试件在经受冻融循环或其他侵蚀作用后遭受破坏的程度，并以此来评定混凝土的耐久性能，当冻融循环后混凝土试件的相对动弹性模量下降至 60%时，即认为混凝土已遭受冻融循环的破坏。

冻融循环每 50 周期时，取出混凝土试件称其质量并测试其动弹性模量，混凝土试件的动弹性模量测试如图 5-3 所示。利用式（5-1）计算各冻融循环周期后混凝土的相对动弹性模量。

$$P = \frac{f_n^2}{f_0^2} \times 100 \tag{5-1}$$

式中，P 为经 n 次冻融循环后试件的相对动弹模量；f_n 为 n 次冻融循环后试件的横向基频，Hz；f_0 为冻融循环前试件的横向基频初始值，Hz。

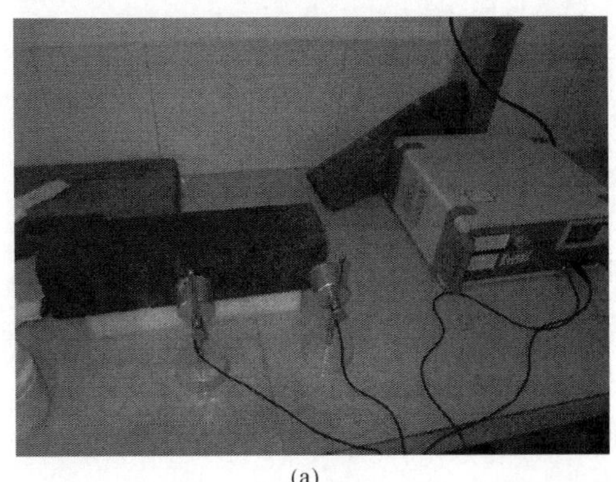
(a)

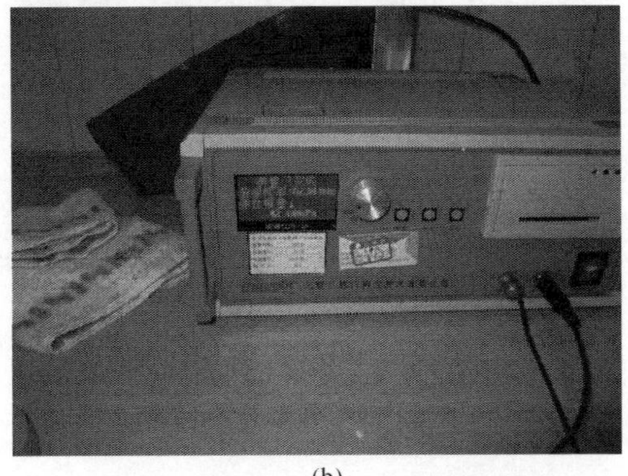
(b)

图 5-3　动弹性模量测量试件及探头放置

5.3　盐冻耦合作用对混凝土质量和动弹模量的影响

5.3.1　盐冻对混凝土质量变化的影响

冻融循环每 50 个周期时，取出混凝土试件称其质量，混凝土试件的质量变化率如图 5-4 所示，而 300 个冻融循环周期后纯水泥混凝土试件和粉煤灰混凝土试件的部分表观质量如图 5-5 所示。

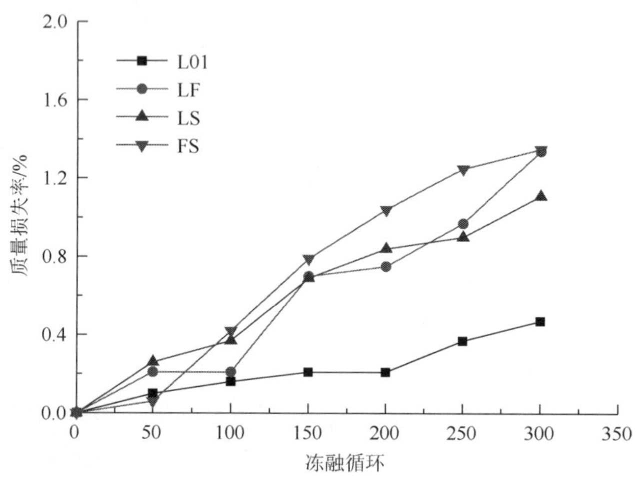

图 5-4　冻融循环对无荷载混凝土质量损失率的影响

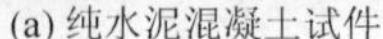
(a) 纯水泥混凝土试件

(b) 粉煤灰混凝土试件

图 5-5　300 个冻融循环周期后混凝土试件的表面图片

由图 5-4 可知，对于无荷载混凝土试件，混凝土试件的质量随着冻融循环周期的增加而降低，但混凝土质量降低的幅值并不显著，且 300 次冻融循环结束后混凝土试件的质量损失率均低于 3%。同时，在各冻融循环周期内纯水泥混凝土试件 L01 的质量损失率最低，300 个循环周期时单掺粉煤灰混凝土试件 LF 及复掺粉煤灰和矿渣粉混凝土试件 FS 的质量损失率都较高，而单掺矿渣粉混凝土试件的质量损失率居中。从图 5-5 也可以看出，粉煤灰混凝土试件的表观质量要劣于纯水泥混凝土试件。

混凝土在潮湿条件下，毛细孔会吸满水，在低温下，毛细孔中的水冻结成冰，体积膨胀约 9%，如果混凝土毛细孔中含水率超过某一临界值（91.7%），孔壁将会受到很大的压力，进而在孔周围的微观结构中产生拉应力，导致裂缝的产生。同时，由于表面张力的作用，水泥净浆毛细孔中水的冰点会随着孔径的减小而降低，从而在粗孔中的水结冰后，由冰和过冷水（存在于较细孔和胶凝孔中）的饱和蒸汽压差和过冷水之间盐分的浓度差引起水分的迁移而形成渗透压。当混凝土内部空隙承受的这些力超过其抗拉强度时，就会在混凝土的表面产生裂缝，使混凝土的表面浮浆层剥落，在混凝土的表面出现“坑蚀”现象（图 5-5）。由于粉煤灰的活性比矿粉和水泥低，在早龄期时粉煤灰混凝土的致密性要略低于纯水泥混凝土和矿粉混凝土，所以粉煤灰混凝土试件的质量损失率要高于纯水泥混凝土试件和矿粉混凝土试件。

5.3.2　盐冻对混凝土动弹模量变化的影响

利用式（5-1）计算各冻融循环周期后混凝土试件的相对动弹性模量，不同冻融循环周期后混凝土试件的相对动弹性模量变化如图 5-6 所示。

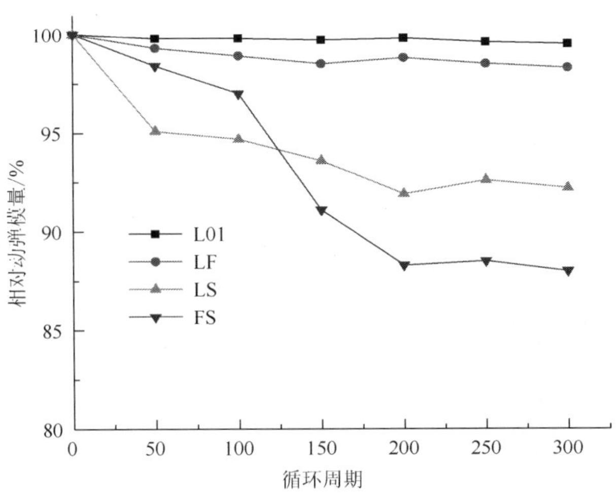

图 5-6　冻融循环对混凝土试件相对动弹模量的影响

由图 5-6 可知，混凝土试件的动弹模量随着冻融循环周期的增加而降低，但 300 次冻融循环后纯水泥混凝土试件和粉煤灰混凝土试件的相对动弹模量降低并不明显，矿粉混凝土和复合掺合料混凝土试件的冻融模量变化率最大值也仅为 13%。纯水泥混凝土试件和粉煤灰混凝土试件 300 个冻融循环周期后相对动弹模量仍高达 98%。在 100 个循环周期内，矿粉混凝土试件的相对动弹模量最低，随着冻融循环周期的进一步增加，复合掺合料混凝土试件的相对动弹模量最低，但在 300 个冻融循环周期内，复合掺合料混凝土试件的相对动弹模量仍高于 85%。实验结果表明，以 1.5%的 NaCl 为冻融介质的冻融液对配合比动弹模量的影响并不显著，本书选择的混凝土配合比具有很好的抗冻性能。

5.4 荷载与冻融耦合作用下氯离子在混凝土中渗透情况

加载后的混凝土试件置于冻融试验机内冻融循环 300 次后，取出模具和混凝土试件并卸载，采用第 4 章中的混凝土取样方式对混凝土试件进行磨粉工作，并采用化学滴定法对磨取的混凝土粉样进行分析，测定混凝土粉样中的总氯离子浓度。

5.4.1 弯曲荷载与冻融耦合作用对混凝土氯离子浓度分布的影响

不同弯曲应力水平与盐冻耦合作用下不同配合比混凝土试件的氯离子浓度分布如图 5-7～图 5-10 所示。

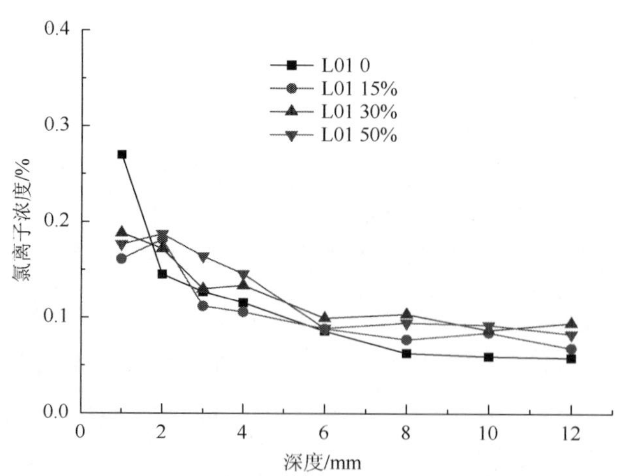

图 5-7 弯曲荷载下纯水泥混凝土试件的氯离子浓度分布图

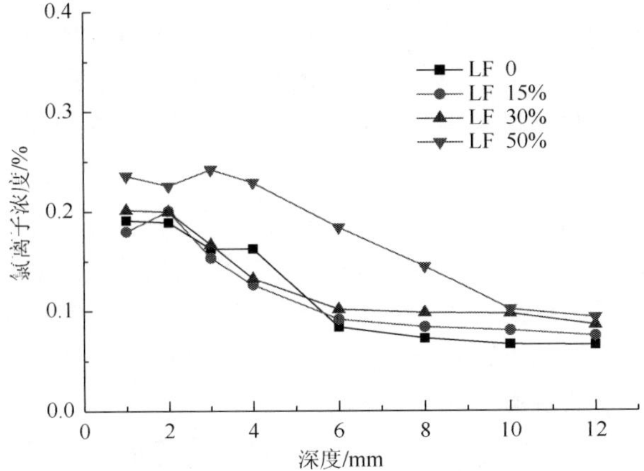

图 5-8　弯曲荷载下粉煤灰混凝土试件的氯离子浓度分布图

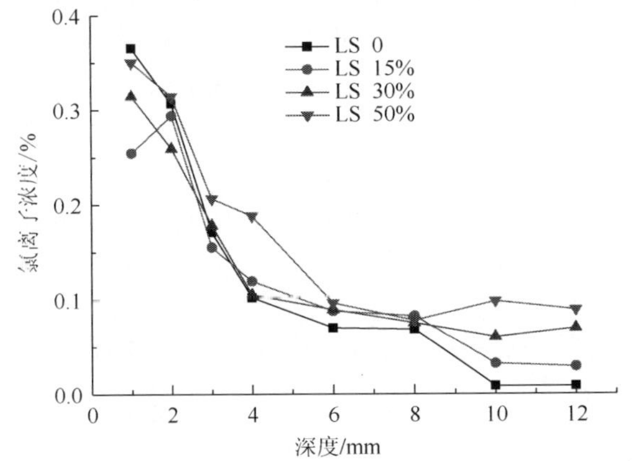

图 5-9　弯曲荷载下矿粉混凝土试件的氯离子浓度分布图

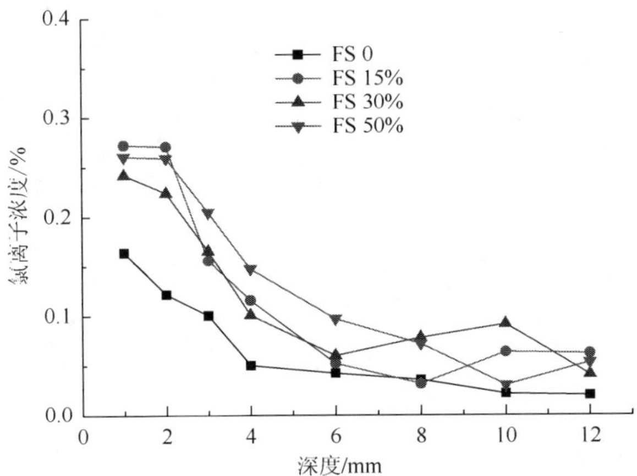

图 5-10　弯曲荷载下复合掺合料混凝土试件的氯离子浓度分布图

由图 5-7～图 5-10 可知，弯曲荷载与冻融耦合作用会加速氯离子在混凝土内的渗透，尽管不同配合比的混凝土试件内的氯离子浓度分布有一定的离散性，但是总体的变化趋势是在冻融循环的条件下，受拉区距暴露表面相同深度处的氯离子浓度随着弯曲应力水平的增加而上升，即承受应力水平大的试件相同深度处的氯离子含量要高于较低荷载作用试件，且氯离子的渗透深度也逐渐加深。

这种现象是由于弯曲荷载先引起混凝土近表面处产生微裂缝，在荷载与冻融的耦合作用下，近表面处的微裂缝得以扩展和连通，使得外界氯离子更容易进入混凝土内部，荷载作用越大，混凝土内部结构的这种变化越明显，对氯离子的迁移越有利，混凝土中的氯离子含量也越高。

由于冻融循环 300 次经历时间约 75d，将其与海水模拟试验箱内相同弯曲荷载应力且暴露 90d 龄期的试件进行比较，相同的弯曲荷载应力水平下在混凝土表层的 8mm 内，荷载与冻融耦合作用下的混凝土试件的氯离子浓度要低于海水模拟试验箱的混凝土试件，但随着混凝土深度的增加，荷载与冻融耦合作用下的混凝土试件的氯离子浓度要略高于海水模拟试验箱内的混凝土试件。其原因为，混凝土冻融循环侵蚀不仅会造成混凝土表层的脱落，导致氯离子侵蚀的加速，同时冻融循环会在混凝土内部引起微观裂缝导致氯离子扩散的加速，但是在冻融循环过程中，混凝土大部分的时间处于零度以下，较低的环境温度会降低氯离子在混凝土内的渗透，所以氯离子对混凝土的渗透是二者综合作用的结果。

5.4.2 压荷载与冻融耦合对混凝土氯离子浓度分布的影响

不同压应力水平与盐冻耦合作用下不同配合比混凝土试件的氯离子浓度分布如图 5-11～图 5-14 所示。

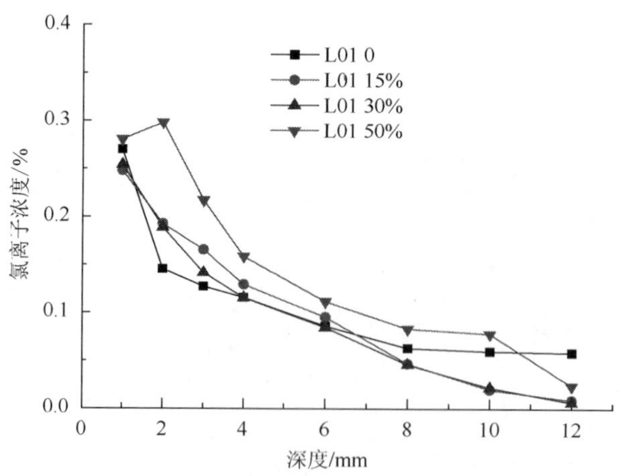

图 5-11　压荷载下纯水泥混凝土试件的氯离子浓度分布图

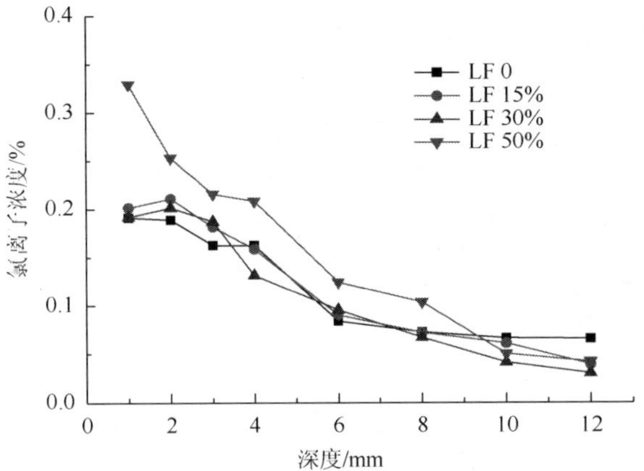

图 5-12　压荷载下粉煤灰混凝土试件的氯离子浓度分布图

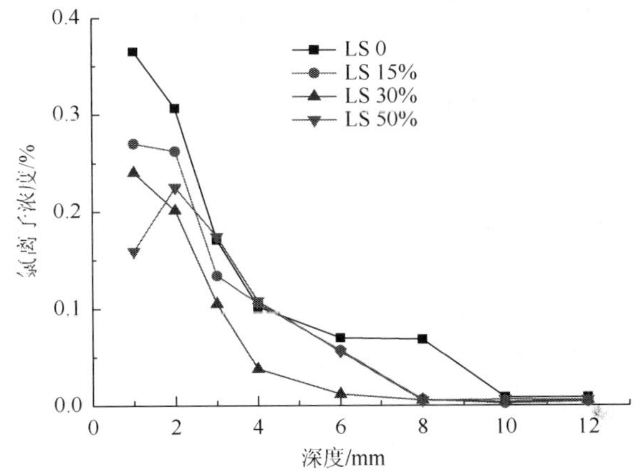

图 5-13　压荷载下矿粉混凝土试件的氯离子浓度分布图

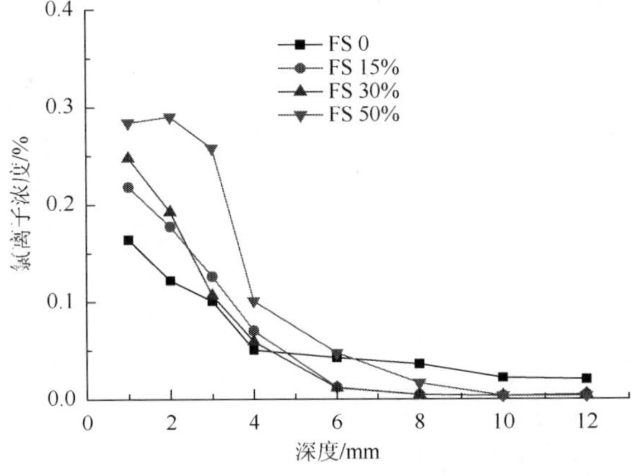

图 5-14　压荷载下复合掺合料混凝土试件的氯离子浓度分布图

由图 5-11～图 5-14 可知，单轴压荷载的施加总体上降低了氯离子在混凝土内部的扩散，对于大部分的混凝土试件而言，在混凝土抗压强度 30%以内的荷载内，距离暴露表面相同深度处的氯离子浓度随着压应力水平的增加而降低。同时，由上述可知，当荷载进一步提高到 50%时，部分混凝土试件内的氯离子浓度出现增加的现象，出现这种现象的原因是压荷载过大时，混凝土内部分压应力体现出的作用是剪切应力。当压荷载超过抗压强度的 30%后，混凝土试件的应变应包括弹性应变和塑性应变两部分，原有的混凝土内部微裂缝发展，并在孔隙等薄弱处产生新的个别的微裂缝，而这些微观裂缝的外在表现形式使得外界氯离子更容易进入混凝土内部，进一步提高混凝土的荷载，混凝土内部结构的这种变化越明显，对氯离子的迁移越有利。

5.5 荷载与冻融耦合作用对混凝土氯离子浓度扩散系数的影响

5.5.1 弯曲荷载与冻融耦合作用对混凝土氯离子扩散系数的影响

冻融循环 300 次的试验周期约为 75d，在计算混凝土氯离子扩散系数时，也采用 75d 进行，并与无荷载和无冻融的混凝土试件的氯离子扩散系数进行比较，无冻融循环的混凝土试件的氯离子扩散系数无暴露 75d 的数据，但有 56d 和 90d 的数据，考虑数据的可比性，在本节内容中，对暴露 56d 和暴露 90d 龄期试件氯离子扩散系数采用插值法，获得近似暴露 75d 试件的氯离子扩散系数。300 次冻融循环后不同配合比混凝土试件的氯离子扩散系数如图 5-15～图 5-18 所示。

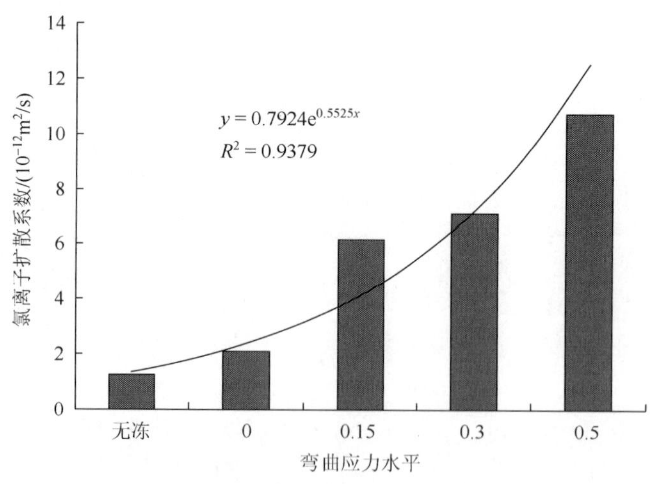

图 5-15　弯曲应力和冻融耦合作用对纯水泥混凝土氯离子扩散系数的影响

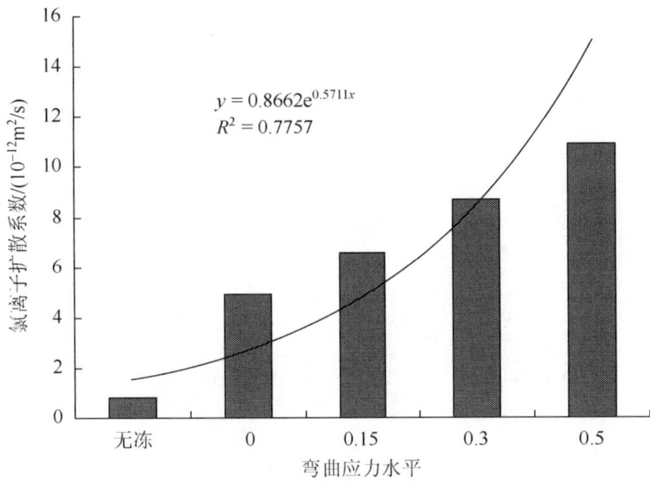

图 5-16 弯曲应力和冻融耦合作用对粉煤灰混凝土氯离子扩散系数的影响

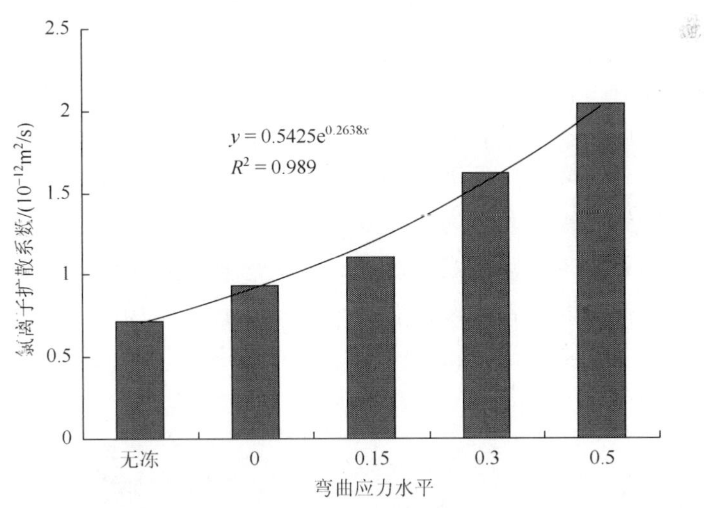

图 5-17 弯曲应力和冻融耦合作用对矿粉混凝土氯离子扩散系数的影响

由图 5-15～图 5-18 可知，在冻融侵蚀作用下，混凝土试件的氯离子扩散系数随弯曲应力水平的提高而增大，同时由上述可知，即使混凝土试件无外部荷载作用（应力水平为 0%），冻融侵蚀作用下的混凝土的氯离子扩散系数总体上要高于无冻融侵蚀的试件的氯离子扩散系数。无掺合料混凝土试件和粉煤灰混凝土试件的氯离子扩散系数的增加幅度要远高于矿粉混凝土试件和复合掺合料混凝土试件，其原因可能是养护 28d 龄期时粉煤灰混凝土试件内粉煤灰的水化量很低，而以往对粉煤灰和矿粉的 X 射线衍射分析也表明粉煤灰的主要成分是晶态物质，水化活性要远低于矿粉[8, 9]。

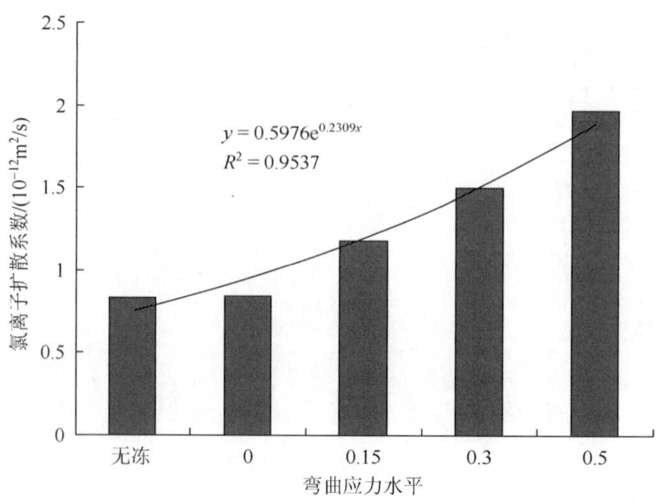

图 5-18　弯曲应力和冻融耦合作用对复合掺合料混凝土氯离子扩散系数的影响

尽管不同的混凝土配合比在弯曲荷载和冻融耦合作用下对氯离子扩散系数的影响有一定的差异，但冻融侵蚀作用下，不同混凝土配合比的氯离子扩散系数与弯曲荷载应力之间呈指数函数关系，如纯水泥混凝土试件，氯离子扩散系数与弯曲应力的关系可表示为 $D_{\eta} = 0.7924 \cdot e^{0.5525\eta}$ ，复合掺合料混凝土试件的氯离子扩散系数与弯曲应力的关系可表示为 $D_{\eta} = 0.5976 \cdot e^{0.2309\eta}$ 。

将相同应力水平下，冻融与荷载耦合作用混凝土试件的氯离子扩散系数与仅受荷载作用的试件的氯离子扩散系数进行比较，如图 5-19～图 5-22 所示。

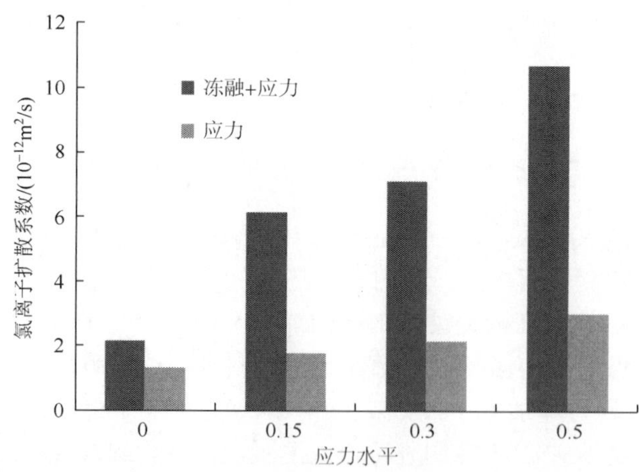

图 5-19　弯曲应力和冻融与应力耦合作用对纯水泥试件氯离子扩散系数的影响

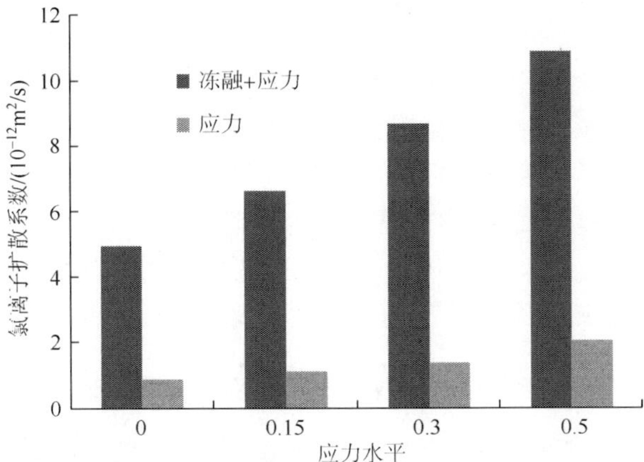

图 5-20　弯曲应力和与冻融与应力耦合作用对粉煤灰试件氯离子扩散系数的影响

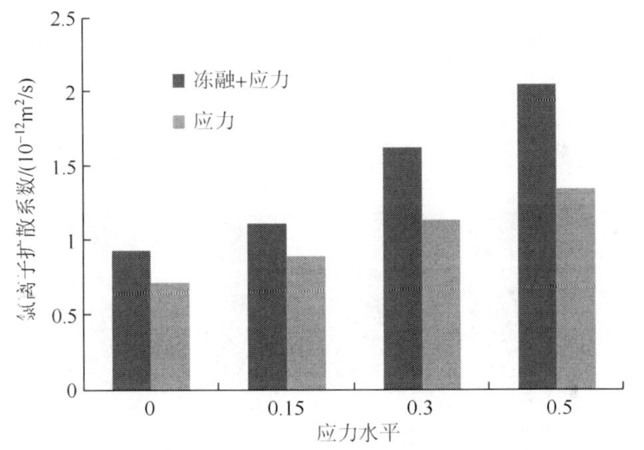

图 5-21　弯曲应力和冻融和与应力耦合作用对矿粉试件氯离子扩散系数的影响

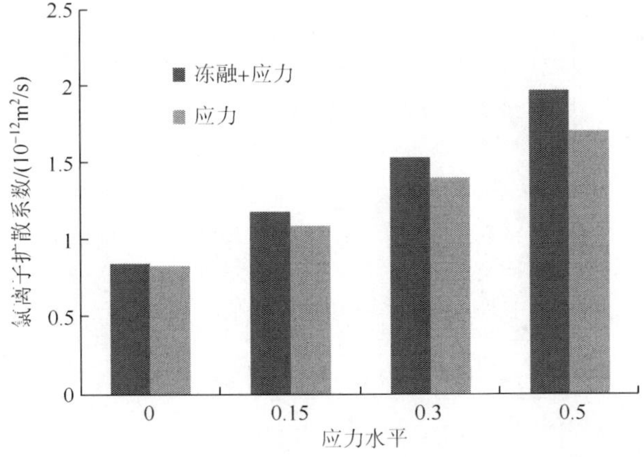

图 5-22　弯曲应力和冻融与应力耦合作用对复合掺合料试件氯离子扩散系数的影响

由图 5-19～图 5-22 可知，对于不同的配合比试件，相同的应力水平作用下冻融与荷载应力耦合作用对混凝土氯离子扩散系数的影响要大于单独应力作用对混凝土氯离子扩散系数的影响，对于纯水泥混凝土试件和粉煤灰混凝土试件，冻融与荷载应力耦合作用对混凝土试件氯离子扩散系数的影响非常显著。同时，由上述可知，冻融与应力耦合作用对混凝土氯离子扩散系数的影响随应力水平的提高而增大，如复合掺合料混凝土试件，当应力水平为 0 时，冻融与荷载耦合作用于单独应力作用对氯离子扩散系数影响的差异仅为 1%，而应力水平达到 50%时，二者的差异达到了 15%。

5.5.2　压荷载与冻融耦合对混凝土氯离子扩散系数的影响

300 次冻融循环后不同配合比混凝土试件的氯离子扩散系数如图 5-23～图 5-26 所示。

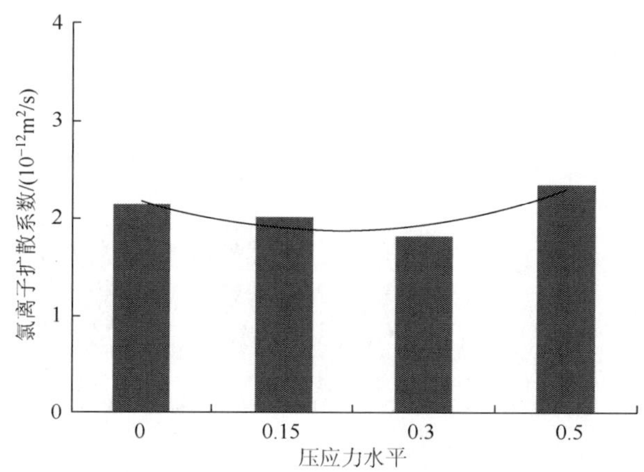

图 5-23　压应力和冻融耦合作用对纯水泥混凝土氯离子扩散系数的影响

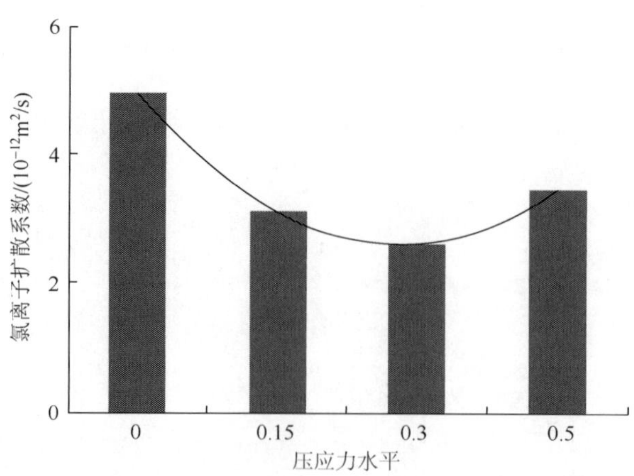

图 5-24　压应力和冻融耦合作用对粉煤灰混凝土氯离子扩散系数的影响

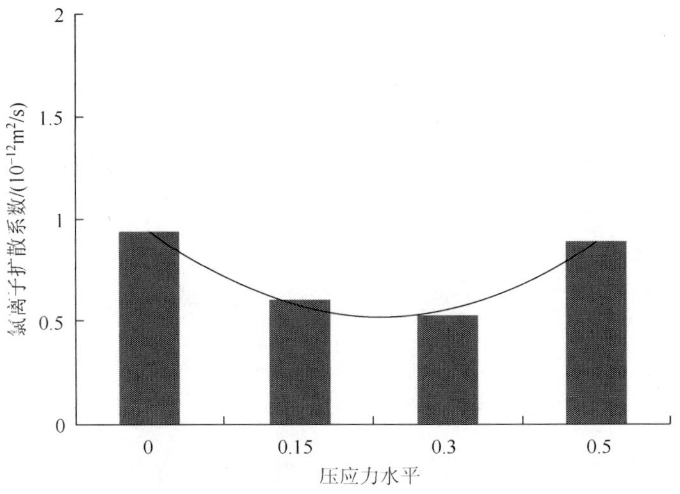

图 5-25　压应力和冻融耦合作用对矿粉混凝土氯离子扩散系数的影响

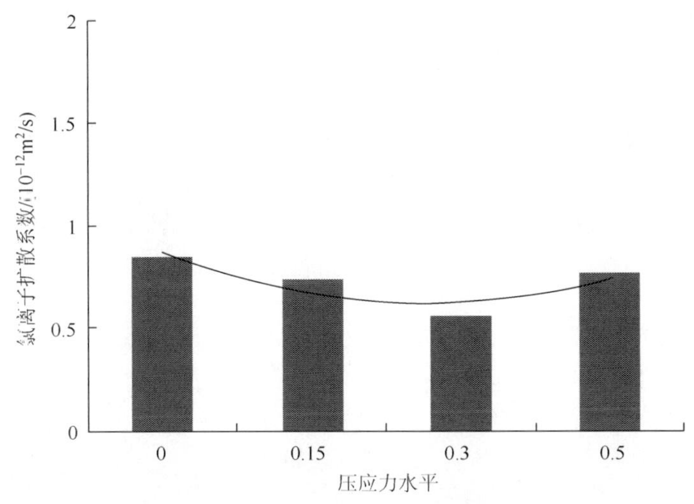

图 5-26　压应力和冻融耦合作用对复合掺合料混凝土氯离子扩散系数的影响

由图 5-23～图 5-26 可知，在冻融侵蚀与压荷载的耦合作用下，混凝土试件的氯离子扩散系数随压应力水平的提高先减小后增大，同时，即使混凝土试件无外部荷载作用（应力水平为 0），冻融侵蚀作用下的混凝土的氯离子扩散系数总体上还是要高于无冻融侵蚀的试件的氯离子扩散系数，尤其是单掺粉煤灰混凝土试件的氯离子扩散系数变化尤为显著，其原因可能是粉煤灰早期的水化活性较低。

通常，压荷载对混凝土氯离子扩散系数的影响分成两个阶段：弹性应变导致的氯离子扩散系数降低的阶段；弹性和塑性应变导致的氯离子扩散系数开始升高的阶段。当混凝土的荷载超过抗压强度的 30%后，混凝土的剪切塑性应变增加，会提高混凝土内微裂缝。而在冻融侵蚀与压荷载的耦合作用时，较大的压荷载和冻融的耦合会引起混凝土内部微裂缝的显著变化，从而导致氯离子扩散系数的显著变化。

5.6 混凝土氯离子扩散系数的荷载与盐冻耦合影响因子

5.6.1 弯曲荷载与盐冻耦合作用的影响因子

在混凝土结构的耐久性寿命设计和耐久性寿命评估模型中，混凝土氯离子扩散系数都是一个非常重要的参数，而在我国现行的标准和规范关于混凝土结构耐久性设计和耐久性寿命预测模型中，氯离子扩散系数的控制指标都是以无荷载的混凝土试件为标准的，且没有考虑荷载和冻融等因素对氯离子扩散系数的影响，而前述研究表明，冻融、荷载与冻融耦合均对混凝土氯离子扩散系数有一定的影响。此外，由前文可知，弯曲荷载与冻融耦合作用对混凝土氯离子扩散系数的影响规律与具体胶凝材料组成有关。对于纯水泥混凝土试件，弯曲荷载和冻融耦合作用与纯水泥混凝土氯离子扩散系数的关系如图 5-27 所示，对于有掺合料的混凝土试件，弯曲荷载和冻融耦合作用与掺合料混凝土氯离子扩散系数的关系如图 5-28 所示。

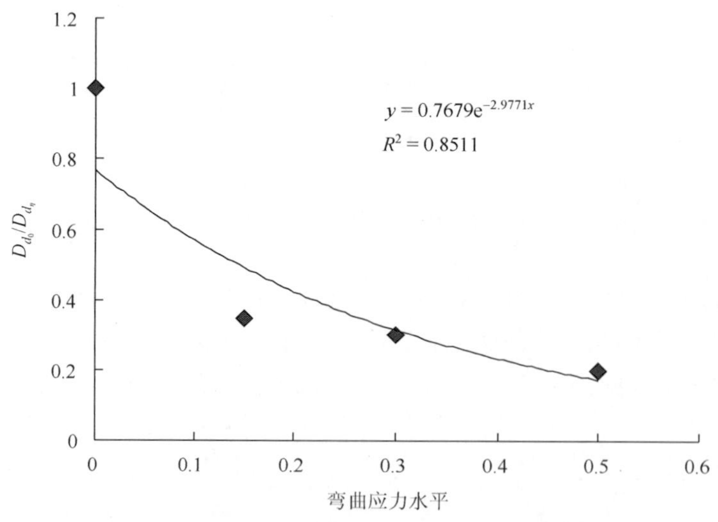

图 5-27 弯曲荷载和冻融耦合作用与纯水泥混凝土氯离子扩散系数的关系

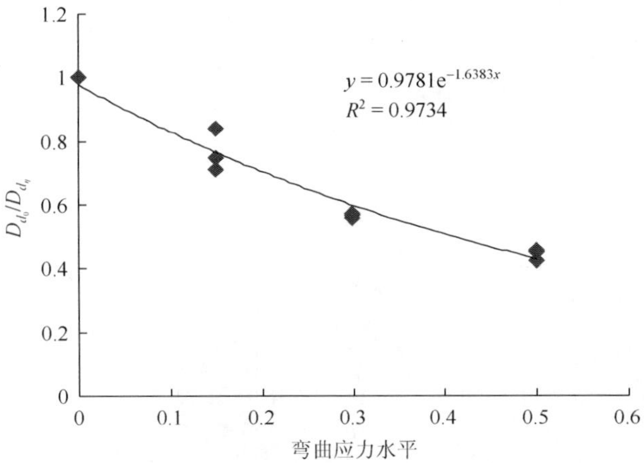

图 5-28　弯曲荷载和冻融耦合作用与掺合料混凝土氯离子扩散系数的关系

由图 5-27 和图 5-28 可见，对于不同配合比的混凝土试件，弯曲荷载和冻融耦合作用与混凝土氯离子扩散系数的关系呈近似指数函数关系：

$$\frac{D_{d_0}}{D_{d_\eta}} = A \cdot e^{-B\eta} \tag{5-2}$$

式中，η 为自变量应力水平；D_{d_0} 为无外部弯曲荷载的冻融混凝土试件的氯离子扩散系数；D_{d_η} 为应力水平为 η 的弯曲荷载与冻融耦合作用的氯离子扩散系数；A、B 为与胶凝材料组成有关的常数。

在本章的研究中，对于纯水泥混凝土试件，A=0.768，B=2.977；而对于含有粉煤灰和矿粉等掺合料的混凝土试件，A=0.978，B=1.638。

由上述试验可知，冻融循环过程会加速氯离子在混凝土内的渗透，导致混凝土试件氯离子扩散系数的提高，需要考虑冻融循环侵蚀对氯离子扩散系数的影响因子，参照上述试验数据并计算可知，影响混凝土试件氯离子扩散系数的冻融因子是一个与胶凝材料组成有关的参数：

$$D_{d_0} = k \cdot D_0 \tag{5-3}$$

式中，无掺合料时，$k = 1.72$；单掺 30%的粉煤灰时，$k = 5.95$；单掺 60%的矿粉时，$k = 1.29$；复掺粉煤灰和矿粉时，$k = 1.0$。

5.6.2　压荷载与盐冻耦合作用的影响因子

由 5.5.2 节可知，在冻融与压荷载耦合作用下各配合比混凝土试件的氯离子扩散系数均随轴压应力水平的提高先减小后增大。压荷载混凝土试件的氯离子扩散系数是一个与应力水平和无荷载混凝土试件氯离子扩散系数有关的数值，不同压应力水平下的 D_{d_0}/D_{d_η} 值分布如图 5-29～图 5-31 所示。

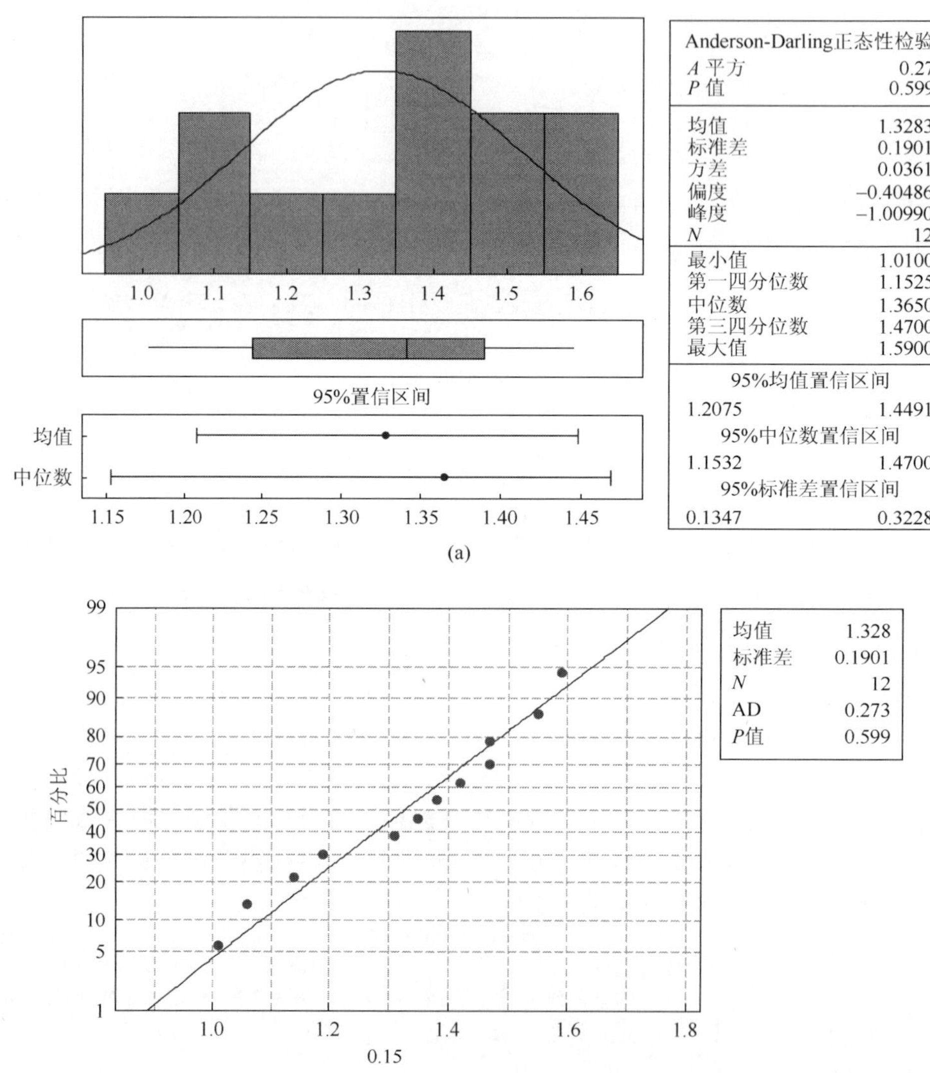

图 5-29　压应力水平为 0.15 的 D_{d_0}/D_{d_η} 值分布柱状图（a）和正态概率图（b）

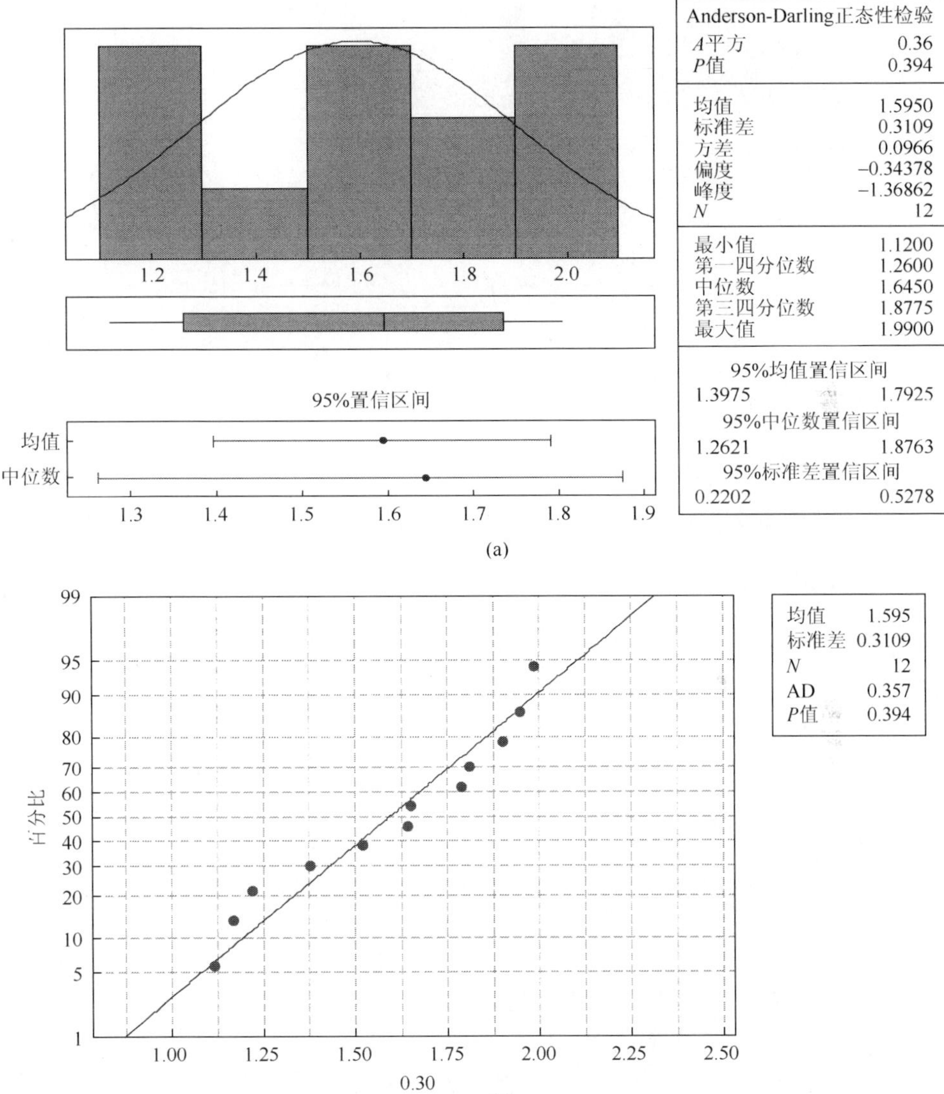

图 5-30　压应力水平为 0.30 的 D_{d_0}/D_{d_η} 值分布柱状图（a）和正态概率图（b）

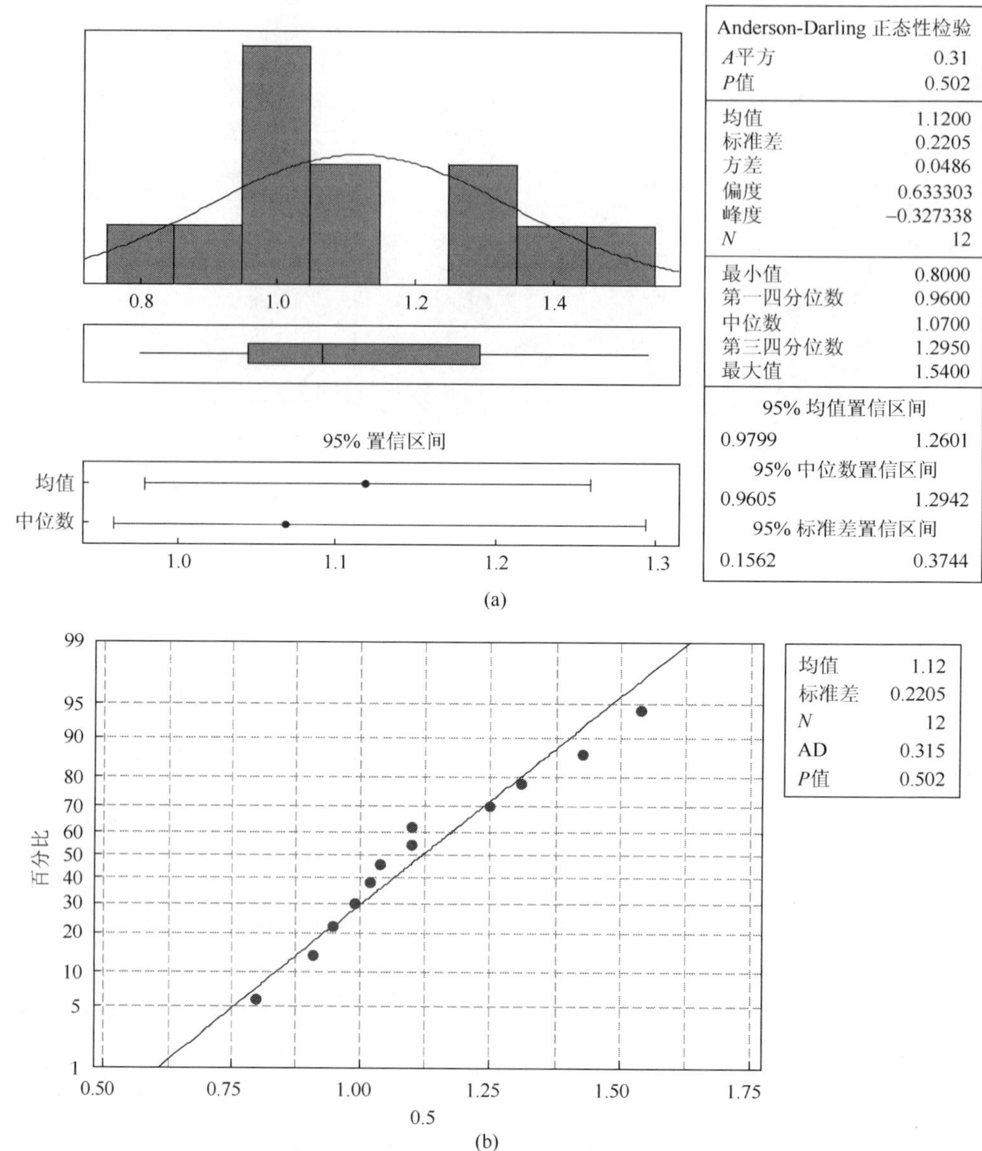

图 5-31　压应力水平为 0.50 的 D_{d_0}/D_{d_η} 值分布柱状图（a）和正态概率图（b）

由图 5-29～图 5-31 可知，在冻融循环 300 次且混凝土试件的压应力水平为抗压强度的 15%时，D_{d_0}/D_{d_η} 值的均值为 1.328，标准差为 0.190，其 P 值为 0.599；当混凝土试件的压应力水平达到抗压强度的 30%时，D_{d_0}/D_{d_η} 值的均值为 1.595，标准差为 0.311，其 P 值为 0.394；当混凝土试件的压应力水平达到抗压强度的 50%时，D_{d_0}/D_{d_η} 值的均值为 1.12，标准差为 0.221，其 P 值为 0.502。分析以 P 值作为参考标准验证是否满足某种概率分布，通常当 $P>0.2$ 时认为假定概率分布模型是合理的。由上述数据可见，不同的压应力水平下的 D_{d_0}/D_{d_η} 值的分布 P 值>0.2，属于正态分布，由此可知，相同压应力水平下混凝土试件的 D_{d_0}/D_{d_η} 值服从正态分布，不同压应力水平下的 D_{d_0} 和 D_{d_η} 的关系见式（5-4）：

$$D_{d_\eta}=\begin{cases} D_{d_0} & 0 \\ 0.753\cdot D_{d_0} & 15\% \\ 0.627\cdot D_{d_0} & 30\% \\ 0.892\cdot D_{d_0} & 50\% \end{cases} \tag{5-4}$$

式中，η 为自变量应力水平；D_{d_0} 为无外部弯曲荷载的冻融混凝土试件的氯离子扩散系数；D_{d_η} 为应力水平为 η 的弯曲荷载与冻融耦合作用的混凝土试件的氯离子扩散系数，且 D_{d_0} 与 D_0 的关系为 $D_{d_0}=k\cdot D_0$。

5.7　冻融循环对混凝土氯离子浓度扩散系数的影响分析

5.7.1　冻融对浆体试件孔隙结构的影响

采用 BET 方法测试浆体的孔隙结构，孔隙结构不仅包括了孔隙率和平均孔径，还包括了孔径的分布，如凝胶孔（<10nm）、过渡孔（10～50nm）、毛细孔（50～100nm）和大孔（>100nm）等数类。

采用与复合掺合料混凝土配合比中胶凝材料相同的比例和相同的水胶比成型净浆试件，试件养护至 28 龄期后置于冻融试验箱中，0 次、100 次、200 次和 300 次冻融循环时取部分样品进行孔隙结构测定。冻融循环对复合掺合料试件的总孔体积和孔径分布的影响如图 5-32 所示，冻融循环对硬化浆体孔隙结构的影响如表 5-1 所示。

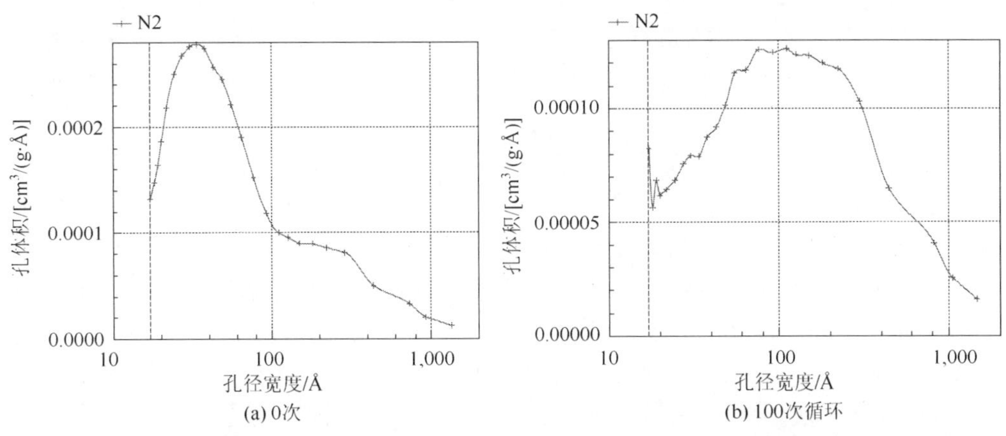

图 5-32　冻融循环对浆体试件总孔体积和孔径分布的影响

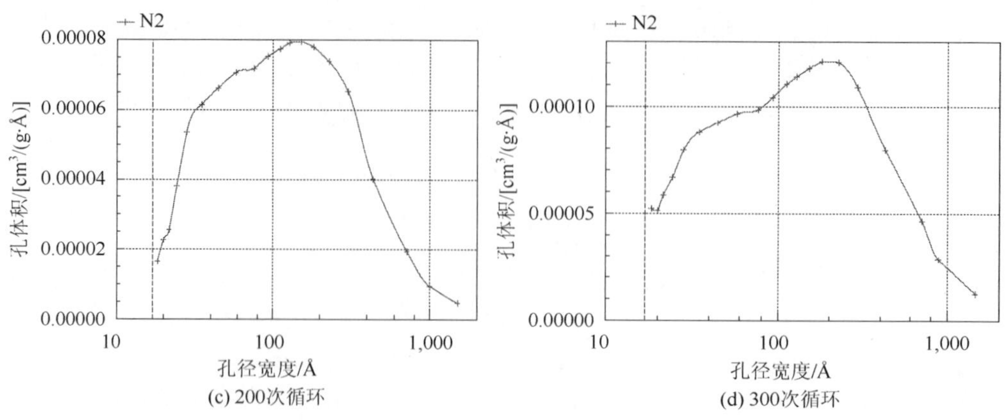

(c) 200次循环　(d) 300次循环

图 5-32　冻融循环对浆体试件总孔体积和孔径分布的影响（续）

表 5-1　冻融循环对硬化浆体孔隙结构的影响

循环次数	孔体积/（cm^3/g）	平均孔径/nm	孔径分布/%			
			＜10nm	10～50nm	50～100nm	＞100nm
0	0.074	13.01	23.21	52.40	15.70	8.69
100	0.070	17.39	16.07	56.39	17.89	9.63
200	0.090	19.07	10.61	61.48	18.79	9.11
300	0.088	21.64	9.34	61.27	21.88	7.49

由表 5-1 可知，浆体的总孔体积和浆体的平均孔径总体上随冻融循环次数的增加逐渐增大，无冻融侵蚀浆体的平均孔径为 13.01nm，当冻融循环达到 300 次时硬化浆体的平均孔径达到了 21.64nm，增加幅度达到了 66%。大孔的比例随冻融循环次数增加变化并不明显，毛细孔的比例随冻融循环次数增加而增大，在总孔体积变化并不显著的情况下毛细孔的比例出现了提高，则表明硬化浆体的平均孔径出现了增加，而图 5-32 也表明浆体的平均孔径随冻融循环次数增加而增大。

混凝土经受冻融循环过程中，静水压和渗透压所产生的内应力是循环的，一次冻融循环所产生的微裂纹不足以使混凝土发生全局性的破坏，混凝土最终的失效是每一次冻融循环所产生的损伤逐渐累积发展而成的。混凝土的冻融破坏是一个纯物理的过程，是其内部产生复杂应力作用的结果。在冻融循环的过程中，对混凝土体积微元的破坏相当于在冻结过程中加载，在融解过程中卸载；温度达到最高点时应力最小，最低点时应力最大。随着冻融循环的进行，应力不断地加载和卸载，最终引起混凝土内部微元解体，形成一条微裂缝，发展到一定程度即混凝土破坏。

5.7.2 荷载和冻融耦合对混凝土界面过渡区的影响

荷载与冻融循环试验结束后，取不同弯曲荷载应力的部分混凝土试件，观察荷载与盐冻的耦合作用对混凝土内浆体与骨料界面过渡区的影响。不同弯曲应力水平和冻融耦合作用下的复合掺合料混凝土浆体与骨料界面的 SEM 如图 5-33 所示。

(a) 无荷载混凝土　(b) 15%的应力水平

(c) 30%的应力水平　(d) 50%的应力水平

图 5-33 弯曲荷载和冻融耦合作用下复合掺合料混凝土界面过渡区的 SEM

由图 5-33 可知，无弯曲荷载作用时复合掺合料混凝土的骨料与浆体界面黏结较为紧密，300 次冻融循环后骨料与浆体间也无明显的裂缝。当混凝土试件承受弯曲荷载与冻融耦合作用后，骨料与浆体界面处出现了裂缝，且界面区的裂缝数量和宽度随弯曲应力水平的提高而增大，当应力水平达到至 50%时骨料与浆体的界面区不仅存在与应用方向平行的横向裂缝，还存在与应力方向垂直的纵向裂缝，且部分裂缝宽度达到了 3μm。

将荷载与盐冻耦合作用下混凝土界面的 SEM 图（图 5-33）与第 4 章中纯荷载作用下（无冻融循环作用）的混凝土界面 SEM 图比较分析可知，在相同的荷载应力水平下，荷载与盐冻的耦合作用对混凝土界面过渡区的作用更为明显，混凝土的裂缝宽度更大。

关于混凝土冻融破坏的机理，国内外学者做了大量的理论和试验研究，提出众多观点，其中以静水压力理论和渗透压理论最为经典[10-12]。静水压力假说认为，在冰冻过程中，混凝土孔隙中的部分孔溶液结冰时体积膨胀约 9.0%，迫使未结冰的孔溶液从结冰区向外迁移，孔溶液在可渗透的水泥浆体结构中移动，必须克服黏滞阻力，因而产生静水压力形成破坏应力。渗透压假说认为由于水泥浆体孔溶液呈碱性，冰晶体的形成使这些孔隙中未结冰孔溶液浓度上升，与其他较小孔隙中未结冰孔溶液之间形成浓度差。在这种浓度差的作用下，较小孔隙中未结冰孔溶液向已出现冰晶体的较大孔隙中迁移，产生渗透压力。孔溶液的迁移使结冰孔隙中冰和溶液的体积不断增大，渗透压也相应增长，渗透压作用于水泥浆体导致水泥浆体内部开裂。

混凝土在氯盐溶液中的冻融循环损伤与在水中的冻融损伤略有不同，因为氯盐溶液的冰点要比水低，较低的冰点可以降低混凝土的冻融损伤，但同时由于溶液中存在氯化钠，在降温的过程中会形成结晶压力，增加混凝土内的渗透压，不利于提高混凝土的抗冻性能，所以氯盐腐蚀破坏因素作用下的混凝土冻融的内部损伤与单一的冻融循环破坏有所不同，其是一个综合结果的表现形式。

参 考 文 献

[1] 金伟良，赵羽习. 混凝土结构耐久性研究的回顾与展望[J]. 浙江大学学报（工学版），2002，36（4）：371-380.

[2] Attiogbe E K. Predicting freeze-thaw durability of concrete-A new approach[J]. ACI Materials Journal，1996，93（5）：457-464.

[3] 李金玉，曹建国，徐文雨，等. 混凝土冻融破坏机理研究[J]. 水利学报，1999，（1）：41-49.

[4] Cai H，Liu X. Freeze-thaw durability of concrete：Ice formation process in pores[J]. Cement and Concrete Research，1998，28（9）：1281-1287.

[5] 清华大学土木工程系. 钢筋锈蚀与混凝土冻融破坏的预测模型年度研究报告[R]. 北京：清华大学土木工程系，1995.

[6] 陈惠苏，孙伟，慕儒. 掺不同品种混合材的高强混凝土与钢纤维高强混凝土在冻融、氯盐同时作用下的耐久性能[J]. 混凝土与水泥制品，2002，（2）：36-39.

[7] 中华人民共和国住房和城乡建设部，中华人民共和国国家质量监督检验检疫总局. 普通混凝土长期性能和耐久性能试验方法标准（GB/T 50082—2009）[S]. 北京：中国建筑工业出版社，2009.

[8] 黎鹏平，苏达根，王胜年. 掺合料对胶凝材料水化热及混凝土氯离子扩散系数的影响[J]. 水运工程，2009，（11）：6-10.

[9] Sun W，Zhang Y S，Liu S F. The influence of mineral admixtures on the resistance to corrosion of steel bars in green high-performance concrete[J]. Cement and Concrete Research，2004，34（10）：1781-1785.

[10] 牛荻涛，肖前慧. 混凝土冻融损伤特性分析及寿命预测[J]. 西安建筑科技大学学报（自然科学版），2010，42（3）：319-322.

[11] 陈霞，杨华全，周世华，等. 混凝土冻融耐久性与气泡特征参数的研究[J]. 建筑材料学报，2011，14（2）：257-262.

[12] 洪雷，唐晓东. 冻融循环及龄期对混凝土氯离子渗透性的影响[J]. 建筑材料学报，2011，14（2）：254-256.

第 6 章　交变荷载与氯盐耦合作用下混凝土结构耐久性劣化进程及损伤行为

6.1　概　述

实际混凝土结构在服役过程中，除遭受恒定荷载作用外，往往还承受重复性荷载作用，如海洋环境下桥梁、公路、飞机跑道、码头部分结构等，部分结构在服役期间可能经受高达 1000 万次的循环荷载。

混凝土材料无论是在静态荷载还是在疲劳荷载作用下，其破坏过程都是裂缝在界面和基体中演化及扩散的过程，较高循环次数的疲劳则从集料与水泥砂浆之间的界面开始，经过一个缓慢、渐进的过程逐渐演变成一整条裂纹[1]。交变荷载作用下混凝土结构的失效过程与静态荷载作用存在一定的差异，当结构承受一定量的交变荷载后失效，即发生疲劳破坏，疲劳破坏时的应力水平远小于结构本身的极限承载力破坏荷载。疲劳破坏的应变值远大于静荷载应变值，经过 1300 万次 3Hz 循环后混凝土应变可达 4×10^{-3}。图 6-1 为循环轴拉荷载作用下混凝土的应力-应变关系，混凝土在循环荷载后应力-应变曲线发生明显偏移，即产生不可恢复变形。

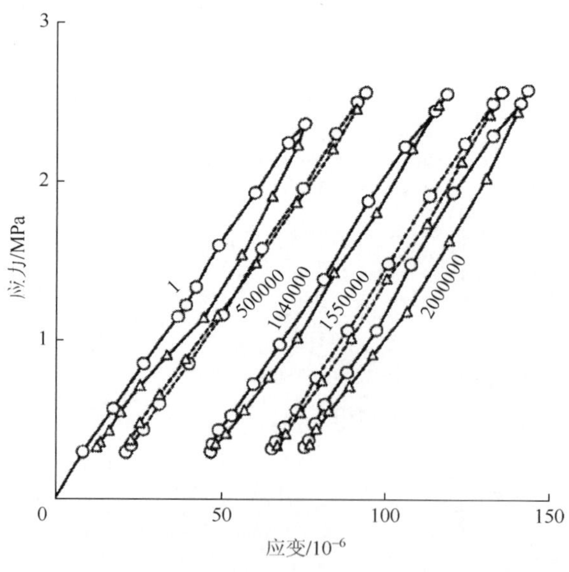

图 6-1　混凝土在循环轴拉荷载作用下的应力-应变曲线[2]

交变荷载作用下混凝土结构损伤发展具有一定的规律性（图 6-2），一般认为交变荷载作用下混凝土应变变化分三个阶段：第一阶段为初始阶段，应变随着一定次数的交变荷载而快速增加，但增加速度逐渐降低；第二阶段为稳定阶段，应变随交变荷载循环次数几乎呈线性增长；第三阶段为失稳破坏阶段，损伤加速直至疲劳破坏，三阶段的时间一般认为 1∶8∶1。

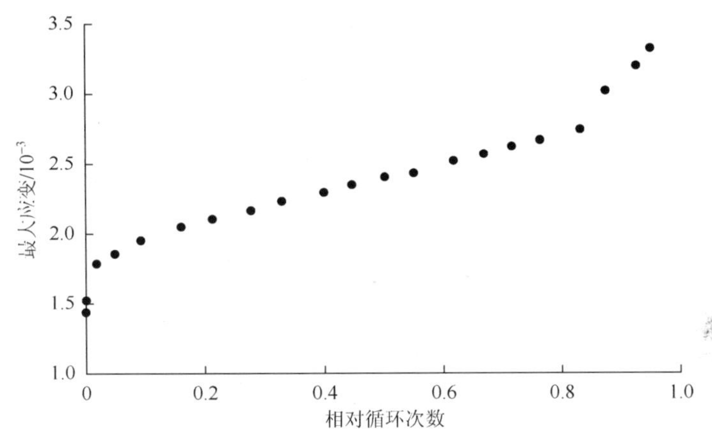

图 6-2　应变和循环压荷载承受的相对次数（占破坏时循环次数的百分比）的关系[3]

国内外学者日益认识到了重复性荷载对实体工程耐久性的影响，陆续开始探索交变荷载与氯盐耦合作用下混凝土结构耐久性损伤过程。Saito 和 Lshimori[4]对静态和循环压荷载损伤后的混凝土进行了抗氯离子渗透性研究，认为静态荷载达到极限荷载的 90%，对混凝土电通量无显著影响；而应力水平小于 50%时，循环荷载对电通量的影响不显著，当应力水平为 60%时循环荷载对电通量的影响则十分明显，混凝土电通量随加载后残余应变的增大而增加。Nakhi 等[5]同样开展了类似的轴心抗压疲劳试验，得到与前者大致相同的规律，疲劳荷载在混凝土内部引起弹性损伤，加速了氯离子在混凝土中的传输，当应力水平超过 60%时，混凝土氯离子渗透性开始明显增大。东南大学的孙伟等[6]对弯曲疲劳荷载作用下高性能混凝土（high performance concrete，HPC）和高性能纤维混凝土（high performance fiber reinforced concrete，HPFRC）的抗氯离子扩散性能进行了研究，该研究针对混凝土损伤发展的第Ⅱ阶段，采用残余拉应变表征混凝土损伤变量，研究认为，在疲劳荷载与氯盐耦合作用下，随残余拉应变的增加，氯离子在 HPC 和 HPFRCC 中的扩散系数均增大，当残余拉应变超过 0.6×10^{-3} 时，扩散系数增加幅度更为显著，可以将残余拉应变 0.6×10^{-3} 作为混凝土抗氯离子扩散性能劣化的起劣点，疲劳荷载与氯盐耦合作用大大缩短了混凝土结构的服役寿命。陈拴发等[7, 8]研究了交变荷载对混凝土硫酸盐侵蚀破坏的影响，研究认为交变荷载显著提高了硫酸根离子的有效扩散系数，加速了硫酸根离子的侵蚀速度，侵蚀速率随交变荷载应力水平和加载频率的增加呈现不同程度的提高。

总体而言，关于交变荷载与氯盐耦合作用下混凝土结构耐久性劣化进程的研究还是相对较少，并且试验参数的选取缺乏对实体工程的受力特点和交变频率的考虑。本章主要针对海水环境同时遭受交变荷载与氯盐侵蚀作用下的混凝土结构，研究其在交变荷载和氯盐耦合作用下，不同应力水平、不同交变频率等因素对混凝土结构中氯离子侵蚀规律及结构耐久性的影响。

6.2　交变荷载与氯盐耦合作用试验方案

6.2.1　荷载水平和交变频率

本书采用的构件尺寸为 250mm×350mm×1800mm（宽×高×长）。

选取 0、0.15、0.30、0.50 4 个应力水平同步开展试验，以确定不同应力水平与混凝土结构耐久性之间的关系曲线。试验构件采用四点弯曲试验，考虑内部布置钢筋，应力水平的选取按照梁的施加荷载与极限承载力的比值作为基准。

选取了 2Hz、5Hz、10Hz 三个加载频率。一般情况下，在混凝土结构的实际使用过程中，要求混凝土的疲劳寿命为 2×10^6 次，就是说如果混凝土结构经过 2×10^6 次的循环后仍不破坏，则可认为此构件可承受无限次循环载荷，即具有无限寿命，因此试验交变频率统一采用 200 万次。对应于加载频率所需试验的天数分别为 2d7h、4d15h 及 11d。

6.2.2　构件成型及加载试验环境

试验梁采用双掺粉煤灰和磨细矿渣粉的高性能混凝土，主筋采用 HRB335 的螺纹钢筋，其中上部布置 2 根直径 22mm 的钢筋，底部布置 3 根直径为 25mm 的钢筋，箍筋采用直径 10mm 的光圆钢筋，构件尺寸、配筋等情况详见图 6-3，箍筋配置 $\Phi10@100/200$，箍筋加密区和非加密区位置如图 6-4 所示。钢筋混凝土构件在实验室拌和、浇筑后，室外保湿养护 14d。

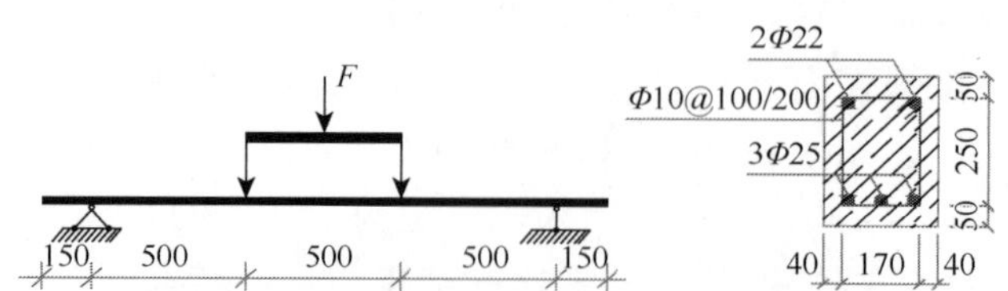

图 6-3　钢筋混凝土构件配筋图（单位：mm）

图 6-4　构件箍筋加密及非加密区的范围（单位：mm）

试验采用自主开发的环境与交变荷载耦合试验机（图 6-5），为模拟海洋环境腐蚀作为严酷的浪溅区，结构在施加交变荷载的同时，喷洒浓度为 165g/L 的 NaCl 盐雾。钢筋混凝土构件在室外养护结束后开展试验，如图 6-6 所示，试验结束后将加载构件从环境箱中取出，在不同部位钻取直径为 100mm 的芯样（图 6-7），取回的芯样按照不同深度钻取粉样，用以开展氯离子浓度的测试。

图 6-5　交变荷载与氯盐耦合试验装置

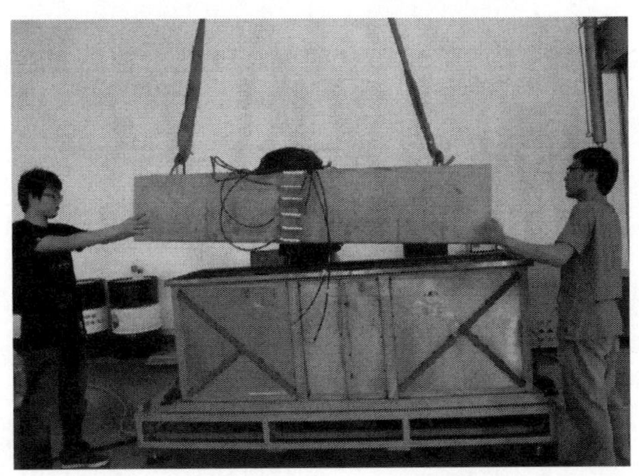

图 6-6　构件在疲劳试验机上就位

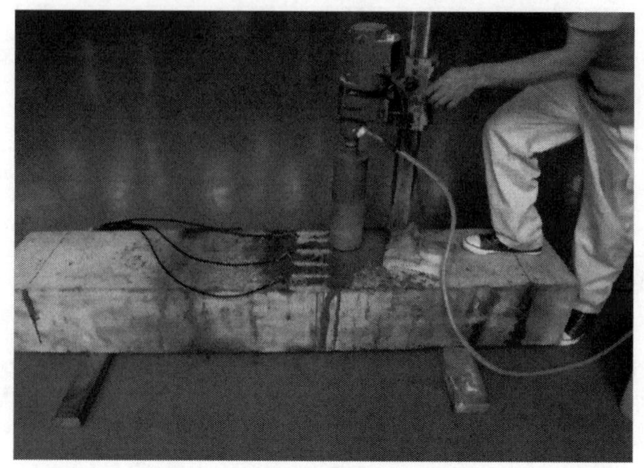

图 6-7　在加载结束的构件上取芯

6.3　交变荷载作用下氯离子在混凝土中渗透情况

6.3.1　交变荷载应力水平对氯离子渗透的影响

弯曲荷载应力水平对钢筋混凝土结构中氯离子渗透扩散过程的影响，如图 6-8～图 6-10 所示。

由图 6-8～图 6-10 可知，交变荷载可显著影响氯离子在混凝土中的渗透扩散过程，在交变荷载作用下氯离子可在短期内迁移到混凝土内部。本次交变试验次数统一控制为 200 万次，10Hz、5Hz 及 2Hz 交变频率的试验周期分别仅为 2d7h、4d15h 及 11d。对于未施加荷载的混凝土结构，氯离子仅分布在混凝土表层（距离表层 5mm 内），混凝土结构内部（5～12mm 处）基本与混凝土初始氯离子浓度相

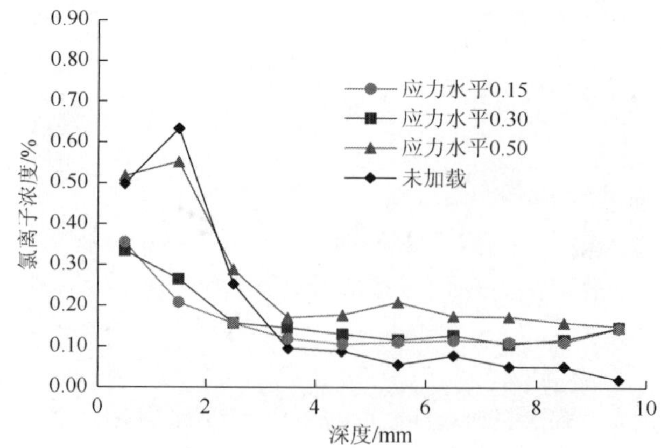

图 6-8　交变频率为 10Hz 时不同应力水平下氯离子的渗透情况

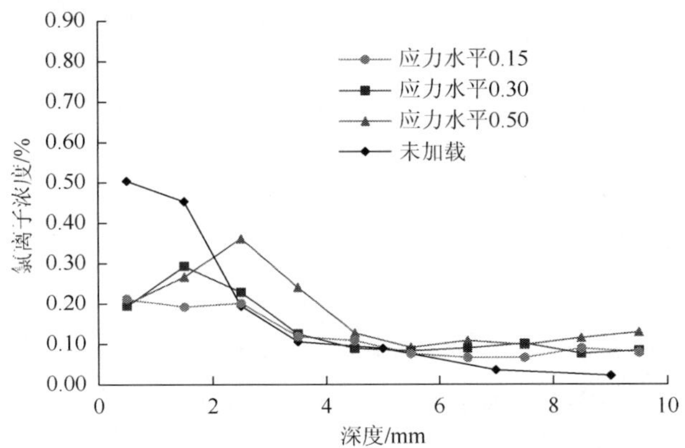

图 6-9　交变频率为 5Hz 时不同应力水平下氯离子的渗透情况

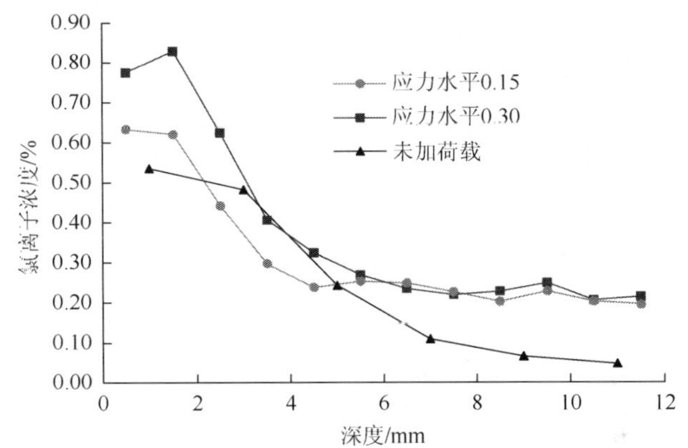

图 6-10　交变频率为 2Hz 时不同应力水平下氯离子的渗透情况

同，即氯离子并未侵入混凝土内部，而对于施加交变荷载的混凝土，在距离 8～10mm 深度处氯离子含量基本大于 0.10%（占混凝土的质量百分比），具有较高的氯离子侵入量。主要是由于在交变荷载作用下，混凝土结构内部微裂纹、孔隙不断演化、扩展、贯通，最终在混凝土内部形成不可恢复性的损伤变形，相关研究认为疲劳失效时对应的残余极限拉应变基本在（300～360）$\times 10^{-6}$，这些不可恢复的损伤成为外界氯离子侵入的快速通道。

在交变荷载作用下，应力水平同样可显著影响混凝土中氯离子的侵蚀进程，随应力水平的增加，混凝土中同深度处的氯离子浓度整体存在不断增大的趋势，并且对于混凝土内部（10mm 左右深度处），随应力水平的增加氯离子浓度增大幅度更为显著。

6.3.2　交变荷载加载频率对氯离子渗透的影响

交变频率对混凝土氯离子侵蚀过程的影响如图 6-11～图 6-13 所示。

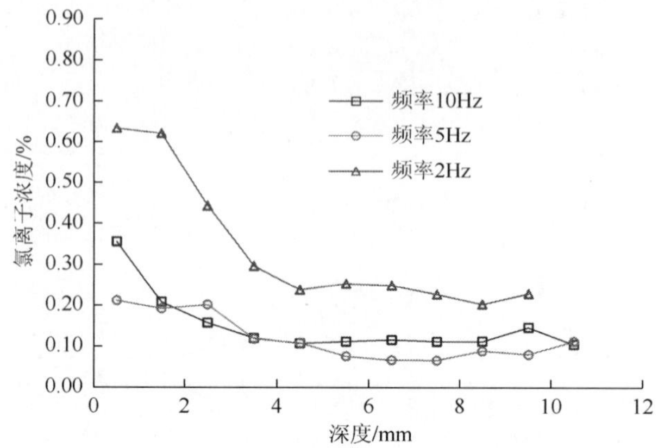

图 6-11 应力水平为 0.15 时不同加载频率下氯离子的渗透情况

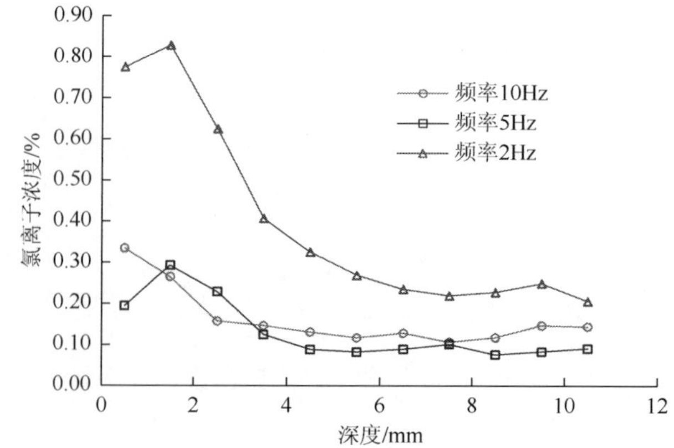

图 6-12 应力水平为 0.30 时不同加载频率下氯离子的渗透情况

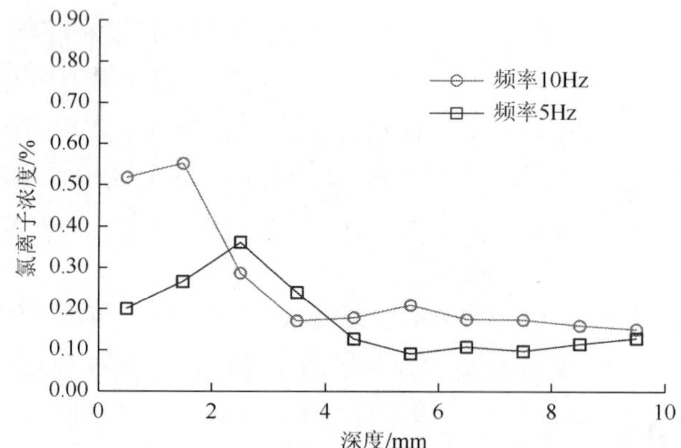

图 6-13 应力水平为 0.50 时不同加载频率下氯离子的渗透情况

由于试验过程中采用喷淋盐雾，试验周期对混凝土中氯离子浓度分布具有一定的影响，因此在对比不同交变频率对混凝土氯离子侵蚀规律时，不能简单对比混凝土中不同深度处的氯离子含量，还应当考虑试验龄期的影响。由图 6-11～图 6-13 可知，交变荷载的加载频率对混凝土中氯离子侵蚀规律具有一定的影响，伴随加载频率的提高，在混凝土同深度处的氯离子含量不断增大。对比不同应力水平、加载频率为 10Hz、5Hz 的混凝土中氯离子分布可发现，尽管加载频率为 10Hz 的混凝土结构试验周期仅为 2d7h，远小于加载频率为 5Hz 的 4d15h，但加载频率为 10Hz 的混凝土内部（5～10mm 处）的氯离子含量远大于同深度加载频率为 5Hz 的氯离子含量，其主要是由于在对混凝土结构施加高频率的交变荷载时，混凝土中微裂纹、孔洞等得到有效不闭合和复位，在下一次循环荷载作用下进一步扩展和贯通，进而形成有害介质侵入的快速通道。而加载频率为 2Hz 的混凝土结构中的氯离子含量远大于其他加载频率，其主要是由于加载频率为 2Hz 的混凝土试验周期较长。

6.4　交变荷载对混凝土结构氯离子扩散系数的影响

根据已测出的混凝土不同深度的氯离子浓度数值，通过拟合计算，可以求出不同加载频率和应力水平的混凝土氯离子扩散系数，如图 6-14 所示。

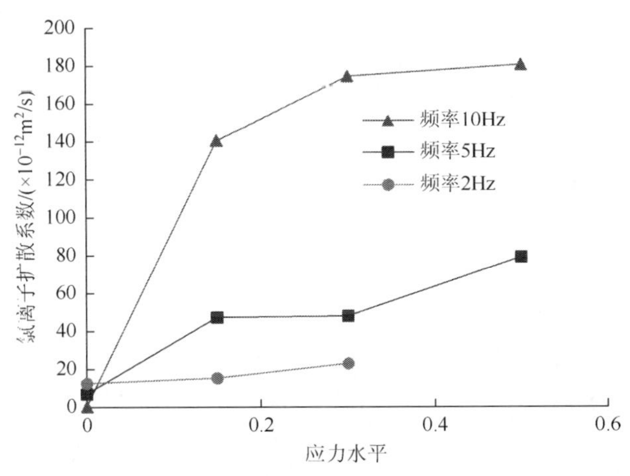

图 6-14　不同交变频率和应力水平对混凝土氯离子扩散系数的影响

根据 Palmgren-Miner 疲劳损伤积累理论，混凝土在给定的应力水平反复作用下，损伤可以认为与循环次数呈线性累积关系，当损伤累积到某一临界值时，即到达疲劳寿命时就发生破坏，而与试件的加载频率无关。但也有学者认为，在相同的荷载作用下，高周疲劳损伤随着频率的增大而增大。本书认为，混凝土结构中氯离子扩散系数与加载频率密切相关，随加载频率的增加，混凝土氯离子扩散系数显著增大。例如，加载频率为 5Hz 的混凝土结构，在 4d15h 的试验周期内，不同应力水平氯离子扩散系数处于 $45\times10^{-12}\sim80\times10^{-12}m^2/s$，而相同试验周期内未加载的混凝土结构氯离子扩散系数仅为 $6.8\times10^{-12}m^2/s$，氯离子扩散系数提高了近 10 倍左右。对于加载频率为 2Hz 的混凝土结构，不同应力水平的混凝土结构氯离子扩散系数有一定的提高，但幅度远小于加载频率 5Hz、10Hz 时的混凝土氯离子扩散系数值。

交变荷载作用下应力水平同样影响混凝土氯离子扩散系数，随应力水平的增加，混凝土氯离子扩散系数不断增大。对于加载频率为 2Hz 的混凝土结构，相比未加载混凝土，应力水平为 0.15 和 0.30 时的氯离子扩散系数分别提高了 22%和 83%；对于加载频率为 5Hz 的混凝土结构，相比应力水平为 0.15 的混凝土，将应力水平提高到 0.50 时混凝土氯离子扩散系数提高了 68%。

根据不同加载频率下混凝土氯离子扩散系数与应力水平的关系，建立混凝土氯离子扩散系数与应力水平的关系公式，如图 6-15 和图 6-16 所示。

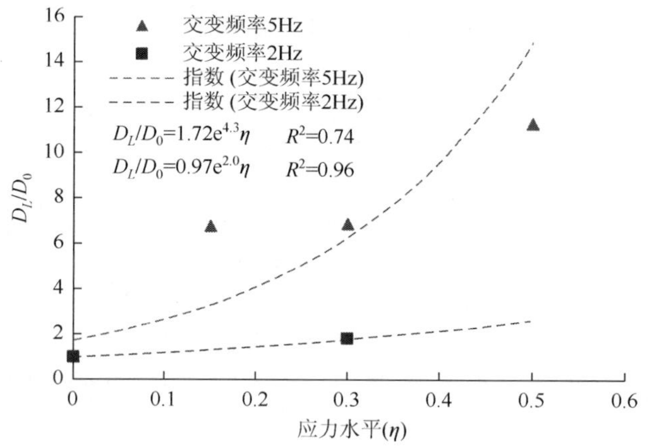

图 6-15　2Hz、5Hz 交变频率下混凝土氯离子扩散系数与应力水平的关系曲线

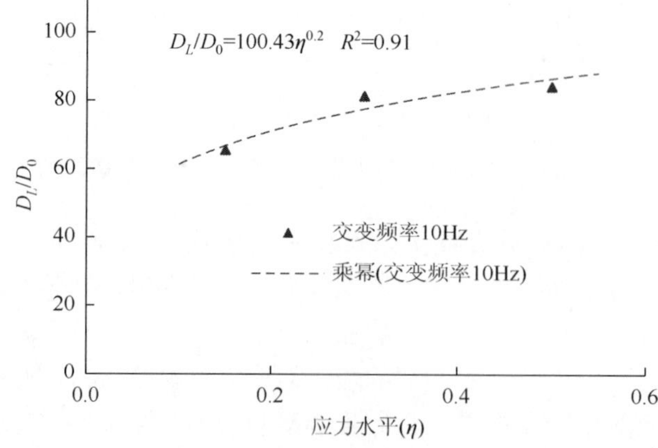

图 6-16　10Hz 交变频率下混凝土氯离子扩散系数与应力水平的关系曲线

加载频率为 2Hz 和 5Hz 的混凝土氯离子扩散系数与应力水平符合指数关系，频率为 10Hz 的混凝土符合乘幂关系。

加载频率为 2Hz：　$D_L = 0.97 D_0 \times e^{2.0\eta} \quad R^2 = 0.96$　（6-1）

加载频率为 5Hz：　$D_L = 1.72 D_0 \times e^{4.3\eta} \quad R^2 = 0.74$　（6-2）

加载频率为 10Hz：$D_L = 100.43 D_0 \times \eta^{0.2} \quad R^2 = 0.91$　（6-3）

式中，D_0 为未加载混凝土氯离子扩散系数；D_L 为同条件下加载混凝土氯离子扩散系数；η 为应力水平，混凝土结构施加荷载与极限承载力之比。

6.5　交变荷载对混凝土结构耐久性影响机理分析

CT 成像技术是进行物体内部缺陷无损检测的最为精确的方法，已经在医学、工业技术方面得到了广泛的应用。CT 成像技术是指在破坏物体结构的前提下，根据在物体周边所获取的某种射线源（如波速、X 射线）的一维投影数据，运用数学方法，通过计算机处理，重建物体特定层面上的三维图像技术。近年来，针对岩石材料、混凝土材料等，在持续荷载作用下，CT 技术可清晰直观地描述材料破坏全过程中孔结构的变化、微裂纹的萌生、发展、贯通破坏等过程，是研究荷载作用下材料细观尺度范围的孔隙、裂纹演变的主要技术手段。本节采用 CT 成像技术分析了混凝土结构在不同交变荷载后混凝土细观层面的劣化过程。

图 6-17 为应力水平为 0.5、加载频率为 2Hz 的混凝土结构，在完成荷载与氯盐耦合试验后距离梁底不同深度处的 CT 扫描图像，图 6-17（f）为未加荷载的 CT 图像。从 CT 扫描图像可清晰地分清骨料、砂浆和孔洞裂纹等缺陷，其中白色部分为骨料，灰色部分为砂浆，黑色部分为混凝土孔洞和微裂纹等缺陷。由 CT 图像分析可知，在交变荷载作用下，混凝土梁内部产生大量新生裂纹，并且裂纹宽度与梁底的距离相关，距离梁底的高度越小裂纹宽度越大。对于未受交变荷载的混凝土梁［图 6-17（f）］，除骨料与砂浆界面处的孔洞外，无其他可见微裂纹，但在交变荷载作用后，距离混凝土梁底不同高度处均出现荷载裂纹，裂纹宽度在距离梁底 85mm 处为 45.6μm，但在距离梁底 105mm 处降低为 38.8μm，该变化与混凝土梁荷载分布有关，在弯曲动荷载作用下，混凝土梁应力随距离梁底高度的增加而逐渐减小。交变荷载作用下，混凝土微裂纹首先出现在孔隙、界面等薄弱部位，在荷载作用下混凝土薄弱部位发生变形和应力集中现象，并在荷载作用下不断沿孔隙、骨料与砂浆界面等缺陷或薄弱部位横向和纵向扩展、汇集及贯通，进而形成永久性损伤。相关研究认为，混凝土材料在高周循环次数的疲劳作用下，混凝土劣化过程从骨料与水泥砂浆之间的界面开始，经过一个缓慢、渐进的过程

逐渐演变成贯通的宏观裂纹。试验在距离梁底 85mm 出现了两条近似平行的裂纹，并部分裂纹横跨骨料，而其他高度处基本沿骨料与砂浆界面扩展，说明在高应力疲劳作用下，受力较大的梁底混凝土不仅界面处具有明显损伤，梁底混凝土骨料同样存在断裂和损伤。

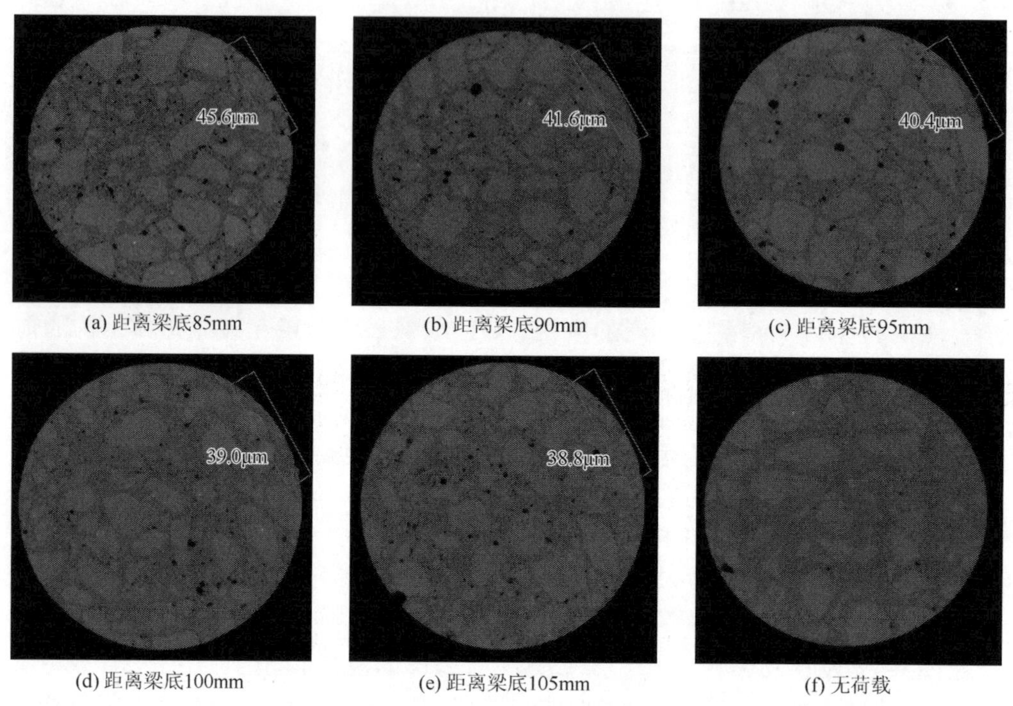

(a) 距离梁底85mm　(b) 距离梁底90mm　(c) 距离梁底95mm

(d) 距离梁底100mm　(e) 距离梁底105mm　(f) 无荷载

图 6-17　加载后的混凝土结构内部不同深度处的 CT 扫描图像

图 6-18 和图 6-19 为应力水平 0.5、加载频率分别为 10Hz 和 5Hz 的混凝土结构 CT 扫描图像，交变荷载对混凝土梁不同部位损伤的影响有所不同，梁底部混凝土的损伤远大于顶部，如对于频率为 10Hz、应力水平为 0.5 的混凝土梁，在距离梁底 85mm 处出现了 3 条 50μm 左右的微裂纹，而顶部混凝土则无明显微裂纹，频率为 10Hz、应力水平为 0.5 的混凝土梁具有同样规律。在荷载作用下梁顶部混凝土受压、底部混凝土受拉，由于混凝土为脆性材料，抗拉强度仅为抗压强度的 1/10 左右，在交变荷载作用下梁下部混凝土结构更容易遭受破坏。

另外，对比应力水平同为 0.5、荷载频率分别为 10Hz、5Hz 及 2Hz 的 CT 扫描图像发现，在应力水平相同时，荷载频率越高，对混凝土的损伤越大。在距离梁底 85mm 处，应力水平为 0.5、频率为 10Hz 的混凝土梁的微裂缝数量和裂纹宽度显著大于其他低荷载频率。

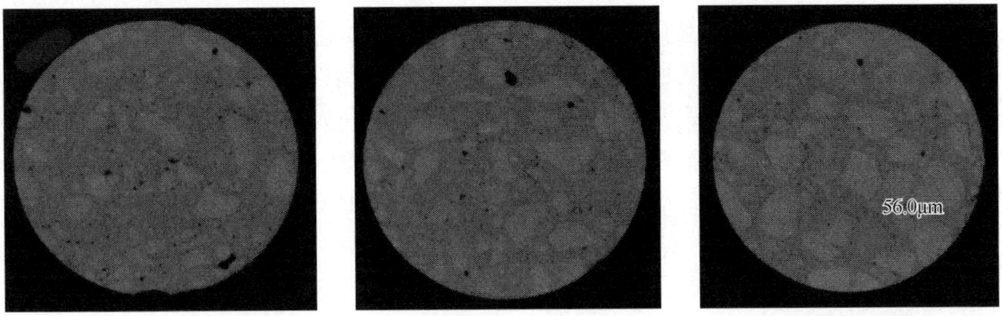

(a) 无荷载

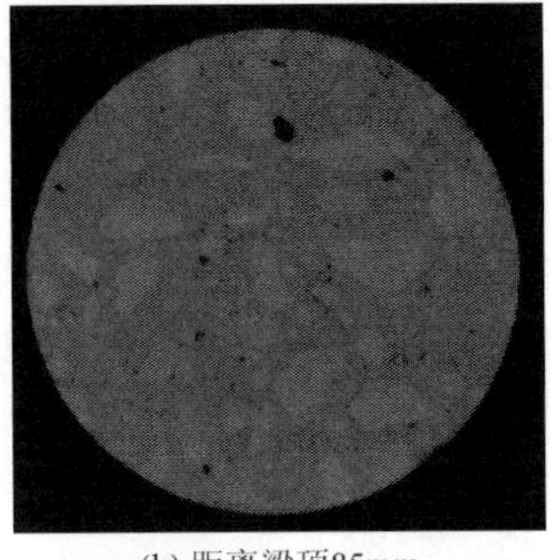

(b) 距离梁顶85mm

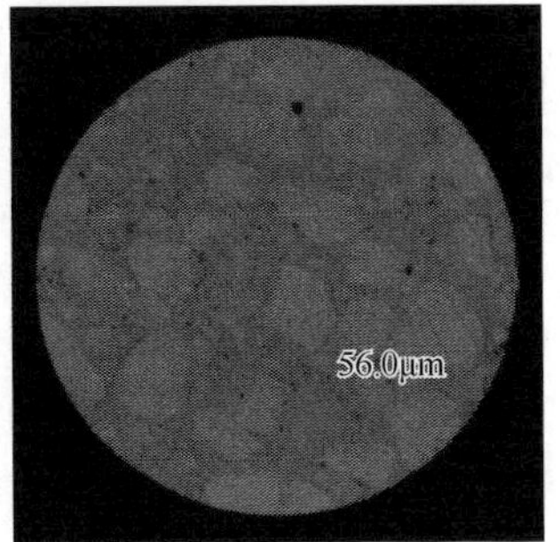

(c) 距离梁底85mm

图 6-18　频率 10Hz、应力水平为 0.5 的混凝土结构内部不同深度处的 CT 扫描图像

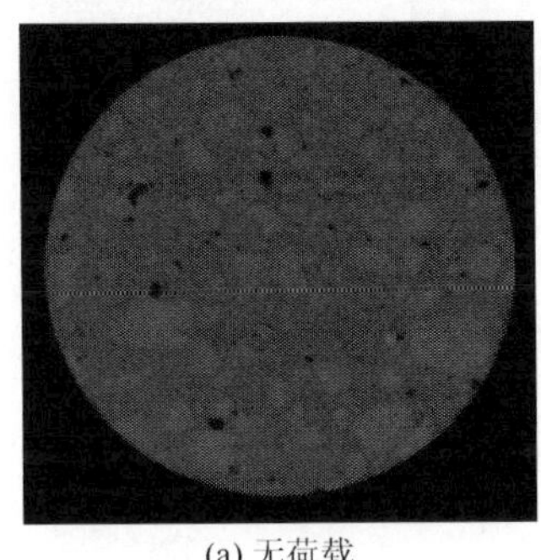

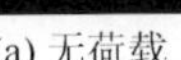

(a) 无荷载

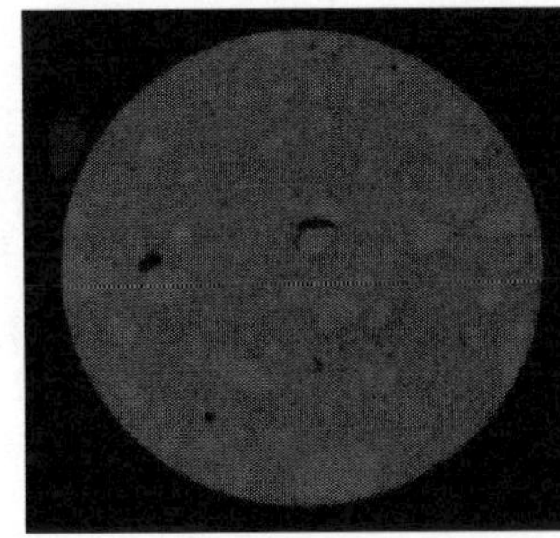

(b) 距离梁顶85mm

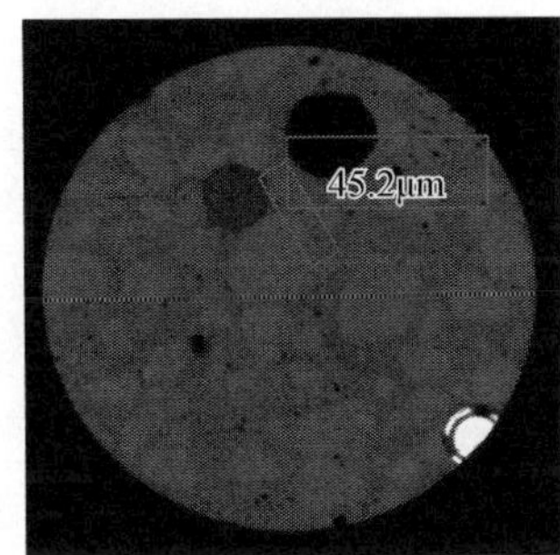

(c) 距离梁底85mm

图 6-19　频率 5Hz、应力水平为 0.5 的混凝土结构内部不同深度处的 CT 扫描图像

环境中腐蚀介质在混凝土的传输与混凝土内裂缝形态密切相关，裂纹为水、氯离子等介质提供了便捷路径，使得侵入方式由原来的以扩散为主转变为扩散、渗流及毛细吸附等综合传输过程。Kato 和 Uomoto[9]对水灰比为 0.39 和 0.55 的两种混凝土中裂缝的扩散特性进行了试验研究，并建立了混凝土扩散系数与裂缝宽度之间的数学公式：$\lg D_{cr}=-2.277[1+1.311\exp(-20.6w_{cr})]$，其中，$D_{cr}$ 的单位为 cm^2/s；w_{cr} 为裂纹宽度，mm。Djerbi 等对带裂缝的普通混凝土（水灰比 0.49）、高强混凝土（水灰比 0.32）及含 6%硅灰的高强混凝土（水灰比 0.32）进行了试验研究[10]，建立了氯离子扩散系数 D_{cr}（单位 cm^2/s）与裂缝宽度 w_{cr}（单位 μm）之间的数学公式：

$$\begin{cases} D_{cr}=2\times10^{-11}w_{cr}-4\times10^{-10} & (30\mu m\leqslant w_{cr}\leqslant 80\mu m) \\ D_{cr}\approx 14\times10^{-10} & (w_{cr}\geqslant 80\mu m) \end{cases}$$

Jin 等[11]在 Djerbi 等试验数据的基础上提出了如下拟合公式：

$$D_{cr}=[16.9-27.4\exp(-0.0176w_{cr})\times10^{-10}]\quad(30\mu m\leqslant w_{cr}\leqslant 100\mu m)$$

部分学者认为，裂缝宽度对氯离子渗透扩散行为的影响存在两个阈值，即下

限值 w_1 和上限值 w_2，当裂缝宽度 $w_{cr} < w_1$ 时，水泥水化产物会堵塞微裂纹，产生自修复效应，从而使得裂缝宽度对氯离子传输无显著影响，不同学者[12-19]对 w_1 的取值也不尽相同，一般认为 10～40μm，也有认为 w_1 大于 50μm。当裂缝宽度 $w_{cr} > w_2$ 时，由于裂缝宽度较大，胶凝材料水化产物不能有效堵塞微裂纹，氯离子很快渗透到裂缝内部，并向垂直裂缝内壁方向的混凝土内部扩散，氯离子在裂缝附近近似二维扩散。w_2 一般认为大于 75μm，有学者认为大于 200μm。当裂缝宽度介于 w_1 与 w_2 之间时，混凝土氯离子传输速率随裂纹宽度的提高而不断增大。穆松和刘建忠[20]调研了国内外有关裂缝对氯离子传输的影响，认为混凝土中氯离子传输与裂缝宽度密切相关，裂缝宽度小于 100μm 时，混凝土中的氯离子传输速度随裂缝宽度的增加而增加，而当裂缝宽度大于 100μm 时，裂缝宽度对氯离子的传输影响不显著。关于裂纹宽度对混凝土氯离子传输行为的影响，混凝土性能、裂缝制取、试验条件等的差异，目前所获得的试验数据还有很大的离散型，但裂纹加速了氯离子在混凝土中的传输速度已得到广泛的认同。

通过对交变荷载与氯盐耦合后的混凝土梁 CT 扫描图像分析可知，不同荷载频率、应力水平的混凝土梁，在距离底部 85～105mm 处产生 35～55μm 的裂纹，建立了裂缝宽度与距梁底高度的数学关系（图 6-20）：$C = -0.324h + 71.86$，其中，C 为裂缝宽度，μm；h 为距离梁底的高度，mm。

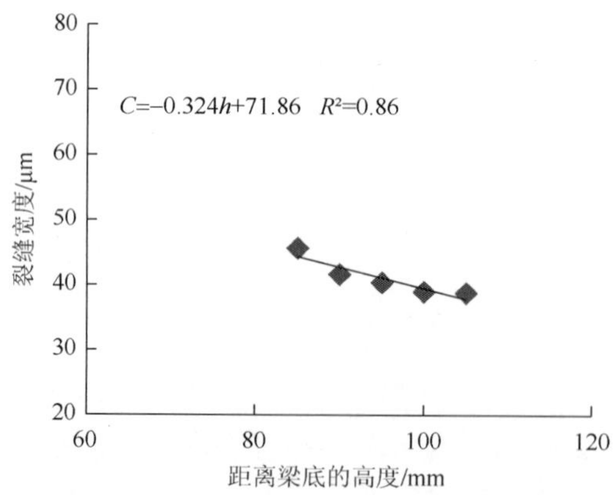

图 6-20 应力水平为 0.5、加载频率为 2Hz

根据上式推算，在距离梁底 0～20mm 处的裂缝宽度应大于 65μm。由于采用卸载后混凝土梁开展 CT 扫描，卸载后裂缝存在闭合情况，因此在交变荷载与氯盐耦合试验过程中，混凝土产生的裂缝宽度更大。所以，在交变荷载作用下混凝土结构产生损伤劣化，新生微裂纹在混凝土孔洞、原生裂纹等薄弱环节处产生、发展、贯通，进而显著提高了氯离子在混凝土中的传输速度。

参 考 文 献

[1] Horii H，Shin H C，Pallewatta T W. Mechanism of fatigue crack growth in concrete[J]. Cement and Concrete Composites，1992，14：83-90.

[2] Saito M，Imai S. Direct tensile fatigue of concrete by the use of friction grips[J]. ACI Journal，1983，80：431-438.

[3] Do M. Fatigue des bétons a hautes performances[D]. Bromont：University of Sherbrooke，1994.

[4] Saito M，Lshimori H. Chloride Permeability of concrete under static and repeated comp ressive loading[J]. Cement and Concrete Research，1995，25（4）：803-805.

[5] Nakhi A E，Xi Y，Willam K，et al. The effect of fatigue loadingon chloride penetration in non-saturated Concrete[C]//Proceedings of European Congress on Computational Methods in Applied Sciences and Engineering. Barcelona：ECCOMAS，2000.

[6] 孙伟，蒋金洋，王晶，等. 弯曲疲劳载荷作用下 HPC 和 HPFRCC 抗氯离子扩散性能研究[J]. 中国材料进展，2009，28（11）：19-25.

[7] 陈拴发，李华平，李祖仲，等. 交变荷载对硫酸盐侵蚀混凝土速率影响研究[J]. 武汉理工大学学报，2011，33：44-49.

[8] 陈拴发，李华平，李祖仲，等. 交变荷载对硫酸盐侵蚀混凝土扩散系数影响的表征[J]. 中外公路，2011，31：201-204.

[9] Kato Y，Uomoto T. Modeling of effective diffusion coefficient of substances in concrete considering spatial properties of composite materials[J]. Journal of Advanced Concrete Technology，2005，3（2）：241-251.

[10] Sahmaran M. Effect of flexure induced transverse crack and self-healing on chloride diffusivity of reinforced mortar[J]. Journal of Materials Science，2007，43（22）：9131-9136.

[11] Jin W L，Yan Y D，Wang H L. Chloride diffusion in the cracked concrete[C]//Fracture Mechanices of Concrete and Concrete Structure：Assessment Durability，Monitoring and Retrofitting of Concrete Structures. Seoul，Korea：Korea Concrete Institute，2010.

[12] Wang K，Jansen D C，Shah S P，et al. Permeability study of cracked concrete[J]. Cement and Concrete Research，1997，27（3）：381-393.

[13] Aldea C，Shah S P，Karr A. Effect of cracking on water and chloride permeability of concrete[J]. Joural of Materials in Civil Engineering，1999，11（3）：181-187.

[14] Djerbi A，Bonnet S，Khelidj A，et al. Influence of traversing crack on chloride diffusion into concrete[J]. Cement and Concrete Research，2008，38（6）：877-883.

[15] Jang S Y，Kim B S，Oh B H. Effect of crack width on chloride diffusion coefficients of concrete by steady-state migration test[J]. Cement and Concrete Research，2011，41（1）：9-19.

[16] Zhang S F，Lu C H，Liu R G. Experimental determination of chloride penetration in cracked concrete beams[J]. Procedia Engineering，2011，24：380-384.

[17] Kato E，Kato Y，Uomoto T. Development of simulation model of chloride ion transportation in cracked concrete[J]. Journal of Advanced Concrete Teachnology，2005，3（1）：85-94.

[18] Yoon I S，Schlangen E，de Rooij M R，et al. The effect of cracks on chloride penetration into concrete[J]. Key Engineering Materls，2007，348：769-772.

[19] Akhavan A. Characterizing saturated mass transport in fractured cementitious materials[D]. Pensylvania：Pennsylvania State University，2012.

[20] 穆松，刘建忠. 基于混凝土裂缝特征的氯离子传输性质研究进展[J]. 硅酸盐学报，2015，43（6）：830-838.

第 7 章　结构裂缝对混凝土耐久性劣化进程及损伤行为

7.1　概　　述

在实际工程混凝土结构中，裂缝总是存在的，它是混凝土材料自身固有的特征之一，同时也是影响混凝土结构耐久性的重要因素。混凝土结构的耐久性失效多涉及各种有害介质从外部向内部的渗透或迁移，因此通常将混凝土的抗渗性作为耐久性评价的一个综合指标，而混凝土材料的抗渗性又与它的各种缺陷，尤其是裂缝状况密切相关。混凝土中裂缝的存在，为氯离子的侵蚀开辟了阻力小、路径短的理想通道，使得氯离子侵蚀由混凝土表面向孔隙渗透，再由孔隙向钢筋渗透的模式逐步转变为由混凝土表面向裂缝渗透，再由裂缝向深处孔隙渗透，或者直接向钢筋渗透的模式，加快了氯离子在混凝土中的迁移速度，因此，混凝土裂缝是影响混凝土结构耐久性的一个关键因素。鉴于此，各国在考虑构筑物的耐久性与使用寿命时，都规定了一个允许裂缝宽度值，该值随服役环境及结构形式的改变而不同，范围一般处于0.15～0.3mm[1]，并且各国及各地区之间也有所差异(表7-1)，如欧洲混凝土结构 CEB/FIP 规范规定裂缝宽度为 0.3mm[2]，美国混凝土协会（American Concrete Institute，ACI）规范规定裂缝为 0.15mm[3]，欧洲结构设计规范 ENV 1991 规定裂缝宽度最大为 0.3mm[4]，英国混凝土规范 BS8110 规定的裂缝宽度允许值也是 0.3mm[5]。美国 ACI 对受干湿循环或海水侵蚀的受拉混凝土结构表面最大裂缝宽度限制在 0.15mm，认为超过这个标准混凝土裂缝将很难愈合。

表 7-1　各国所提出的由耐久性决定的容许裂缝宽度标准值

国家	使用条件或结构构件承载状态		容许裂缝宽度/mm	提案方
中国	钢筋混凝土构件	环境作用等级 A（轻微）	0.40	《混凝土结构耐久性设计规范》(GB/T 50476—2008)
		环境作用等级 B（轻度）	0.30	
		环境作用等级 C（中度）[1]	0.20	
		环境作用等级 D（严重）[1]	0.20	
		环境作用等级 E、F（非常严重）[1]	0.15	
	水运工程钢筋混凝土构件	海水环境大气区	0.20	《水运工程混凝土质量控制标准》（JTS 202-2—2011）
		海水环境浪溅区	0.20	
		海水环境水位变动区	0.25	
		海水环境水下区	0.30	

续表

国家	使用条件或结构构件承载状态		容许裂缝宽度/mm	提案方
中国	公路工程钢筋混凝土构件	冻融、氯盐及化学腐蚀环境 D^2	0.20	《公路工程混凝土结构防腐蚀技术规范》（JTG/T B07-01—2006）
		冻融、氯盐及化学腐蚀环境 E^2	0.15	
		冻融、氯盐及化学腐蚀环境 F^2	0.10	
美国	户内	普通构件	0.40	ACI 和美国 ACI224 委员会
	户外	干燥空气或者有保护层	0.40	
		潮湿空气或土壤中	0.33	
		化学与防冻剂相接触时	0.175	
		受海水风潮干湿交替作用时	0.15	
		防水结构构件	0.10	
俄罗斯			0.20	钢筋混凝土规范
英国	普通承载构件		0.30	BS8110
	强腐蚀环境		0.004tc	
	海洋环境		0.30	
法国			0.40	
瑞典	仅考虑路桥的静荷重		0.30	
	静荷重+1/2 有效荷载		0.40	
欧洲	腐蚀环境下		0.10	欧洲混凝土委员会
	无涂层的普通构件		0.20	
	有涂层的普通构件		0.30	
日本	离心钢筋混凝土电杆，受设计载荷、弯矩作用		0.25	日本工业标准 JIS
	超过设计载荷、弯矩作用		0.05	

注：对于海洋氯化物环境下的钢筋混凝土结构，环境作用等级从 C 到 F，其中 C 为水下区，E、F 为炎热地区浪溅区和水位变动区；公路工程混凝土结构氯盐环境 D 包括水下区和大气区，E 为非炎热地区浪溅区和水位变动区，F 为炎热地区浪溅区和水位变动区

一般环境下，通常认为裂缝宽度对于钢筋锈蚀没有显著影响。传统观点认为，裂缝的存在会使钢筋锈蚀加速，降低结构寿命，但数十年来国内外所做的多批带裂缝混凝土构件长期暴露试验及工程的实际调查表明，裂缝宽度与钢筋锈蚀程度并无明显直接关系。裂缝宽度与开裂截面处的钢筋开始出现锈蚀的时间可能有一定关系，但从构件的长期使用期来看是可以忽略的，因为锈蚀开始后，钢筋的电化学腐蚀速度主要取决于保护层混凝土的质量，而与裂缝宽度无关。美国 ACI318 规范自 1999 年开始取消了以往室内、室外区别对待裂缝宽度允许值的做法，认为在一般的大气环境条件下，裂缝宽度控制并无特别意义。许多国家的规范自 20 世纪 90 年代起纷纷将良好环境下的最大裂缝宽度允许值提高到 0.4mm。欧盟规范

EN1992-1-1 认为“只要裂缝不削弱结构功能，可以不对其加以任何控制”“对于干燥或永久潮湿环境，裂缝控制仅保证可接受的外观；若无外观条件，0.4mm 的限值可以放宽”。

但是在海水、除冰盐等腐蚀环境下，较宽的裂缝是否更为有害，以往的认识较为一致，如在腐蚀最为严重的海水干湿交替浪溅区，裂缝宽度限值多低到 0.1mm。氯盐环境常引起钢筋的坑蚀，早期英国、美国的规范，对氯盐环境下的允许裂缝宽度有较为严格的要求，通常取 0.15～0.20mm，自 20 世纪 80 年代以来，裂缝宽度的限值也开始放宽，欧洲混凝土协会与国际预应力混凝土学会的《1990 混凝土结构设计模式规范》（1991 年最终稿）中专门指出，除了有水密性要求或特殊环境暴露级别外，0.3mm 的裂缝宽度限值已能满足外观需要和包括海洋环境在内的耐久性要求。在欧盟的欧洲规范 EN1992-1-1 中裂缝宽度也提高到 0.3mm。这里所说的最大裂缝宽度都针对普通钢筋，并不包括预应力钢丝、钢绞线和冷轧钢筋那样对锈蚀敏感且容易脆断的高强钢筋。

从国内规范来看，2009 年颁布实施的国家标准《混凝土结构耐久性设计规范》（GB/T 50476—2008）对混凝土构件的裂缝宽度限制比较严格，规定海洋环境混凝土表面最大裂缝宽度不能超过 0.20mm，2006 年颁布的《公路工程混凝土结构防腐蚀技术规范》（JTG/T B07-01—2006）采取了与《混凝土结构耐久性设计规范》相同的规定。而 2012 年颁布实施的行业标准《水运工程混凝土质量控制标准》（JTS202-2—2011）则将水位变动区和水下区的最大裂缝宽度分别放宽至 0.25mm 和 0.30mm。

采用限制最大裂缝宽度来保证结构的耐久性较为方便，但实际上带有一定的主观性，使用过程中，裂缝宽度大于允许值时，结构不一定产生耐久性失效，而实际裂缝宽度小于允许值时，并不能保证结构耐久性是可靠的。大多数研究结果表明，裂缝宽度越大，对混凝土耐久性的危害越大。

Wang 等[6]研究认为，混凝土的渗透性随着裂缝宽度的增加而增加，当裂缝宽度小于 0.05mm 时，裂缝宽度对渗透性的影响很小；当裂缝宽度为 0.05～0.2mm 时，随着裂缝宽度的增加渗透性快速增加；当裂缝宽度超过 0.2mm 时，渗透性随着裂缝宽度增加的速率变化不大。Mustafa[7]研究显示，当裂缝宽度 $d<135\mu m$ 时，裂缝宽度对扩散系数影响不是很明显；当裂缝宽度 $d>135\mu m$ 时，随裂缝宽度的增加，扩散系数显著增加，开裂混凝土扩散系数比未开裂混凝土大 1～2 个数量级。Aldea 等[8]研究了宽度为 50～400μm 裂缝试件的快速氯离子渗透试验，发现宽度小于 200μm 的裂缝对氯离子扩散影响不大，宽度在 200～400μm 的裂缝会明显加剧氯离子的扩散，并且只有低水灰比的高强混凝土氯离子渗透性才对裂缝敏感。对于宽度在 0.05～0.5mm 的裂缝，氯离子从裂缝处快速渗入，然后从裂缝端面扩散进入混凝土，氯离子的渗透随裂缝密度的增加而增加[9, 10]。对于宽度在 0.1～0.5mm 的裂缝，氯离子渗透性增量与裂缝开口面积呈线性关系[11]。然而，Rodriguez 的研究发现，氯离子在混凝土中的扩散是独立的，与裂缝宽度和粗糙度无关。

Samaha 和 Hover[12]采用氯离子快速渗透试验（rapid chloride permeability test，RCPT）研究了裂缝对氯离子渗透的影响，发现 $d≤200μm$ 的裂缝对氯离子渗透没有影响，$d>200μm$ 的裂缝导致较高的渗透性。但是，Marsavina 等[13]采用同样的方法研究了裂缝对氯离子渗透的影响，实验结果却不一样。试验配制了 3 组不同配合比的混凝土，对于第 3 组来说，裂缝宽度越小，渗透深度越小，但是第 2 组的实验结果表明宽度对渗透深度并没有明显的影响。因此，对于存在一定宽度和连通性裂缝的试件，氯离子快速试验方法是否适用还有待考证。Jang 等[14]和 Djerbi 等[15]利用一种新的稳态测试方法研究裂缝宽度对混凝土渗透性的影响，两者取得的临界裂缝宽度也近似相等（约 80μm）。从以往的研究结果来看，混凝土中的裂缝宽度越大，氯离子的渗透越严重[16]。但是，Sakai 和 Sasaki[17]研究了海水中浸泡 10 年的开裂混凝土，发现 $d≤0.1mm$ 裂缝处的氯离子浓度大于更大裂缝处的氯离子浓度（$d>0.3mm$）。另外，还有研究发现不仅宽度、深度影响混凝土的渗透性，裂缝的取向对钢筋混凝土结构的耐久性也有很大的影响。Poursaee 等[18]研究了横向裂缝及纵向裂缝对钢筋混凝土结构锈蚀的影响，研究发现，当裂缝平行于钢筋（纵向裂缝）时，即使混凝土表面的裂缝宽度只有 0.1mm（远远低于加拿大交通部规定的极限宽度 0.3mm），与普通混凝土相比，高性能混凝土也没有起到保护钢筋锈蚀的作用；而当裂缝垂直于钢筋时，高性能混凝土能够对钢筋起到很好的保护作用，这主要是纵向裂缝使钢筋暴露在氯盐环境中的面积大大增加，往往要比横向裂缝中的暴露面积增大几倍到几十倍，这使得高性能混凝土的保护作用大大降低。因此，在纵向裂缝状况下，高性能混凝土对钢筋的防护作用与普通混凝土相似。

裂缝对混凝土渗透性的影响是一个非常复杂且尚未搞清楚的问题，并且由于裂缝对混凝土渗透性的影响缺乏一个系统的评价标准，各个研究者采用的开裂方式、渗透性的检测方法及介质均不同，造成研究结果之间的不可对比性，有时甚至会出现相互矛盾的结论。因此，本章拟对混凝土结构裂缝处的氯离子渗透及钢筋锈蚀进行研究，探求结构裂缝对混凝土氯离子渗透及钢筋腐蚀规律的影响，从耐久性角度为限制裂缝宽度提供试验依据。

7.2　混凝土构件结构裂缝的制作

结构裂缝是指由外加荷载导致混凝土构件表面出现的横向裂缝，裂缝方向一般垂直于钢筋方向，区别于钢筋锈蚀引起的顺筋裂缝。这类裂缝的产生究其力学机理，都是结构整体或局部构件的强度、刚度、延性不足引起的。

试验采用 100mm×100mm×500mm 的钢筋混凝土梁，梁体中预埋两根直径为 8mm 的普通圆钢，混凝土保护层厚度设为 20mm，另取部分试件保护层厚度为 70mm，作为对比试件。混凝土试件的成型和裂缝制作如图 7-1 所示。

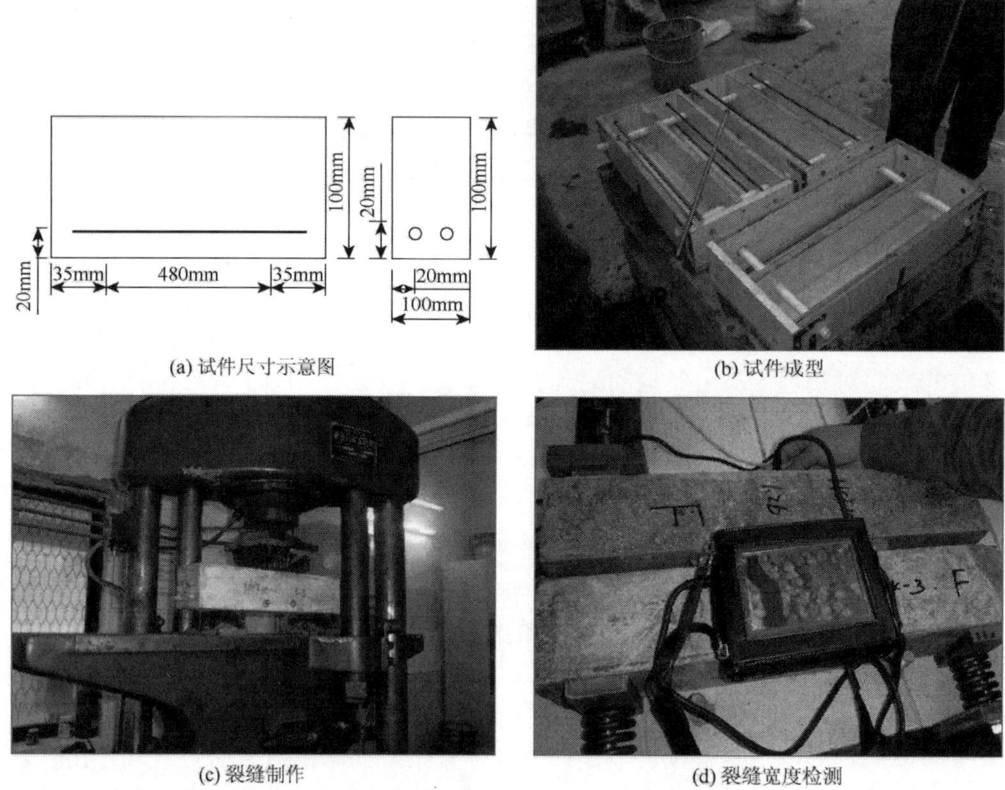

(a) 试件尺寸示意图　(b) 试件成型

(c) 裂缝制作　(d) 裂缝宽度检测

图 7-1　试件表面混凝土荷载裂缝的制作

试验模拟试件受弯产生的裂缝，即混凝土梁在弯矩作用下产生的裂缝，是混凝土构件最常见的裂缝形态，又称垂直裂缝。裂缝宽度参照国内外相关规范，取值分别为 0.1mm、0.15mm、0.20mm 与 0.25mm，裂缝制作步骤如下。

（1）成型钢筋混凝土试件，标准养护 28d 后，利用液压万能试验机（量程 0～120kN），采用四点加载进行预开裂。为了维持裂缝的稳定扩展，加载速度不宜超过 0.4kN/S，加载速度过快容易造成裂缝宽度过大或者裂缝贯穿整个试件。试验加载速度通过经验所得。

（2）预开裂过程中，利用裂缝宽度观测仪同步监测宽度大小，并记录相应的试件荷载。

（3）裂缝宽度达到一定大小时，卸载钢筋混凝土试件。外加荷载的卸除会使得裂缝发生部分恢复。

（4）采用自行设计的加载装置对开裂试件进行二次加载，将裂缝宽度初步微调到试验宽度。

（5）二次调整。试件放置一段时间，由于松弛会引发裂缝宽度发生一定变化，再次调整保证裂缝宽度的精确性。

图 7-2 和图 7-3 分别为液压万能试验机作用下钢筋混凝土构件裂缝宽度随荷载的变化及裂缝监测宽度。从图 7-2 可以看出，一旦构件出现裂缝后，混凝土裂缝宽度随着荷载的增加逐渐变大，对于保护层厚度为 20mm 的试件，裂缝宽度与荷载之间具有良好的线性关系（R^2=0.9308）。然而，对于保护层厚度为 70mm 的钢筋混凝土试件，在液压机作用下裂缝宽度很难控制，较小的荷载可能引发裂缝的突然产生、扩展甚至贯穿，使得荷载作用下裂缝宽度发展无规律可循。

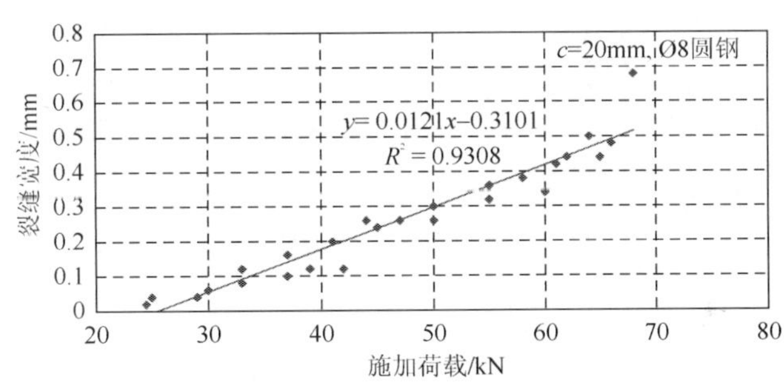

图 7-2　裂缝宽度与施加荷载的关系

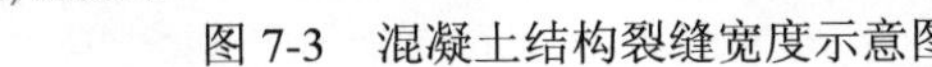

(a) 0.10mm　　(b) 0.15mm

图 7-3　混凝土结构裂缝宽度示意图

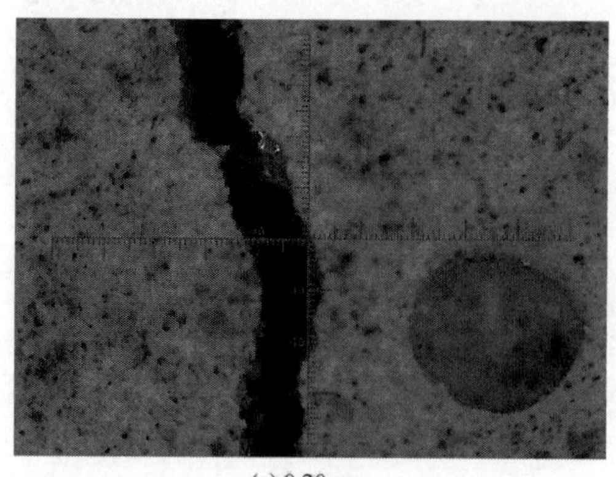
(c) 0.20mm

(d) 0.25mm

图 7-3 混凝土结构裂缝宽度示意图（续）

7.3 裂缝宽度对氯离子在混凝土中渗透的影响

将预先制作不同裂缝宽度试件的两个侧面用无色透明环氧树脂进行封闭，使氯离子只能从混凝土的暴露面垂直向里渗透。将预处理好的混凝土试件置于海水模拟试验箱的浪溅区和水位变动区，进行室内海水模拟试验。海水模拟箱的温度控制为20℃，湿度为 60%，氯离子浓度为 1.50%～1.55%。试件分别放置在海水模拟试验箱的水位变动区和浪溅区。混凝土试件取样示意和实物分别如图 7-4 和图 7-5 所示。

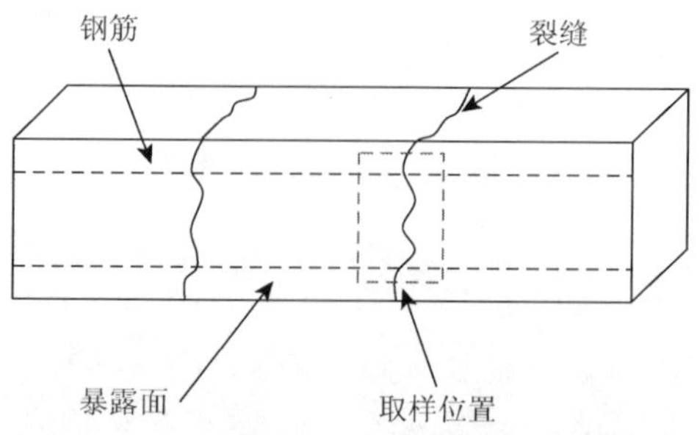

图 7-4 混凝土试件取样示意图

经过 56d 和 90d 干湿循环后，卸载取样，垂直暴露面沿裂缝深度方向取样，取样深度一直延伸到钢筋表面。另取无裂缝试件氯离子浓度分布作为对比。

7.3.1 裂缝宽度对浪溅区混凝土氯离子浓度分布的影响

浪溅区暴露 56d 后混凝土内不同深度各层粉样的氯离子含量如图 7-6～图 7-9 所示。

图 7-5　混凝土试件取样实物图

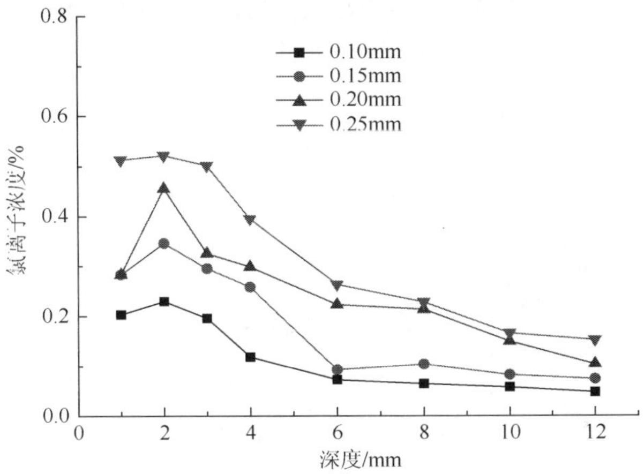

图 7-6　浪溅区暴露 56d 纯水泥试件氯离子浓度分布

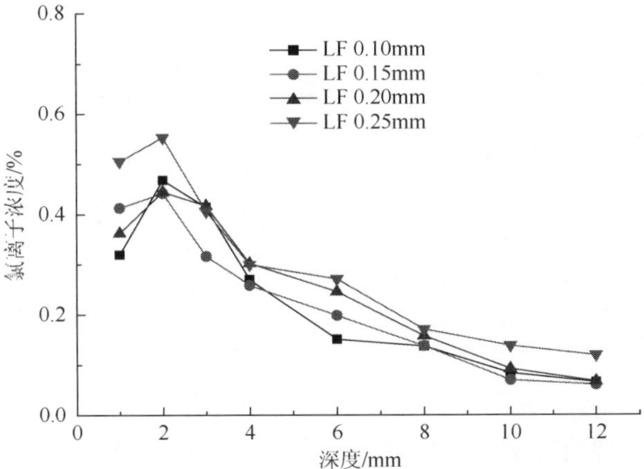

图 7-7　浪溅区暴露 56d 粉煤灰试件氯离子浓度分布

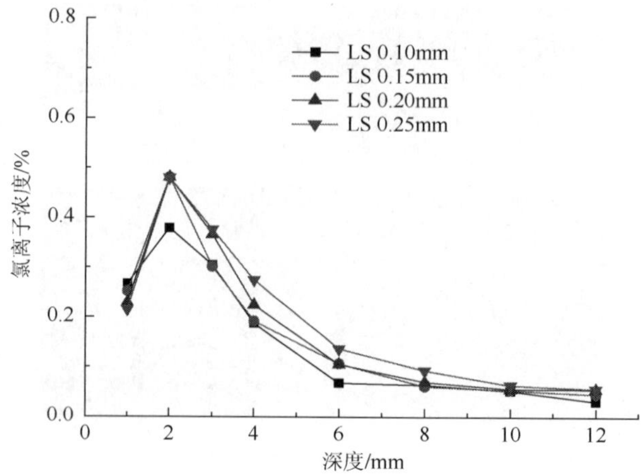

图 7-8 浪溅区暴露 56d 矿渣粉试件氯离子浓度分布

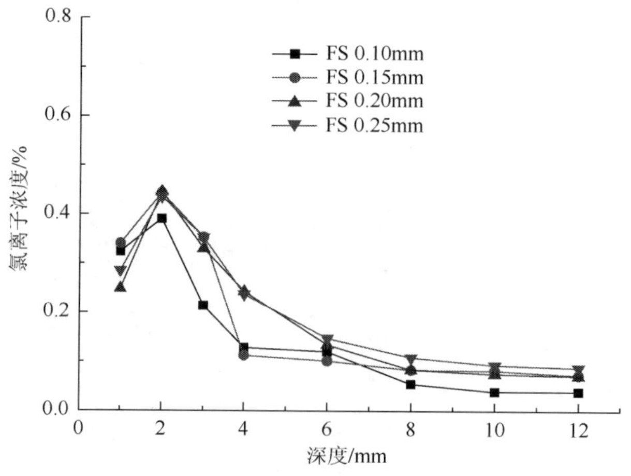

图 7-9 浪溅区暴露 56d 复合掺合料试件氯离子浓度分布

由图 7-6～图 7-9 可知，裂缝宽度对氯离子在混凝土内的渗透有较大的影响，尽管测试的结果有一定的离散型，但是不同配合比混凝土试件的氯离子浓度总体上是随裂缝宽度的增加而增大，当裂缝宽度增加至 0.25mm 时，混凝土试件内的氯离子浓度分布要明显高于裂缝宽度为 0.10mm 试件在同样深度处的氯离子浓度。同时，在裂缝宽度相同的条件下且混凝土深度超过 4mm 后，单掺矿渣粉混凝土试件和复合掺合料混凝土试件的氯离子浓度要低于同样深度处的纯水泥混凝土试件和单掺粉煤灰混凝土试件，如纯水泥混凝土试件和粉煤灰混凝土试件，当裂缝宽度为 0.25mm 时混凝土深度 12mm 处的氯离子浓度分别为 0.1522%和 0.1193%，但矿渣粉混凝土试件和复合掺合料混凝土试件的氯离子浓度分别降低为 0.0567%和 0.088%。

暴露 90d 时浪溅区混凝土内各层粉样的氯离子含量如图 7-10～图 7-13 所示。

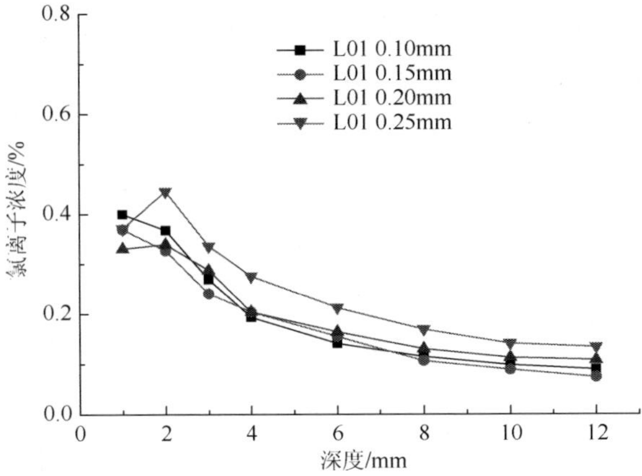

图 7-10　浪溅区暴露 90d 纯水泥试件氯离子浓度分布

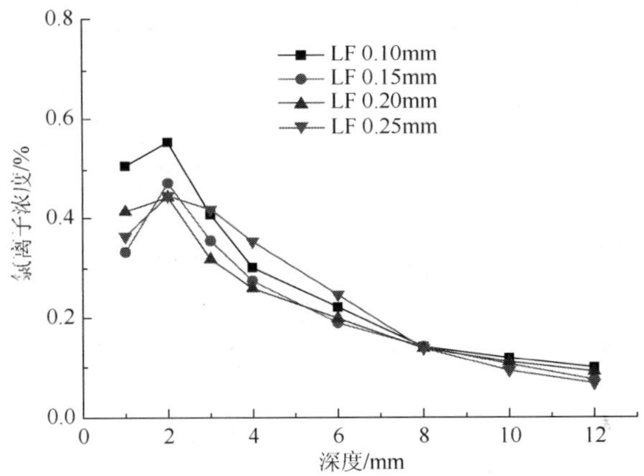

图 7-11　浪溅区暴露 90d 粉煤灰试件氯离子浓度分布

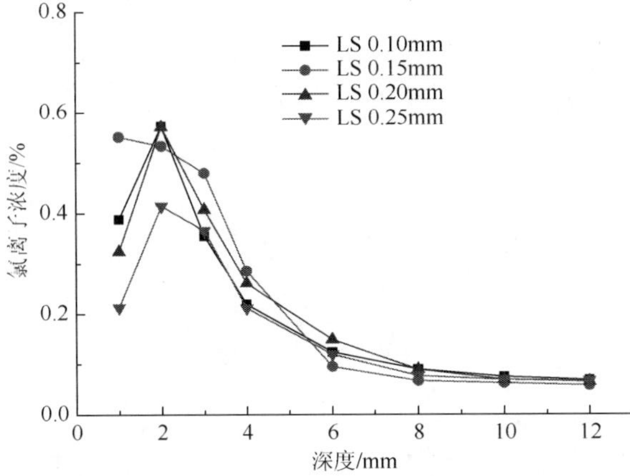

图 7-12　浪溅区暴露 90d 矿渣粉试件氯离子浓度分布

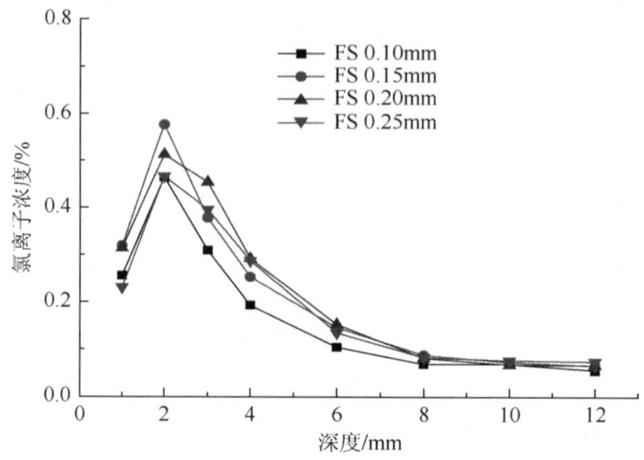

图 7-13　浪溅区暴露 90d 复合掺合料试件氯离子浓度分布

由图 7-10～图 7-13 可知，不同配合比混凝土试件置于海水模拟试验箱的浪溅区暴露 90d 后混凝土试件的氯离子浓度，总体上随裂缝宽度的增加而增大，当裂缝宽度增加至 0.25mm 时，混凝土试件内的氯离子浓度分布要明显高于裂缝宽度为 0.10mm 试件在同样深度处的氯离子浓度。同时，在裂缝宽度相同的条件下且混凝土深度超过 6mm 后，单掺矿渣粉混凝土试件和复合掺合料混凝土试件的氯离子浓度要低于同样深度处的纯水泥混凝土试件和单掺粉煤灰混凝土试件，如纯水泥混凝土试件和粉煤灰混凝土试件，当裂缝宽度为 0.25mm 时混凝土深度 10mm 处的氯离子浓度分别为 0.1408%和 0.0929%，但矿渣粉混凝土试件的氯离子浓度为 0.0687%。

7.3.2　裂缝宽度对水位变动区混凝土氯离子浓度分布的影响

水位变动区暴露 56d 龄期时混凝土内的氯离子浓度分布如图 7-14～图 7-17 所示。

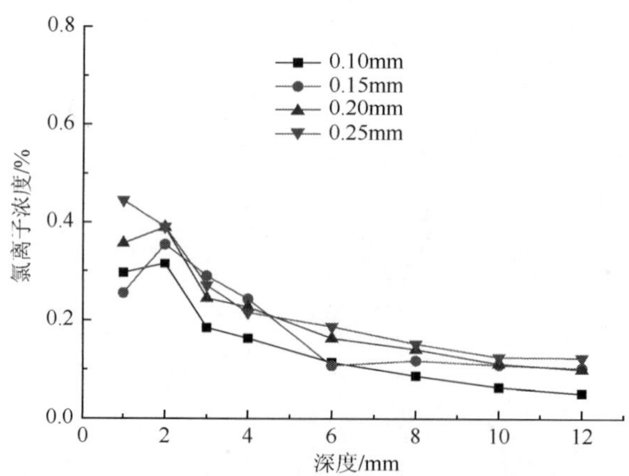

图 7-14　水位变动区暴露 56d 纯水泥试件氯离子浓度分布

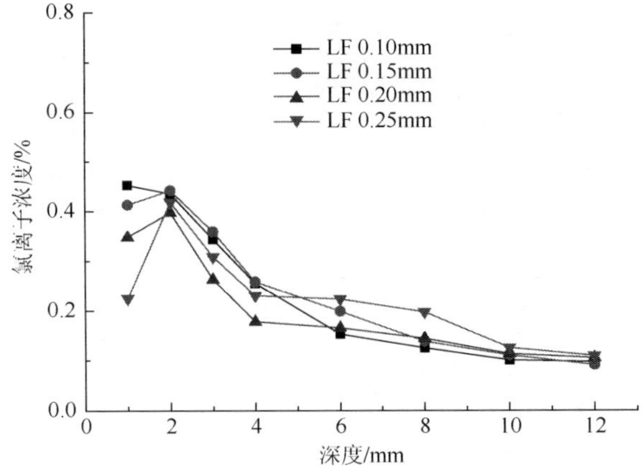

图 7-15　水位变动区暴露 56d 粉煤灰试件氯离子浓度分布

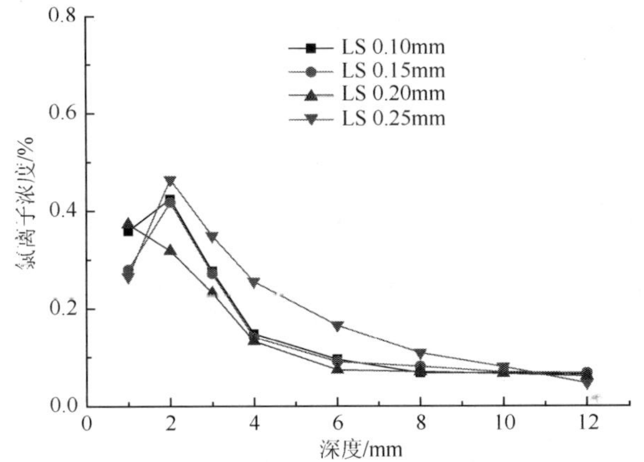

图 7-16　水位变动区暴露 56d 矿渣粉试件氯离子浓度分布

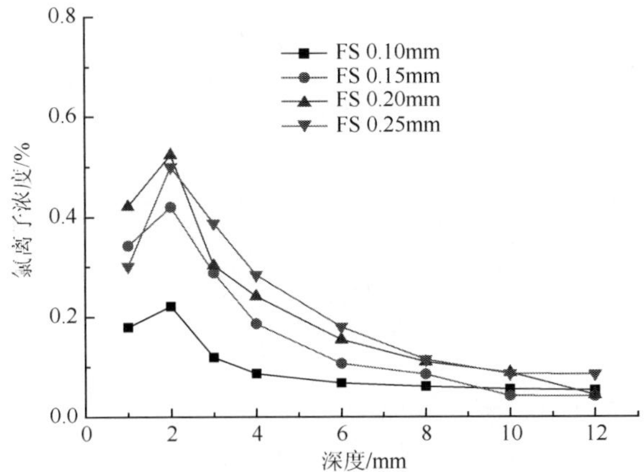

图 7-17　水位变动区暴露 56d 复合掺合料试件氯离子浓度分布

由图 7-14～图 7-17 可知，对于不同配合比混凝土试件，混凝土不同深度处的氯离子浓度总体上是随裂缝宽度的增加而增大，当裂缝宽度增加至 0.25mm 时，混凝土试件内的氯离子浓度分布要明显高于裂缝宽度为 0.10mm 试件在同样深度处的氯离子浓度。同时，裂缝宽度相同的条件下且混凝土深度超过 8mm 后，单掺矿渣粉混凝土试件和复合掺合料混凝土试件的氯离子浓度要低于同样深度处的纯水泥混凝土试件和单掺粉煤灰混凝土试件。

相同配合比和相同裂缝宽度的混凝土试件的同一深度处，暴露龄期为 56d 时浪溅区试件的氯离子浓度整体上要高于水位变动区混凝土试件的氯离子浓度。

在水位变动区暴露 90d 龄期时混凝土内的氯离子浓度分布如图 7-18～图 7-21 所示。

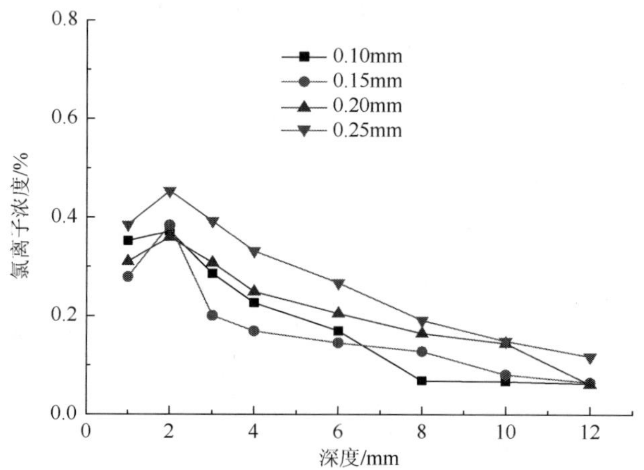

图 7-18　水位变动区暴露 90d 纯水泥试件氯离子浓度分布

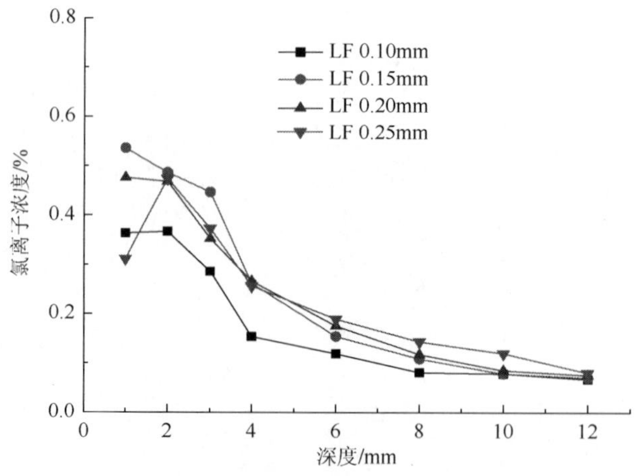

图 7-19　水位变动区暴露 90d 粉煤灰试件氯离子浓度分布

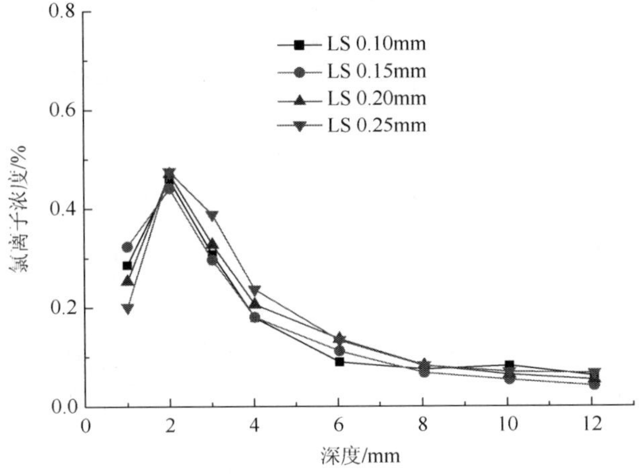

图 7-20　水位变动区暴露 90d 矿渣粉试件氯离子浓度分布

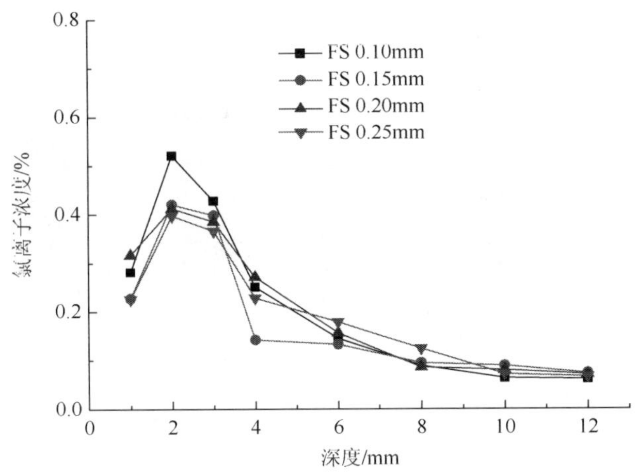

图 7-21　水位变动区暴露 90d 复合掺合料试件氯离子浓度分布

由图 7-18～图 7-21 可知，尽管配合比参数不同，但是混凝土内的氯离子浓度随渗透深度的增加而降低，对于同样的配合比试件，裂缝宽度增加至 0.25mm 时，混凝土试件内的氯离子浓度分布要明显高于裂缝宽度为 0.10mm 试件在同样深度处的氯离子浓度。同时，在裂缝宽度相同的条件下且混凝土深度超过 6mm 后，单掺矿渣粉混凝土试件和复合掺合料混凝土试件的氯离子浓度要低于同样深度处的纯水泥混凝土试件和单掺粉煤灰混凝土试件，如纯水泥混凝土试件当裂缝宽度为 0.25mm 时混凝土深度 10mm 处的氯离子浓度为 0.1448%，但矿渣粉混凝土试件的氯离子浓度为 0.0757%。

7.4　裂缝宽度对混凝土氯离子扩散系数的影响

7.4.1　裂缝宽度对浪溅区混凝土氯离子扩散系数的影响

不同配合比混凝土试件和不同裂缝宽度的混凝土试件置于浪溅区 56d 和 90d 暴露龄期的氯离子扩散系数如图 7-22～图 7-25 所示。

由图 7-22～图 7-25 可知，对于相同的混凝土配合比，混凝土试件的氯离子扩散系数随裂缝宽度的增加而增大，裂缝宽度相同时，暴露龄期为 90d 的混凝土试件

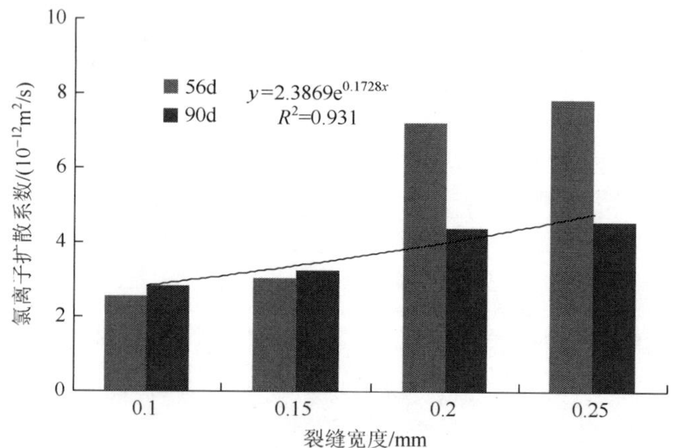

图 7-22　裂缝宽度对浪溅区纯水泥混凝土氯离子扩散系数的影响

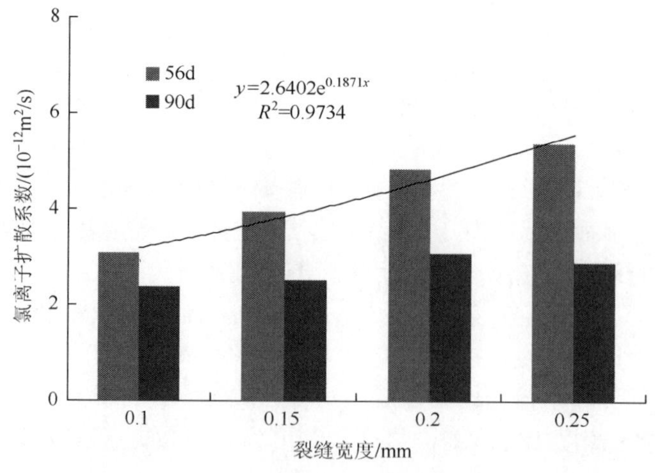

图 7-23　裂缝宽度对浪溅区粉煤灰混凝土氯离子扩散系数的影响

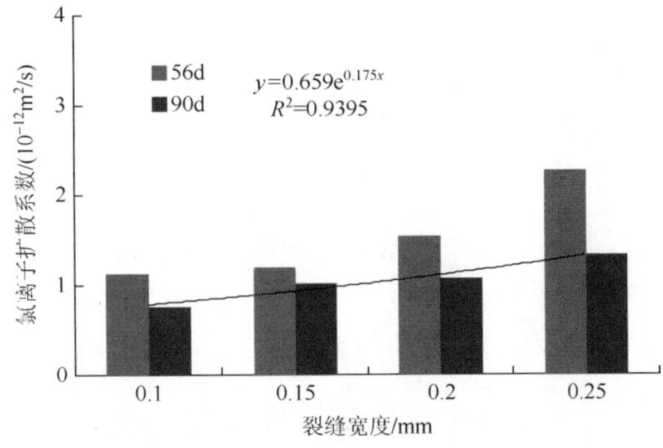

图 7-24　裂缝宽度对浪溅区矿渣粉混凝土氯离子扩散系数的影响

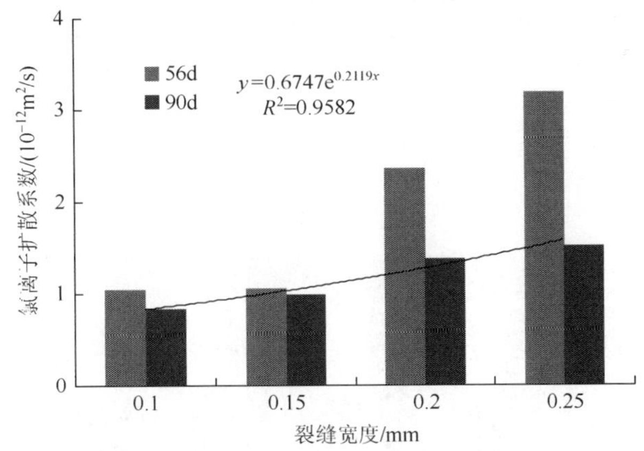

图 7-25　裂缝宽度对浪溅区复合掺合料混凝土氯离子扩散系数的影响

的氯离子扩散系数要低于暴露龄期为 56d 的混凝土试件的氯离子扩散系数。同时，当裂缝宽度由 0.10mm 增加至 0.15mm 时，混凝土试件的氯离子扩散系数变化并不明显，但进一步提高混凝土试件的裂缝宽度，氯离子扩散系数会有明显的增加。

考虑混凝土内掺合料的水化较为缓慢导致氯离子扩散系数的衰减，所以采用暴露龄期为 90d 的混凝土试件的氯离子扩散系数与裂缝宽度进行曲线拟合，各配合比试件的氯离子扩散系数与裂缝宽度呈指数函数关系，氯离子扩散系数与裂缝宽度间的关系可表示为 $y=A\cdot e^{Bx}$。

7.4.2　裂缝宽度对水位变动区混凝土氯离子扩散系数的影响

置于水位变动区暴露 56d 和 90d 龄期的不同配合比和不同裂缝宽度混凝土试件的氯离子扩散系数如图 7-26～图 7-29 所示。

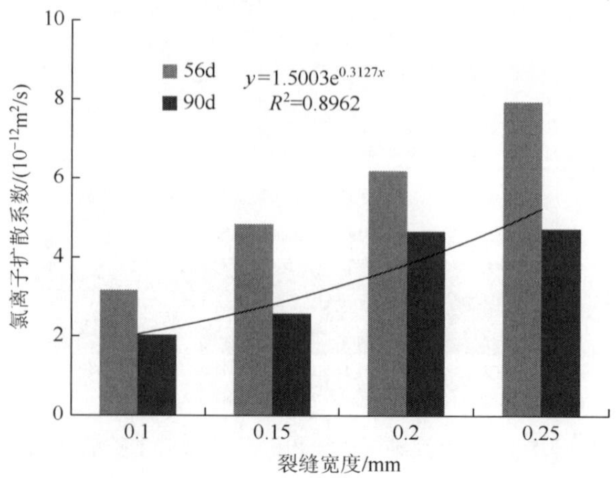

图 7-26　裂缝宽度对水变区纯水泥混凝土氯离子扩散系数的影响

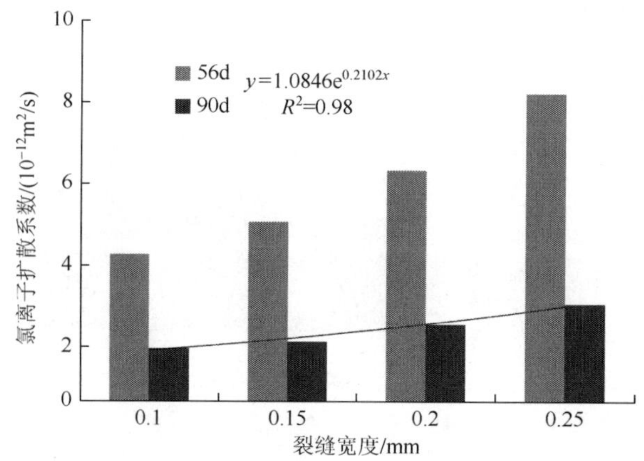

图 7-27　裂缝宽度对水变区粉煤灰混凝土氯离子扩散系数的影响

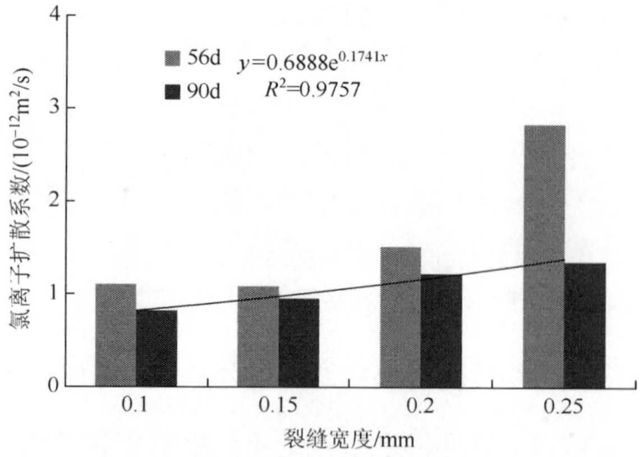

图 7-28　裂缝宽度对水变区矿渣粉混凝土氯离子扩散系数的影响

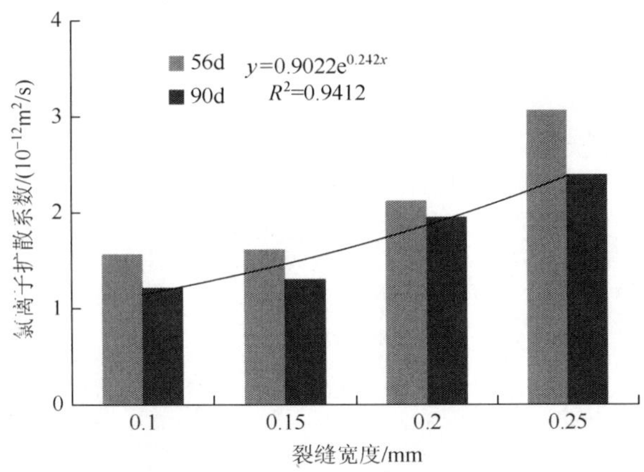

图 7-29　裂缝宽度对水变区复合掺合料混凝土氯离子扩散系数的影响

由图 7-26～图 7-29 可知，暴露于水位变动区的混凝土试件，对于相同的混凝土配合比，试件的氯离子扩散系数随裂缝宽度的增加而增大，裂缝宽度相同时，暴露龄期 90d 的混凝土试件的氯离子扩散系数要低于暴露龄期 56d 的混凝土试件的氯离子扩散系数。此外，对于含有粉煤灰和矿渣粉等掺合料的混凝土试件，暴露龄期为 56d 和 90d 龄期，当裂缝宽度由 0.10mm 增加至 0.15mm 时氯离子扩散系数的变化并不显著，进一步提高混凝土试件的裂缝宽度，氯离子扩散系数会有明显的增加，如暴露龄期为 90d 的复合掺合料混凝土试件，裂缝宽度为 0.10mm 时试件的氯离子扩散系数为 $1.22\times10^{-12}m^2/s$，裂缝宽度增加至 0.15mm 时氯离子扩散系数为 $1.31\times10^{-12}m^2/s$，扩散系数增加了 7.4%，而裂缝宽度为 0.25mm 时氯离子扩散系数增加了 96%。

同时，90d 龄期时不同裂缝宽度的混凝土试件的氯离子扩散系数要低于 56d 暴露龄期时同样裂缝宽度试件的氯离子扩散系数，对于粉煤灰混凝土试件和单掺矿渣粉混凝土试件，扩散系数的变化值较为显著，考虑混凝土内掺合料的水化及氯离子扩散系数的衰减，采用暴露龄期为 90d 的混凝土试件的氯离子扩散系数与裂缝宽度进行曲线拟合，各配合比试件的氯离子扩散系数与裂缝宽度具有较好的指数函数关系。

7.4.3　混凝土氯离子扩散系数的裂缝影响因子

由上述实验可知，当混凝土的表面裂缝由 0.10mm 增加至 0.15mm 时，浪溅区和水位变动区的混凝土试件的氯离子扩散系数变化并不明显，进一步提高混凝土试件的裂缝宽度会引起氯离子扩散系数的显著变化，且氯离子扩散系数与裂缝宽度呈近似指数函数关系。在不考虑暴露环境区域和暴露龄期的影响下，不同配合比混凝土试件裂缝宽度与氯离子扩散系数的关系如图 7-30～图 7-33 所示。

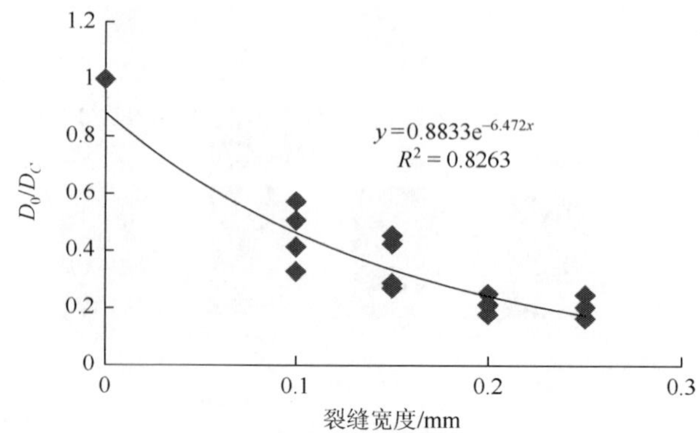

图 7-30 纯水泥混凝土试件裂缝宽度与氯离子扩散系数的关系

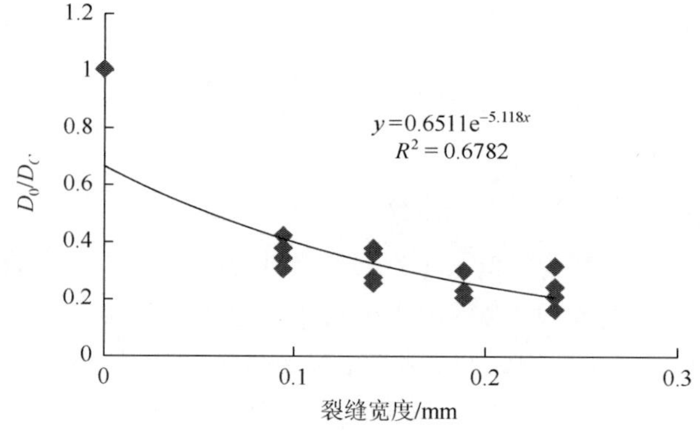

图 7-31 粉煤灰混凝土试件裂缝宽度与氯离子扩散系数的关系

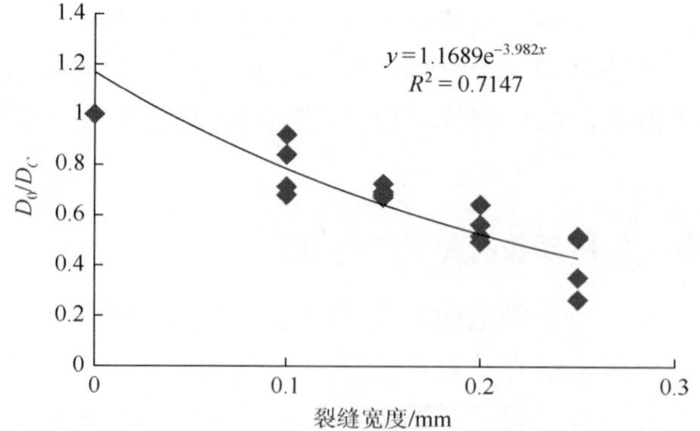

图 7-32 矿渣粉混凝土试件裂缝宽度与氯离子扩散系数的关系

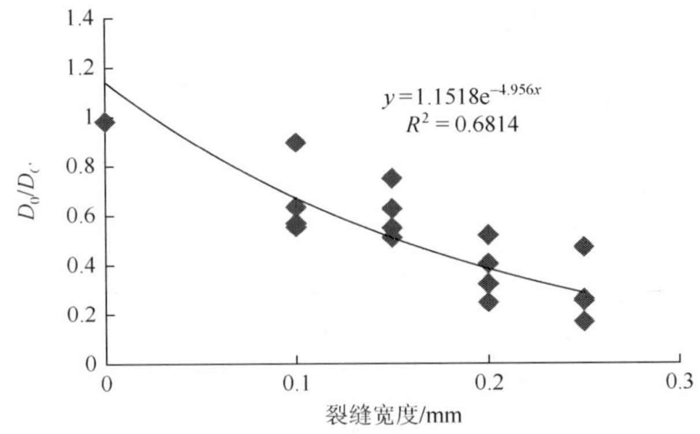

图 7-33 复合掺合料混凝土试件裂缝宽度与氯离子扩散系数的关系

在不考虑混凝土暴露龄期和暴露区域的条件下，混凝土的胶凝材料体系不同，裂缝宽度对氯离子扩散系数的影响也有差异，但裂缝宽度与氯离子扩散系数的关系呈近似指数函数关系：

$$\frac{D_0}{D_C}=A\cdot e^{-BC} \tag{7-1}$$

式中，C 为自变量裂缝宽度；D_0 为无荷载混凝土试件的氯离子扩散系数；D_C 为裂缝宽度为 C（mm）的混凝土试件裂缝处的氯离子扩散系数；A 和 B 为与胶凝材料种类有关的常数。在本书中，不同胶凝材料体系的 A、B 取值见式（7-2）：

$$\frac{D_0}{D_C}=\begin{cases}0.883\cdot e^{-6.47C} & \text{纯水泥}\\ 0.651\cdot e^{-5.12C} & \text{30\%粉煤灰}\\ 1.169\cdot e^{-3.98C} & \text{70\%矿粉}\\ 1.152\cdot e^{-4.96C} & \text{复合掺合料}\end{cases} \tag{7-2}$$

引起 A 和 B 变化的原因是掺合料的水化活性与水泥的水化活性不同，且不同品种的掺合料水化活性也不相同。

开裂混凝土内的氯离子侵入方式与完好混凝土内的侵入方式有所不同，除环境条件因素外，主要受混凝土材料自身的影响，具体体现在以下三个方面。

（1）裂缝的存在破坏了混凝土的完整性，为氯离子的侵入提供了一个理想通道，侵入方式由原来的以扩散为主转变成扩散、对流及毛细作用等综合的输运模式，并受到裂缝开展参数，如表面宽度、深度及开裂路径等的综合影响。

（2）裂缝的存在也加快了水分的渗入，可使周围混凝土的水化作用更加充分，其产物将填充一部分裂缝空间（裂缝自愈合效应）对氯离子的侵入有一定的阻碍作用。

（3）构件开裂后，裂缝周围的混凝土将回缩，同时拉应力减小，靠近裂缝处的混凝土拉应力为零，可使该处混凝土的抗渗性能有所提高。

7.5 裂缝宽度对混凝土内钢筋锈蚀起始时间的影响

通常，混凝土中裂缝的存在并不影响混凝土结构的承受荷载能力，但裂缝的存在为侵蚀介质尤其是海洋环境中的氯离子渗透提供便捷通道，从而给混凝土结构的耐久性带来负面影响。裂缝的存在会加速钢筋的锈蚀[19]，有研究表明钢筋锈蚀的起始时间与表面裂缝宽度有关[20]，宽度增大钢筋锈蚀的起始时间得到加快[21]。同时，也有研究表明，在开裂混凝土中，随着保护层厚度的增加，钢筋锈蚀的起始时间逐渐延长，这是因为促使钢筋锈蚀的供氧量与阴极处完整混凝土的厚度有关。综上所述，从混凝土表面裂缝宽度及保护层厚度两个变量考虑，混凝土中钢筋的开始锈蚀时间不仅受表面裂缝宽度的影响，还受到保护层厚度的影响。

7.5.1 混凝土试件的制作及钢筋腐蚀的检测方法

实验采用 R235 型光圆钢筋的尺寸为 Ø10mm×480mm，首先将钢筋打磨光亮，并在钢筋的一个端头焊接铜导线，然后在钢筋的两个端头套入尼龙棒，其中穿铜导线的尼龙棒为空心，套尼龙棒的目的是将钢筋固定于端头模板上，一方面便于固定钢筋的位置和保护层厚度；另一方面将钢筋全部置于混凝土内部，防止后期环氧树脂密封端头破损导致实验失败。试件成型且拆模后，用环氧树脂将端部的空心尼龙棒进行密封，并置于养护室内进行养护，至规定的试验龄期后开展裂缝制作和暴露试验。

混凝土内的钢筋腐蚀状态采用半电池电位法进行测定。半电池电位方法评定钢筋腐蚀状态的原理是将混凝土多相多孔体系视为电解质，混凝土中的钢筋锈蚀就是钢筋在这种电解质中的电化学腐蚀，其腐蚀过程包括两个相互独立又相互依存的阴极反应和阳极反应，两者作用的结果是在钢筋表面建立起一个稳定的混合电位，称为钢筋的自腐蚀电位，在氧气供应充分的条件下阴极反应容易发生，钢筋腐蚀过程由阳极控制。对于未渗入氯离子的钢筋混凝土由于水泥混凝土的高碱性环境使钢筋保持钝化，此时钝化钢筋的阳极反应困难，腐蚀电位较正，当混凝土中的氯离子浓度达到一定程度造成钢筋钝化膜开始破坏时，钢筋阳极反应变得容易进行，自腐蚀电位向负方向移动。由于钢筋的腐蚀电位只能对钢筋的腐蚀状况进行概率判断，因此对于钢筋表面钝化膜破坏的精确判断，显然还需要更为精确的测试方法，但是该方法使用非常的简便，可以用此方法对钢筋的腐蚀状况进行粗略的判断。

7.5.2 裂缝宽度与混凝土内钢筋开始锈蚀时间

裂缝宽度对纯水泥混凝土试件、粉煤灰混凝土试件、矿渣粉混凝土试件，以及复合掺合料混凝土试件内钢筋锈蚀起始时间的影响如图 7-34～图 7-37 所示。

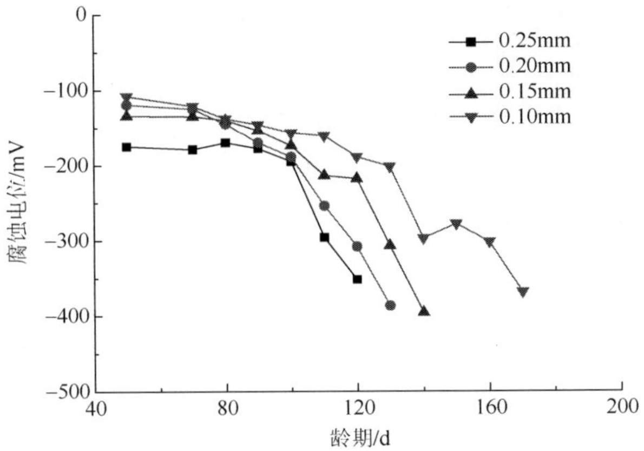

图 7-34　纯水泥混凝土内钢筋的腐蚀电位变化图

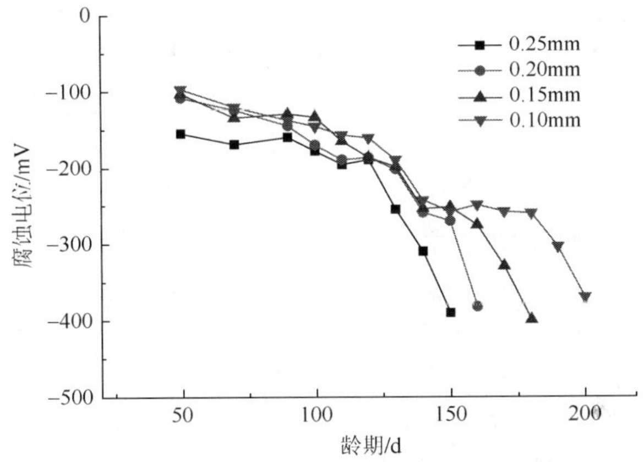

图 7-35　粉煤灰混凝土内钢筋的腐蚀电位变化图

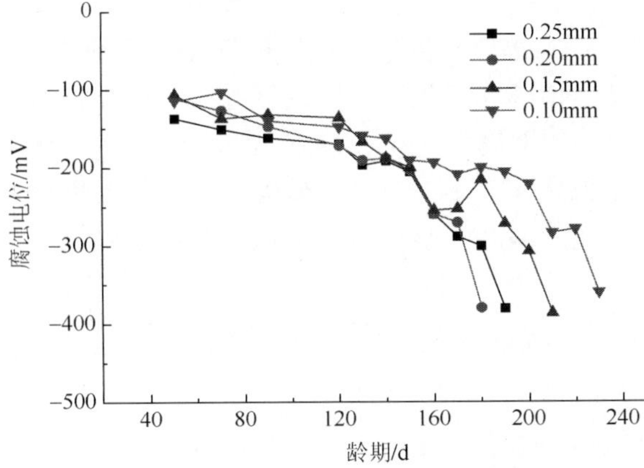

图 7-36　矿渣粉混凝土内钢筋的腐蚀电位变化图

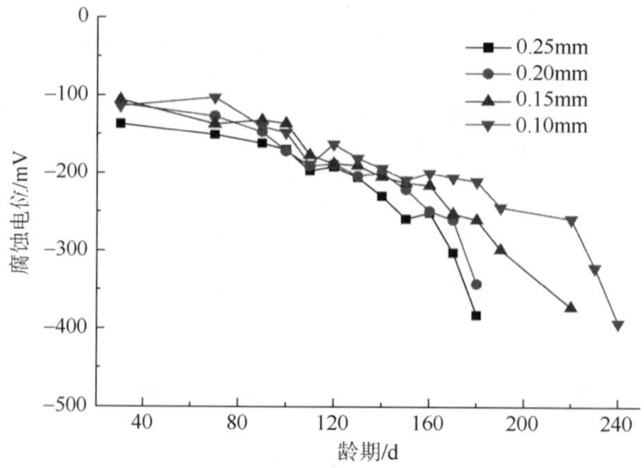

图 7-37 复合掺合料混凝土内钢筋的腐蚀电位变化图

由图 7-34～图 7-37 可知，不同配合比混凝土试件内钢筋的腐蚀电位随试件在模拟试验箱内暴露时间的延长而逐渐降低。在试件暴露的前 100d 内，试件内钢筋的腐蚀电位都低于–200mV，尽管腐蚀电位随暴露龄期的延长而逐渐降低，但降低的幅值并不显著。随着暴露龄期的进一步延长，部分试件内钢筋的腐蚀电位开始迅速地降低，说明钢筋周围的氯离子含量已累积到了一定的程度，足以破坏钢筋表面的钝化膜，从而使钢筋表面开始出现点蚀。同时，对于相同配合比的混凝土试件，裂缝宽度不同则试件内钢筋的腐蚀电位出现迅速降低时的暴露龄期也出现了差异，其总体趋势是裂缝宽度越小钢筋腐蚀电位迅速降低时的暴露龄期越长，但是当裂缝宽度超过 0.15mm 之后，各配合比混凝土试件内钢筋腐蚀的暴露龄期较为接近。

此外，在一定的暴露龄期内钢筋的腐蚀电位会在–200～–250mV 出现波动，其原因可能是钢筋/混凝土界面处的氯离子浓度已达到了引起钢筋钝化膜破坏的临界氯离子浓度，钢筋的钝化膜出现破坏并引起 pH 降低，pH 降低会促使钢筋/混凝土界面处的 $Ca(OH)_2$ 等碱类溶解，使钢筋/混凝土界面处的 pH 维持在 12.75 左右，高碱性环境又会使破坏后的钝化膜自修复，引起钢筋腐蚀电位升高，所以在一定的暴露龄期内钢筋的腐蚀电位会出现波动。当钢筋周围的氯离子浓度进一步累积后，钢筋钝化膜破坏后不能完全自修复时，钢筋表面的钝化膜会破坏，且钢筋的表面会出现点蚀，钢筋的腐蚀电位会迅速降低。

7.6 裂缝宽度对混凝土内钢筋锈蚀率的影响

7.6.1 室内试验

将不同裂缝宽度的混凝土试件置于海水模拟试验箱的水位变动区，当暴露龄期达到 1a 时将试件取出并破型，对于已经锈蚀的混凝土试件测定钢筋的锈蚀率。1a 暴露龄期的试件如图 7-38 所示，部分钢筋的锈蚀状况如图 7-39 所示。此外，对复合掺合料混凝土，制作了一条裂缝宽度达到 0.6mm 的试件并置于海水模拟试验箱内开展暴露试验。

(a)

(b)

图 7-38　海水模拟试验箱内 1a 暴露龄期的混凝土试件

(a)

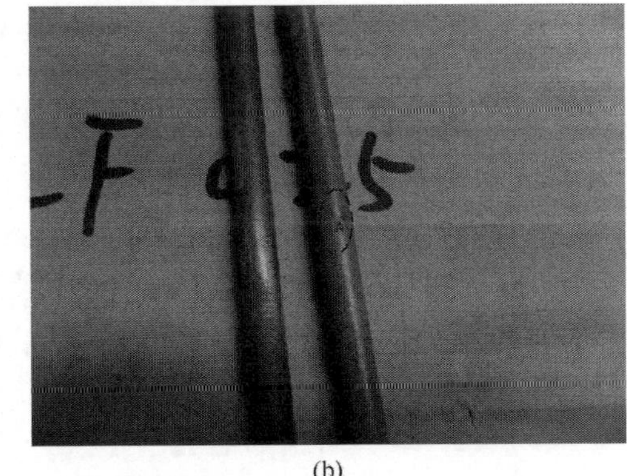

(b)

图 7-39　部分混凝土内钢筋的锈蚀状况

由图 7-39 可知，混凝土试件暴露 1a 龄期后部分混凝土试件内的钢筋出现了锈蚀，但当混凝土的裂缝宽度达到 0.25mm 时，钢筋的腐蚀程度并不厉害，只是在裂缝周围出现了小面积的锈斑，钢筋的锈蚀面积和锈蚀深度均小于 1%，而裂缝宽度为 0.10mm 和 0.15mm 的试件内钢筋只有少量的点蚀。

裂缝宽度为 0.6mm 的混凝土试件的钢筋锈蚀状况如图 7-40 所示。

由图 7-40 可知，混凝土内的钢筋在裂缝处锈蚀非常严重，钢筋的锈蚀率达到了 10.4%。

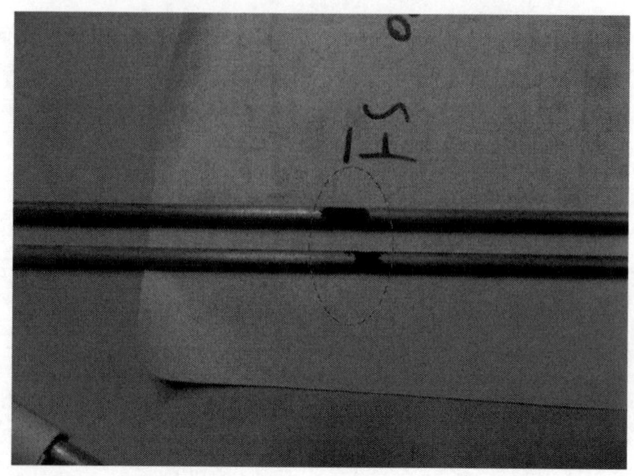

图 7-40　裂缝宽度为 0.60mm 混凝土内钢筋的锈蚀状况

由于海水模拟试验箱内的混凝土试件暴露 1a 龄期后，钢筋的锈蚀率都低于 1%，很难对钢筋的腐蚀率进行定量的计算。但通过室内海水模拟试验箱的研究，混凝土的表面裂缝会加速氯离子在裂缝附近混凝土内的传输，使钢筋/混凝土界面在较短的时间内达到引起钢筋钝化膜破坏的临界氯离子浓度值，且裂缝宽度越大，钢筋的锈蚀率越大，腐蚀速率越高。

7.6.2　华南海洋环境暴露试验研究

国外尤其是西方经济发达国家对现场腐蚀暴露试验工作开展较早，从 20 世纪五六十年代即投入巨资开展这方面的研究工作，如法国土木工程建筑试验中心和国家海洋开发中心从 60 年代开始对放置在海水中的钢筋混凝土和预应力钢筋混凝土连续进行了 14 年的腐蚀试验，得出了如混凝土保护层厚度、水泥用量、弯拉应力、暴露区域等对钢筋混凝土腐蚀的影响结果；英国为开发北海油田，70 年代出资百万英镑（1 英镑≈8.56 元人民币）进行海洋中混凝土研究，为确保北海重力式码头混凝土平台的耐久性提供了依据；日本建设省土木研究所 80 年代在东京湾浮筏上，以平置与立置试梁进行现场电化学无损检测和破损检测相结合的暴露试验。我国也在 20 世纪 80 年代末，拨出专款在全国修建有代表性的海工材料暴露试验站，分别是位于广东湛江港、海南八所港、华北天津港和东北锦州港的暴露试验站。经过多年的变迁，码头改造或者研究任务终结等原因，部分暴露试验站已经停止研究工作，而位于湛江港的华南暴露试验站是持续工作时间最长的暴露试验站，目前还在开展研究工作，暴露试验工作的延续性、试验环境的可控性及试验数据的准确性等方面都非常完善。

湛江港暴露试验站位于湛江港霞山港一区北突堤码头，试验站的年平均气温为 23.3℃，年最高温为 35.9℃，年最低气温为 4.0℃，年平均相对湿度为 83.6%，海水含盐量随季节变化，在 23.3～30.2g/L 变化。该海域海浪波型以风浪为主，出现频率为 80%。港区全年平均风速为 5.2m/s。其潮汐为不规则半日潮，每日两次高潮和低潮，平均高潮位为 3.40m，平均低潮位为 1.24m，平均潮差为 2.16m，最大潮差为 5.45m。海水中氯离子含量为 2.02%。

本暴露试验站功能齐全，设有水下区（深水区、浅水区）、潮差区、浪溅区和大气区四个典型腐蚀分区，如图 7-41～图 7-43 所示。各腐蚀分区高程分别为：深水区–5.00m，浅水区+0.05m，潮差区+2.13m，浪溅区+4.10m，大气区+7.30m。

图 7-41　湛江港暴露试验站示意图

图 7-42　水位变动区放置的暴露试件

图 7-43　浪溅区放置的暴露试件

将预制好裂缝的混凝土试件置于华南地区湛江港暴露试验站的水位变动区，分别暴露 1a、3a 和 5a，至规定的龄期后将试样取回，破型并测定其中的钢筋锈蚀率。暴露试验站内混凝土试件如图 7-44 所示，暴露 1a 龄期后的混凝土试件取样如图 7-45 所示。1a 龄期时部分混凝土试件内钢筋的锈蚀状况如图 7-46 所示。

图 7-44　暴露试验站混凝土试件放置图片

图 7-45　混凝土试件取样图

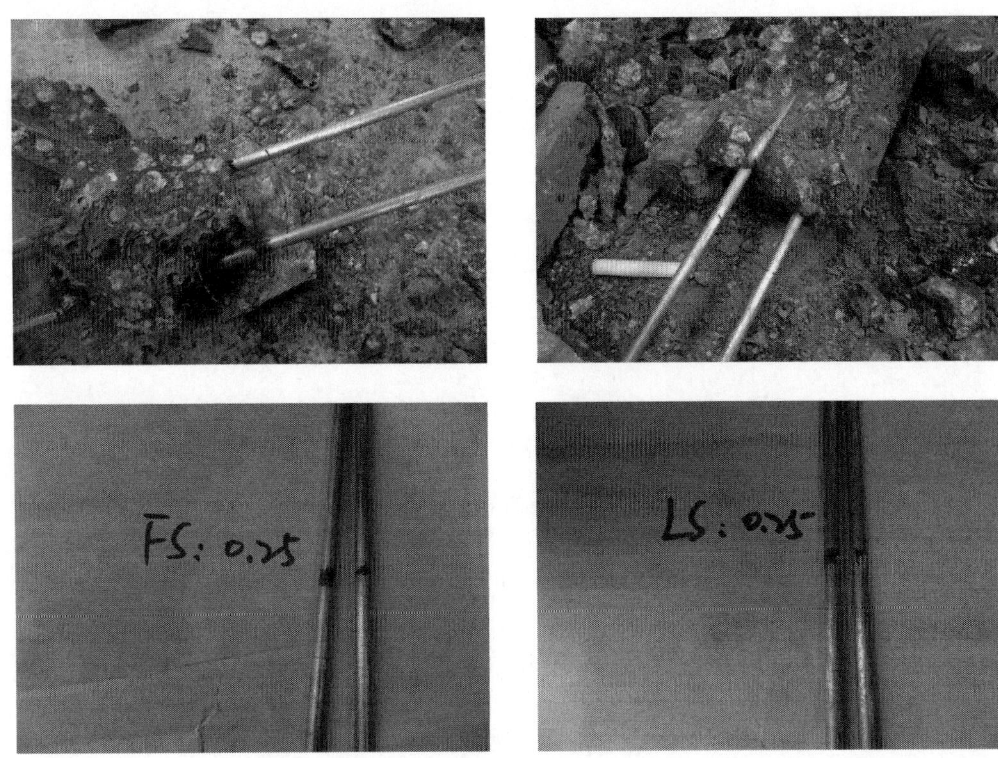

图 7-46　部分暴露试件内钢筋的锈蚀状况图

采用酸洗法对钢筋表面的锈迹清除，见图 7-47，再用游标卡尺测量钢筋锈蚀处的直径，不同配合比和不同裂缝宽度混凝土试件内的钢筋锈蚀率如图 7-48 所示。

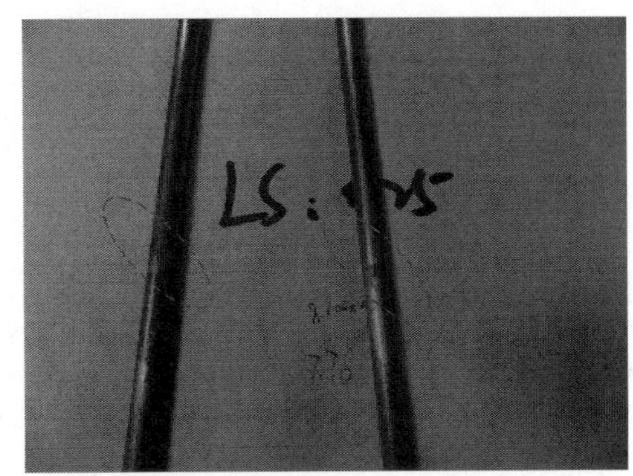

图 7-47　除锈后的钢筋表面

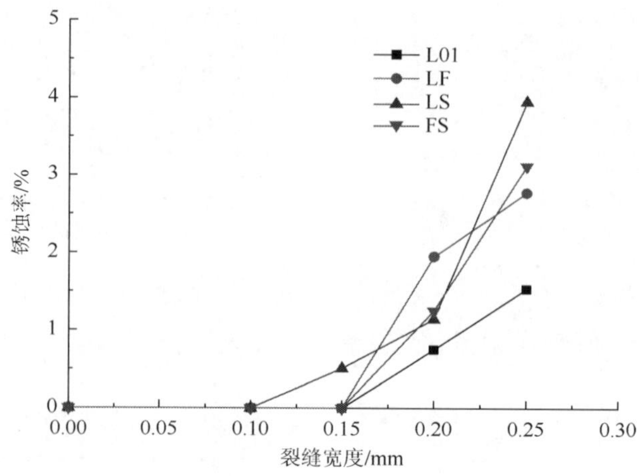

图 7-48 裂缝宽度对钢筋锈蚀率的影响

由图 7-48 可知，混凝土内钢筋的锈蚀率随混凝土裂缝宽度的增加而增大，当裂缝宽度为 0.15mm 时，单掺矿渣粉混凝土试件内的钢筋出现了少量的锈斑，而裂缝宽度为 0.20mm 时各混凝土试件内的钢筋都出现了锈蚀，如单掺粉煤灰混凝土试件内钢筋的锈蚀率达到了 1.95%，进一步增加混凝土的裂缝宽度至 0.25mm，矿渣粉混凝土内钢筋的锈蚀率达到了 3.95%。

7.6.3 裂缝宽度对混凝土中氯离子渗透及钢筋锈蚀的影响机理分析

通常氯离子在完整的混凝土内部很难发生扩散、迁移，必须经过长期的积累才能达到一定的深度和浓度，然而，裂缝的出现使氯离子在混凝土中的输运过程变得更为容易，但并不是畅通无阻的。对于荷载引起的垂直于钢筋的裂缝，只有当混凝土中裂缝宽度增大到一定值时（≥0.15mm），氯离子在混凝土中渗透所受的限制才很小，其外在表现形式是氯离子扩散系数的快速增加，此时，只要有含有氯离子的溶液存在，裂缝可以立刻被填充，因此在距表面一定深度范围内，氯离子的浓度分布不因裂缝宽度而异。法国的 Ismail 沿裂缝将砂浆试件劈开，然后垂直裂缝表面取样，其研究结果也表明当裂缝宽度≥0.205mm 时，氯离子的扩散不受裂缝宽度的限制。当表面裂缝宽度＜0.15mm 时，与完好试件相比，氯离子浓度略微上升。此时，由于裂缝宽度很小，混凝土界面之间可能存在接触部位，氯离子溶液需要一定的时间才能填充裂缝通道并逐步渗透到钢筋表面，而且由于长期的干湿循环作用，高浓度的含盐溶液在较小的裂缝宽度中很容易发生析晶，析出的晶体不断地填充裂缝通道，进一步阻碍了氯离子的渗透。此外，混凝土中部分未水化的矿物掺合料在长期接触氯盐溶液的过程中会持续水化，形成氢氧化钙，游离氢氧化钙又是很容易溶解于水的矿物质，在渗流作用下，氢氧化钙沿着裂缝向外浸出，遭遇空气中二氧化碳时形成碳酸钙，沉积在裂缝的表面和内部，形成白色的覆盖层，使得裂缝自行封闭或者愈合。资料也表明，0.1～0.2mm 的裂缝在水流的长期作用下虽然不能完全胶合，但可逐渐自愈。因此，当裂缝宽度较小时（小于 0.15mm），其对氯离子浓度分布的影响非常有限。范志宏等的研究还发现，当裂缝宽度≥0.15mm 时，裂缝表面不存在白色晶体，只有延伸到一定深度才有晶体析出，这也进一步解释了当裂缝宽度大于等于 0.15mm 时，钢筋表面处氯离子渗透不受裂缝宽度限制。

钢筋/混凝土内的钢筋锈蚀是一个电化学过程，由于钢筋表面钝化膜的主要成分是 Fe_3O_4 和 Fe_2O_3 等，因此钢筋腐蚀的阳极反应主要为

$$Fe \longrightarrow Fe^{2+}+2e^- \tag{7-3}$$

对于钢筋的阴极反应，一般认为反应如下：

$$2H_2O+O_2+4e^- \longrightarrow 4OH^- \tag{7-4}$$

对于阳极反应，其电势为 E_A，对于阴极反应，电势为 E_C。根据能斯特方程，阳极的腐蚀电势为

$$E_A = E_A{}^0 + \frac{R_C T}{nF}\ln\frac{[Fe^{2+}]}{[Fe]} \tag{7-5}$$

同理，阴极电动势 E_C 可以表述为

$$E_C = E_C{}^0 + \frac{R_C T}{nF}\ln\frac{[O_2][H_2O]^2}{[OH^-]^4} \tag{7-6}$$

因此，总反应方程式可表示为

$$e = E_C - E_A = 1.669 + 0.0148\lg[O_2] - 0.0591\text{pH} - 0.0296\lg[Fe^{2+}] \tag{7-7}$$

当腐蚀电势 $e>0$ 时，钢筋的钝化膜开始破坏且钢筋开始出现点蚀，通过该式可知，影响钢筋腐蚀的几个条件分别为：钢筋/混凝土界面的溶解氧含量、界面的 pH，以及钢筋表面的 Fe^{2+}含量。由于普通胶凝材料水化产物体系内 pH 和钢筋表面的 Fe^{2+}含量非常接近，因此影响钢筋/混凝土界面的氧气含量可以影响钢筋钝化膜的稳定性，混凝土裂缝宽度的提高会提高钢筋/混凝土界面的氧气含量，从而提高钢筋的腐蚀速率。

钢筋开始锈蚀以后，钢筋表面锈蚀产物会不断地向周围混凝土或裂缝间隙迁移，使得钢筋附近的混凝土变得更为密实，一定程度上阻塞氯离子的扩散通道，同时由于裂缝处钢筋锈蚀形成阳极，未开裂部位混凝土中钢筋作为阴极，此时钢筋锈蚀速度取决于未裂混凝土的密实性（透气性），裂缝宽度对钢筋锈蚀率的影响

将会减弱。

依据实验结果，对处于严酷的干湿循环氯离子侵蚀环境下的钢筋混凝土构件，混凝土表面存在宽度超过 0.15mm 的裂缝时，会提高氯离子在混凝土中的扩散速度。因此，国家标准《混凝土结构耐久性设计规范》与公路行业标准《公路工程混凝土结构防腐蚀技术规范》都将海洋环境腐蚀最严酷的浪溅区和水位变动区的混凝土构件的表面最大裂缝宽度限定为 0.15mm。而水运行业标准考虑水中混凝土构件的通氧条件，对裂缝宽度做了适当放宽，综合考虑了混凝土中氯离子渗透和氧气渗透的问题，理论上是可行的，但是裂缝宽度对混凝土中钢筋锈蚀的影响程度还需要通过裂缝混凝土试件的长期暴露试验结果来进一步验证。

参 考 文 献

[1] 中华人民共和国住房和城乡建设部，中华人民共和国国家质量监督检验检疫总局. 混凝土结构耐久性设计规范（GB/T50476—2008）[S]. 北京：中国建筑工业出版社，2008.

[2] Federation Internationaledela Precontrainte. CEB-FIP Model Code[R]. Thomas Telford，London，1990.

[3] American Concrete Institute. ACI Manual of Concrete Practice[R]. Detroit，MI，1994.

[4] British Standards ，Eurocode I：Actions on Structures，BSEN 1991-1-1[S]. ENV 1991-1-1，BSI，London，1992.

[5] British Standards Institution. BS 8110：Pt.1[S]. London，1997.

[6] Wang K J，Jansen D C，Shah S P，et al. Permeability study of cracked concrete[J]. Cement and Concrete Research，1997，27（3）：387-393.

[7] Murtafa S. Effect of flexure induced transverse crack and self-healing on chloride diffusivity of reinforced mortar[J].Materials Science，2007，42（22）：9131-9136.

[8] Aldea C M，Shah S P，Karr A. Effect of cracking on water and chloride permeability of concrete[J]. Journal of Materials in Civil Engineering，1999，11（3）：181-187.

[9] Rodriguez O G. Influence of cracks on chloride ingress into concrete[D]. Toronto：University of Toronto，2001.

[10] Konina A，Francoisr R，Arliguie G. Penetration of chlorides in relation to the micro-cracking state into reinforced ordinary and high strength concrete[J]. Materials and Structures，1998，31（5）：310-316.

[11] Saito M，Ohta M，Ishimori H. Chloride permeability of concrete subjected to freeze-thaw damage[J]. Cement and Concrete Composites，1994，16（4）：233-239.

[12] Samaha H R，Hover K C. Influence of micro-cracking on the mass transport properties of concrete[J]. AC1 Materials Journal，1992，89（4）：416-424.

[13] Marsavina L，Audenaert K，Schutter G D，et al. Experimental and numerical determination of the chloride penetration in cracked concrete[J]. Constructionand Building Materials，2009，23（1）：264-274.

[14] Jang S Y，Kim B S，Oh B H. Effect of crack width on chloride coefficients of concrete by steady-state migration tests[J]. Cement and Concrete Research，2011，41（1）：9-19.

[15] Djerbi A，Bonnet S，Khelidj A，et al. Influence of traversing crack on chloride diffusion into concrete[J]. Cement and Concrete Research，2008，38（6）：877-883.

[16] Jacobsen S，Marchand J，Boisvert L. Effect of cracking and healing on chloride transportin OPC concrete[J]. Cement and Concrete Research，1996，26（6）：869-881.

[17] Sakai K，Sasaki S. Ten year exposure test of precracked reinforced concrete in a marine environment[C]. Durability of Concrete. Third International Conference，Nice，France，ACI SP-145，Detroit，Michigan，1994.

[18] Poursaee A，Carolyn M，Hansson. The influence of longitudinal cracks on the corrosion protectionafforded reinforcingsteel in high performance concrete[J]. Cement and Concrete Research，2008，38（8-9）：1098-1105.

[19] Lorentz T，French C. Corrosion of reinforcing steel in concrete：effect of materials，mixcomposition and cracking[J]. ACI Mater，1995，92（2）：181.

[20] Poston R W，Carrasquillo R L，Breen J E.Durabilityofpost-tensioned bridge decks[J].ACI Mater，1987，84（4）：315-326.

[21] Raharinaivo A，Brevet P，Grimaldi G，et al. Relationship between concrete deteriorationand reinforcing steel corrosion[J]. Durability of Building Material，1986，4（2）：97-112.

第 8 章　荷载-环境多因素耦合作用下混凝土结构耐久性寿命预测

8.1　概　　述

氯盐环境下混凝土结构寿命模型目前有多种类型，但都是以 Tuutti 提出的两阶段模型为基础[1]，该模型认为基于钢筋锈蚀的结构构件，使用寿命等于钢筋脱钝开始锈蚀与钢筋锈蚀发展导致结构构件达到耐久性极限状态的两个阶段时间之和。Henriksen 等在此基础上考虑保护层开裂前后锈蚀速率的不同，将后一阶段分为保护层胀裂与胀裂后钢筋锈蚀进一步发展到构件寿命终结两个分阶段[2]。如图 8-1 所示，海水环境下的混凝土结构耐久性劣化腐蚀破坏一般可分为腐蚀诱导阶段、腐蚀发展阶段及腐蚀破坏阶段等三个阶段。

（1）腐蚀诱导阶段 t_0，指结构开始暴露于盐污染环境中，盐离子逐渐向混凝土内部入侵和积聚，混凝土保护层深度（x）的盐离子浓度达到钢筋开始锈蚀的临界浓度值（C_{cr}）所经历的时间。这段时间内结构的承载力没有降低，甚至在初期由于水泥的继续水化，承载力还有缓慢增长的趋势。

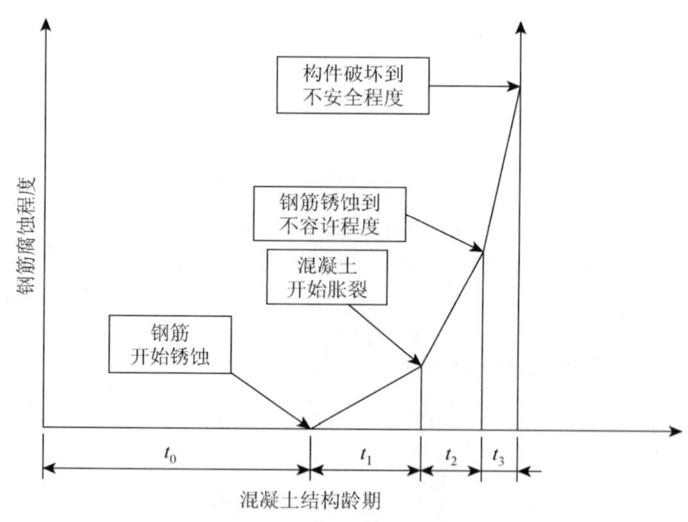

图 8-1　钢筋混凝土结构耐久性分阶段模型

（2）腐蚀发展阶段 t_1，钢筋开始锈蚀后，在氧气及水分供应充足的条件下，钢筋的电化学腐蚀反应顺利进行，随着腐蚀产物体积的增加，其膨胀拉应力大于混凝土抗拉强度，混凝土保护层开裂。这段时间称为腐蚀发展阶段，这时已经到了结构需要维修的时间。经历时间的长短与混凝土的强度、钢筋直径、氧气和水的扩散速率、混凝土电阻率的大小等有关。

（3）腐蚀破坏阶段 t_2，指混凝土保护层开裂后，钢筋表面直接与氯盐接触，腐蚀速度急剧加快，混凝土保护层由于钢筋锈蚀膨胀而脱落，钢筋和混凝土的截面积大幅度减小，承载力降低，直到无法满足结构的安全使用功能这段时间。

一般情况下，腐蚀发展阶段和腐蚀破坏阶段相对于腐蚀诱导阶段而言是非常短的，腐蚀诱导阶段占据了整个混凝土结构使用寿命的绝大部分。

合理确定耐久性极限标准是预测结构寿命终点的关键，国内外学者对耐久性极限标准的定义有不同看法。Browne[3]以钢筋表面氯离子浓度达到临界值为海洋环境下钢筋混凝土构件的耐久性极限状态，基于 Fick 扩散定律，建立混凝土中 Cl^-浓度与扩散的时间、扩散深度之间关系的数学模型预测构件寿命。Bazant[4]以混凝土表面锈胀开裂为寿命终结标志，基于钢筋锈蚀机理和弹性力学理论建立了海洋环境下构件使用寿命预测的数学模型。Hansen[5]也以混凝土表面锈胀开裂为极限状态，给出了海洋环境下构件使用寿命预测的数学模型；肖从真、刘西拉以纵向开裂（截面损失率大5%）作为寿命终点，采用数论模拟方法结合方差缩减技术进行寿命预测[6]。有学者提出以保护层出现 0.15～0.25mm 裂缝宽度或钢筋截面损失率达到 1%作为耐久性极限状态标志，也有学者建议以纵向裂缝宽度达到 0.3mm 作为使用寿命的终止[7]。

8.2　耐久性设计方程

8.2.1　海工混凝土结构耐久性极限状态的规定

海工混凝土结构构件包括素混凝土构件、钢筋混凝土构件和预应力混凝土构件等数类，确定耐久性设计的极限状态需要综合考虑构件的正常使用功能和构件自身的安全性。表 8-1 为目前通常认为的海工混凝土构件耐久性设计极限状态。

表 8-1　海工混凝土构件耐久性设计极限状态

极限状态	环境作用类别	极限状态含义	应用范围
钢筋发生的脱钝极限状态	碳化，氯离子侵蚀	允许腐蚀性介质侵入混凝土内部，但不允许钢筋发生脱钝	预应力混凝土构件
钢筋开始发生适量锈蚀的极限状态	碳化，氯离子侵蚀	允许钢筋发生脱钝，并发生适量锈蚀（对应表面顺筋裂缝 0.3mm）	钢筋混凝土构件
混凝土表面发生轻微损伤的极限状态	冻融，盐类腐蚀	允许混凝土劣化过程发生，但劣化程度不得超过限定值	素混凝土构件

根据国家标准《混凝土结构耐久性设计规范》（GB/T 50476）对混凝土结构构件耐久性极限状态的规定，按照正常使用状态考虑，以不损害结构的承载能力和可修复性的要求，将混凝土结构以钢筋为特征的耐久性极限状态分为两种类型。

1）钢筋开始发生锈蚀的极限状态

当钢筋周围的氯离子浓度达到临界浓度时，钢筋表面的钝化膜溶解，形成腐蚀电池，当钢筋表面的溶解氧含量和水分充裕时，钢筋表面开始出现点蚀。

2）钢筋因锈蚀而使混凝土表面产生裂缝的极限状态

随着氯离子在钢筋周围的进一步累积，钢筋表面会进一步出现锈蚀，锈蚀产物的体积膨胀使混凝土保护层受到环向拉应力的作用，钢筋发生适量锈蚀的极限状态为钢筋锈蚀发展导致混凝土构件表面开始出现顺筋裂缝，或钢筋截面的径向锈蚀深度达到 0.1mm。

我国交通水运行业《水运工程结构耐久性设计标准》（JTS153）将以钢筋为特征的耐久性极限状态也分为两类，并将预应力混凝土和钢筋混凝土区别采用不同的规定：①预应力混凝土结构以氯离子侵入混凝土或碳化导致预应力筋发生锈蚀时的状态为耐久性极限状态；②钢筋混凝土结构以钢筋锈蚀导致保护层出现 0.3mm 宽顺筋裂缝时的状态为耐久性极限状态。之所以这么规定，是因为对于预应力混凝土结构，因预应力筋应力高，特别是高强钢丝或钢绞线本身截面小，即使腐蚀轻微，截面损失率也较大，而且对应力腐蚀和预应力腐蚀疲劳很敏感，因此对预应力结构，规定其设计使用年限取预应力筋开始腐蚀时间；对于钢筋混凝土结构以钢筋腐蚀导致保护层出现 0.3mm 顺筋裂缝时的状态为耐久性极限状态，这是因为对于钢筋混凝土结构，钢筋锈蚀至保护层开裂这段时间，并不影响结构的正常使用和承载力，且不存在应力腐蚀问题，因此对钢筋混凝土结构，规定其设计使用年限取钢筋腐蚀导致保护层出现开裂宽度为 0.3mm 顺筋裂缝的时间。

通常认为混凝土结构构件耐久性极限状态应该按照正常使用状态考虑，即在达到耐久性极限状态之前结构尚处于正常使用状态，耐久性极限状态、正常使用极限状态及承载能力极限状态有逻辑上的关联关系，但存在较大的不同，集中关系或差异可以用图 8-2 进行表示。

通过对海工混凝土结构的耐久性检测和大量的室内试验研究，从结构建成来看，氯离子开始从混凝土表面往内部渗透，直至氯离子到达钢筋表面且引起钢筋表面钝化膜破坏所经历的时间较长（对应图 8-1 的 t_0 阶段）；而钢筋表面的钝化膜出现破坏后，由于钢筋锈蚀膨胀而引起混凝土保护层出现裂缝（对应 t_1 阶段），以及保护层裂缝进一步发展，钢筋的有效截面损失和锈蚀产物膨胀，混凝土保护层开始出现开裂（t_2 阶段），一般从钢筋开始锈蚀到混凝土构件开裂经历的时间较短，有的仅为数年。

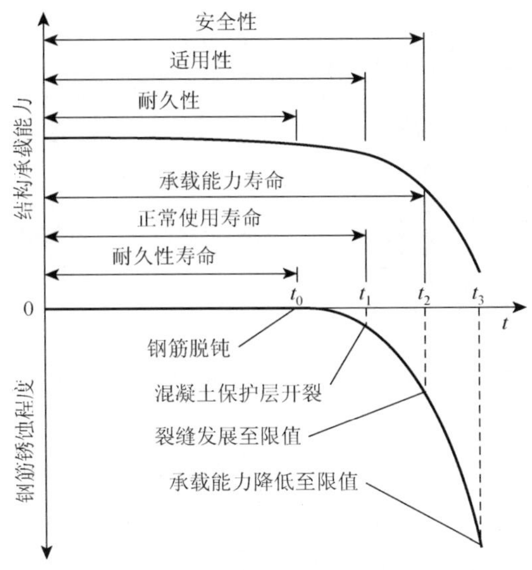

图 8-2　混凝土结构极限状态界定

考虑在混凝土结构耐久性极限状态中 t_0 阶段的时间较长，与 t_0 相比较，t_1 和 t_2 阶段的时间相对较短，可以说 t_0 阶段决定了结构的使用寿命，所以国内外研究大多以 t_0 阶段作为研究的重点。

8.2.2　海工混凝土结构耐久性设计方程

Collepardi 等在 1972 年发表了基于 Fick 第二定律的氯离子扩散系数的计算公式[8]。由于 Fick 第二定律可以很方便地将氯离子的扩散浓度与扩散系数和扩散时间联系起来，并且与实测结果之间具有较好的吻合性，现在已成为世界各国预测氯离子在混凝土中扩散的常用方法[9-11]。

Fick 第二定律假定混凝土中的孔隙均匀分布，氯离子一维扩散，浓度梯度沿着暴露表面到钢筋表面的方向变化，可以表示为

$$\frac{\partial c}{\partial t}=D\frac{\partial^2 c}{\partial x^2} \tag{8-1}$$

Fick 第二定律的解取决于问题的边界条件。假定混凝土表面浓度恒定，并且相对于暴露表面的无限远处的氯离子浓度值为初始浓度，那么，相应的边界条件和初始条件可以写为

边界条件：$c(0,t)=c_s, c(\infty,t)=c_i$

初始条件：$c(x,0)=c_i$

经过拉普拉斯变换（Laplace transform），公式（8-1）的解为

$$c_{x,t} = c_i + (c_s - c_i)\mathrm{erf}c\left(\frac{x}{\sqrt{4D_t \cdot t}}\right) \tag{8-2}$$

式中，$c_{x,t}$ 为 t 时刻 x 深度处的氯离子浓度，%；c_i 为初始浓度，%；c_s 为表面浓度，%；D_t 为混凝土的有效扩散系数，它会随时间增长而衰减，$\mathrm{mm^2/a}$；$\mathrm{erf}c(z)$ 为误差函数的余数，其定义为 $\mathrm{erf}c(z) = 1 - \mathrm{erf}(z)$ 。误差函数 $\mathrm{erf}(z)$ 的定义为 $\mathrm{erf}(z) = \frac{2}{\sqrt{\pi}}\int_0^z \exp(-z^2)\mathrm{d}z$ 。

因此，混凝土中任意位置在任意时刻的氯离子浓度分布 c（x，t）为

$$c_{x,t} = c_i + (c_s - c_i)\left[1 - \mathrm{erf}\left(\frac{x}{\sqrt{4D_t \cdot t}}\right)\right] \tag{8-3}$$

在氯离子侵蚀环境下，钢筋脱钝的临界浓度表示为 c_{cr} 时，钢筋混凝土结构构件的耐久性设计方程写为

$$g = c_{\mathrm{cr}} - \left\{c_0 + (c_s - c_0)\left[1 - \mathrm{erf}\left(\frac{x_d}{2\sqrt{D_{\mathrm{Cl}} t_{\mathrm{SL}}}}\right)\right]\right\} \tag{8-4}$$

取钢筋表面氯离子浓度达到临界浓度 c_{cr} 为耐久性设计极限状态，则设计方程可进一步写成

$$g(x_d, t_{\mathrm{SL}}) = c_{\mathrm{cr}} - c(x_d, t_{\mathrm{SL}}) = 0 \tag{8-5}$$

则钢筋开始腐蚀阶段所经历的时间可按下式计算：

$$t_i = \frac{0.0317 \cdot x^2}{4 \cdot D_{\mathrm{cl}}(t) \cdot \left[\mathrm{erf}^{-1}\left(1 - \frac{c_{\mathrm{cr}} - c_0}{c_s - c_0}\right)\right]} \tag{8-6}$$

式中，t_i 为钢筋开始腐蚀阶段混凝土结构使用年限，a；x 为混凝土保护层厚度，mm；$D_{\mathrm{cl}}(t)$ 为时间函数的混凝土氯离子扩散系数，$10^{-12}\mathrm{m^2/s}$；c_{cr} 为混凝土临界氯离子浓度，%；c_0 为混凝土初始氯离子浓度，%；c_s 为混凝土表面氯离子浓度，%。

8.2.3　设计方程变量确定

耐久性设计方程变量取值是否合理直接关系模型计算结果的准确性，本书采用基于工程数据统计的经验取值，参考了交通运输部西部项目“海港工程混凝土结构耐久性寿命预测与健康诊断研究”中对于耐久性寿命预测模型的研究成果[12]，并结合上述室内模拟试验结果，引入环境荷载系数，提出了相关的模型变

量取值范围。

1. 表面氯离子浓度

氯离子的扩散动力：混凝土内外不同的氯离子浓度差，表面浓度越高，扩散动力越大，进入混凝土内部的氯离子越多。

混凝土表面氯离子浓度的确定，一般通过对混凝土内不同深度的氯离子浓度梯队曲线，利用 Fick 第二定律解析解公式推导而得。表面浓度主要与龄期、所处环境条件（如海水的氯盐浓度、结构物所处位置等）、混凝土配合比参数、混凝土对氯离子的吸附性能等有关。基本上表现出随时间的延长而逐渐增大的趋势，并且不是无限增大，会逐渐趋于一个稳定的氯离子浓度值。

由于结构所处环境、风向、降水等方面的综合影响，单纯通过工程调查得出的混凝土表面氯离子浓度随时间的变化方程相差很大[13-16]。

Pack 等[17]通过海洋环境潮汐区的 11 座混凝土桥梁的调查，发现表面氯离子浓度随暴露时间延长而增加，可采用对数函数表示[18]：

$$c_s(t) = 0.26\ln(3.77t + 1) + 1.38 \tag{8-7}$$

式中，c_s 为总氯离子含量占水泥质量百分比；t 为暴露时间。

Tang 和 Nilsson[19]提出了下列函数表达表面氯离子浓度的时间依赖性：

$$f_t = \alpha_t n(t_{\text{Cl}} + 0.5) + 1 \tag{8-8}$$

式中，t_{Cl} 为暴露年限；α_t 为常数。

Stephen[20]认为近海大气区与浪溅区混凝土，不符合表面氯离子浓度恒定的边界条件，提出了表面氯离子浓度的累计公式 $c_s = k\sqrt{t}$ 。

国内有研究表明，水下区与水位变动区的混凝土表面氯离子浓度在接触海水 1～2 个月之后基本达到稳定状态[21]。根据工程检测数据，有学者提出表面浓度服从正态分布的结论[22，23]。

美国 Life365 寿命计算模型对 c_{s} 的取值原则是，如无可靠的数据时，氯离子表面浓度按表 8-2 取值[24]。

表 8-2　海洋环境中混凝土表面氯离子浓度值

构件部位	表面氯离子每年发展速度/%	表面氯离子最大值/%
水位变动区	瞬间的	0.80
浪溅区	0.10	1.00
离海岸 800m 以内	0.04	0.60
离海岸 1500m 以内	0.02	0.60

根据第 1 章对不同地区的结构耐久性调查结果，参考国外相关研究成果，考虑不同地区的暴露试验数据的总结分析[25]，不考虑表面浓度随时间的增加关系，从计算安全角度直接取表面浓度大值，见表 8-3。

表 8-3　混凝土表面氯离子浓度取值

暴露区域	大气区	浪溅区	水位变动区
c_s （胶凝材料含量，%）	3.2～3.6	5.4～6.0	5.0～5.6

2. 混凝土中钢筋锈蚀临界氯离子浓度

影响钢筋脱钝临界氯离子浓度的因素很多，主要与混凝土的质量（保护层厚度、水泥用量、水泥品种、水胶比、养护等的综合指标）、相对湿度及碳化因素有关。

从现有研究发现，混凝土中钢筋锈蚀的临界氯离子浓度与混凝土孔隙溶液的 pH 有关，但是对于实际的混凝土工程来说，测试混凝土中的 OH^-浓度是非常困难的。从应用角度来说，一般采用自由氯离子或者总氯离子占胶凝材料或者混凝土的质量分数的形式，以方便引入混凝土结构的耐久性寿命预测模型。目前国内外相关规范全部采用了 Cl^-浓度值来表示临界浓度。

Thomas 和 Bamforth[26]提出对于欧洲气温条件下的建筑物，临界氯离子浓度可取 0.4%（占水泥质量百分比），更严酷环境下可取 0.2%（占水泥质量百分比）。

根据欧洲联盟（简称欧盟）耐久性混凝土（Dura Crete）研究成果，钢筋混凝土的氯离子临界浓度可以按照表 8-4 取值[27]。

表 8-4　Dura Crete 规定的临界氯离子浓度值（胶凝材料质量的比值%）

暴露条件 \ 水胶比	0.3	0.4	0.5
潮差区和浪溅区	0.9	0.8	0.5
水下区	2.3	2.1	1.6

根据欧盟国际混凝土协会使用寿命设计模型规范（FIB Model Code）的规定[28]，临界氯离子含量呈 β 分布：下限为 0.2%（胶凝材料质量），上限为 2.0%（胶凝材料质量）；平均值为 0.6%（胶凝材料质量）。

Life365 规定混凝土中钢筋脱钝临界氯离子浓度为 0.05%（混凝土质量分数，转换为胶凝材料质量约为 0.3%）[24]。

根据第 1 章的全国典型地区实体构件耐久性调查结果：北方地区浪溅区临界

氯离子浓度为 0.057%～0.064%（混凝土质量分数，总氯离子浓度）；华东地区浪溅区氯离子临界浓度为 0.0427%～0.0649%（混凝土质量分数，总氯离子含量）；华南地区浪溅区临界浓度的取值为 0.0518%～0.0824%（混凝土质量，总氯离子浓度）。

根据上述国内外研究成果与工程调查取值，参考《水运工程结构耐久性设计标准》（JTS153—2015）[29]，临界氯离子浓度的取值如表 8-5 所示。

表 8-5　不同典型地区的临界氯离子浓度取值

暴露区域	大气区	浪溅区	水位变动区
临界氯离子浓度（胶凝材料含量，%）	0.75～0.80	0.45～0.48	0.60～0.64

3. 混凝土氯离子扩散系数衰减规律

氯离子扩散系数 D_t 根据其最基本的时间依赖性，可以得出式（8-9）：

$$D_t = D_{\mathrm{ref}} \cdot k_1 \cdot k_2 \cdots k_n \cdot \left(\frac{t_{\mathrm{ref}}}{t}\right)^n \tag{8-9}$$

式中，D_{ref} 为龄期 t_{ref} 时快速试验方法测得的混凝土氯离子扩散系数；k_1, k_2，…，k_n 为温度、湿度、养护时间、试验方法、荷载等影响因子；t_{ref} 为试验龄期；t 为氯离子扩散系数的衰减期。

国外研究学者综合考虑水胶比、养护时间、温度、氯离子结合性能、孔隙相对湿度等因素的影响，建立了氯离子扩散模型[30-34]；国内也有人综合考虑水泥品种、水胶比、温湿度、时间、氯离子结合能力、应力状态、冻融损伤等对氯离子扩散系数的影响，提出了不同的氯离子侵入模型[35-38]。

扩散系数衰减值 n 是表征扩散系数随时间衰减规律的重要参数，n 的获得需要对大量不同时间点的扩散系数进行拟合回归。参照《水运工程结构耐久性设计标准》（JTS153—2015）[29]与国外相关规范取值，结合国内暴露试验资料[25]，扩散系数衰减值见表 8-6。

表 8-6　扩散系数衰减值 n 的建议取值

胶凝材料种类	硅酸盐水泥	单掺粉煤灰	单掺矿渣粉	粉煤灰与矿渣粉双掺	硅灰
衰减值 n	0.20～0.25	0.48～0.50	0.50～0.54	0.48～0.52	0.18～0.22

8.3　考虑荷载的混凝土结构耐久性寿命预测模型

8.3.1　恒定静荷载作用下的混凝土结构耐久性寿命预测模型

根据第 4 章的研究结果，在恒定弯曲荷载作用下，应力水平与氯离子扩散系数的关系为

$$\frac{D_0}{D_\eta}=A\cdot e^{-B\eta} \tag{8-10}$$

则恒定弯曲荷载作用下，混凝土氯离子扩散系数的设计值计算式可以写为

$$D_{cl}(t)=k_{e,cl}\cdot k_{\eta,cl}\cdot k_{c,cl}\cdot D_{cl,0}\cdot\left(\frac{t_0}{t}\right)^n \tag{8-11}$$

式中，$D_{cl}(t)$ 为混凝土氯离子扩散系数设计值，$10^{-12}m^2/s$；$k_{e,cl}$ 为混凝土环境系数；$k_{\eta,cl}$ 为混凝土荷载影响系数的特征值；$k_{c,cl}$ 为试验方法转换系数，采用 RCM 方法时，取 0.5[29]；$D_{cl,0}$ 为混凝土氯离子扩散系数试验值，$10^{-12}m^2/s$；t_0 为试验混凝土氯离子渗透性试验龄期，a；t 为混凝土氯离子扩散系数衰减至恒定值的时间，a；n 为试验混凝土扩散系数的龄期因子。

混凝土氯离子扩散系数的荷载影响系数可按下式计算：

$$k_{\eta,cl}=A\cdot e^{B\eta} \tag{8-12}$$

式中，$k_{\eta,cl}$ 为弯曲荷载对受拉区混凝土氯离子扩散系数的影响因子；η 为混凝土受拉区承受的应力水平；A,B 为与混凝土龄期有关的常数，56d 龄期时 A 取 0.98，B 取 1.36。

因此，在考虑混凝土外部的恒定荷载作用时，混凝土结构的耐久性寿命模型可表达为式（8-13）：

$$t_i=\frac{0.0317\cdot x^2}{4\cdot k_{e,cl}\cdot k_{\eta,cl}\cdot k_{c,cl}\cdot D_{cl,0}\cdot\left(\frac{t_0}{t}\right)^n\cdot\left[\operatorname{erf}^{-1}\left(1-\frac{c_{cr}-c_0}{c_s-c_0}\right)\right]} \tag{8-13}$$

8.3.2　恒定荷载-冻融-氯盐三因素耦合作用下的混凝土耐久性寿命预测模型

在恒定弯曲荷载-冻融-氯盐三因素耦合作用下，应力水平与氯离子扩散系数的关系为

$$\frac{D_{d_0}}{D_{d_\eta}}=A\cdot e^{-B\eta} \tag{8-14}$$

式中，η 为自变量应力水平；D_{d_0} 为无外部弯曲荷载的冻融混凝土试件的氯离子扩

散系数；D_{d_η} 为应力水平为 η 的弯曲荷载与冻融耦合作用的混凝土试件的氯离子扩散系数，对于纯水泥混凝土试件 A=0.768，B=2.977，而对于含有粉煤灰和矿粉等掺合料的混凝土试件 A=0.978，B=1.638。

需要考虑冻融循环侵蚀对氯离子扩散系数的影响因子，混凝土试件氯离子扩散系数的冻融因子是一个与胶凝材料组成有关的参数：

$$D_{d_0} = k \cdot D_0 \tag{8-15}$$

式中，无掺合料时，k=1.72；掺合料为粉煤灰时，k=5.95；掺合料为矿渣粉时，k=1.29；粉煤灰和矿渣粉复掺时，k=1.0。

因此，在荷载与盐冻耦合作用下，混凝土氯离子扩散系数的设计值计算式可以表达为

$$D_{\mathrm{cl}}(t) = k_{\mathrm{e,cl}} \cdot k_{d,\mathrm{cl}} \cdot k_{c,\mathrm{cl}} \cdot D_{\mathrm{cl,0}} \cdot \left(\frac{t_0}{t}\right)^n \tag{8-16}$$

混凝土氯离子扩散系数的荷载影响系数可表达为

$$k_{d,\mathrm{cl}} = A \cdot \mathrm{e}^{B\eta} \tag{8-17}$$

式中，$k_{d,\mathrm{cl}}$ 为弯曲荷载与盐冻耦合对受拉区混凝土扩散系数的影响因子；η 为混凝土受拉区承受的应力水平；A, B 为与胶凝材料有关的常数，对于纯水泥，A=2.24，B=2.977；单掺 30%的粉煤灰时，A=6.08，B=1.638；单掺 60%的矿渣粉时，A=1.32，B=1.638；复掺粉煤灰和矿渣粉时，A=1.02，B=1.638。

因此，在考虑恒定荷载与盐冻耦合作用时，混凝土结构的耐久性寿命模型可表达为式（8-18）：

$$t_i = \frac{0.0317 \cdot x^2}{4 \cdot k_{\mathrm{e,cl}} \cdot k_{d,\mathrm{cl}} \cdot k_{c,\mathrm{cl}} \cdot D_{\mathrm{cl,0}} \cdot \left(\frac{t_0}{t}\right)^n \cdot \left[\mathrm{erf}^{-1}\left(1 - \frac{c_{\mathrm{cr}} - c_0}{c_s - c_0}\right)\right]} \tag{8-18}$$

8.3.3　交变荷载-环境作用下的混凝土结构耐久性寿命预测模型

前文建立了不同加载频率条件下结构混凝土氯离子扩散系数与应力水平的关系公式，因此在计算混凝土氯离子有效扩散系数 D_t 时可引入交变荷载影响公式。考虑海港码头等结构，实际服役环境下结构所遭受的交变弯曲荷载频率通常较小，在耐久性设计时建议采用低频交变模式，选择加载频率为 2Hz；对于海工桥梁箱梁等结构，由于承受交通流量的荷载，遭受的交变荷载频率通常较大，在耐久性设计时可采用高频交变模式，选择 5Hz。式（8-19）和式（8-20）分别对应实体工程长期遭受低频率和高频率的交变荷载作用。η 为应力水平，即混凝土结构施加荷载与极限承载力之比，$k_{\mathrm{e,cl}}$ 为环境影响系数，$k_{c,\mathrm{cl}}$ 为试验方法转化系数。

低频率荷载作用：
$$D_{\mathrm{cl}}(t)=k_{\mathrm{e,cl}}\cdot k_{c,\mathrm{cl}}\cdot D_{\mathrm{cl},0}\cdot\left(\frac{t_0}{t}\right)^n\cdot(0.97\cdot \mathrm{e}^{2.01\eta})\tag{8-19}$$

高频率荷载作用：
$$D_{\mathrm{cl}}(t)=k_{\mathrm{e,cl}}\cdot k_{c,\mathrm{cl}}\cdot D_{\mathrm{cl},0}\cdot\left(\frac{t_0}{t}\right)^n\cdot(1.72\cdot \mathrm{e}^{4.31\eta})\tag{8-20}$$

将式（8-19）和式（8-20）引入混凝土结构耐久性寿命计算模型，可建立考虑交变荷载影响的混凝土结构耐久性寿命计算模型，见式（8-21）和式（8-22）：

（1）低频率荷载作用，

$$t_i=\frac{0.0317\cdot x^2}{4\cdot k_{\mathrm{e,cl}}\cdot k_{c,\mathrm{cl}}\cdot D_{\mathrm{cl},0}\cdot(0.97\times \mathrm{e}^{2.01\eta})\cdot\left(\frac{t_0}{t}\right)^n\cdot\left[\mathrm{erf}^{-1}\left(1-\frac{c_{\mathrm{cr}}-c_0}{c_s-c_0}\right)\right]}\tag{8-21}$$

（2）高频率荷载作用，

$$t_i=\frac{0.0317\cdot x^2}{4\cdot k_{\mathrm{e,cl}}\cdot k_{c,\mathrm{cl}}\cdot D_{\mathrm{cl},0}\cdot(1.72\times \mathrm{e}^{4.31\eta})\cdot\left(\frac{t_0}{t}\right)^n\cdot\left[\mathrm{erf}^{-1}\left(1-\frac{c_{\mathrm{cr}}-c_0}{c_s-c_0}\right)\right]}\tag{8-22}$$

8.4　寿命预测算例

8.4.1　恒定静荷载作用下的混凝土结构耐久性寿命预测模型的算例

选取华南地区某海港工程的横梁作为耐久性设计对象，不考虑交变荷载的影响，采用恒定静荷载寿命计算模型进行使用寿命设计验算。

混凝土采用硅酸盐水泥的胶凝材料体系，胶材用量为 400kg/m^3，水胶比为 0.40，设计强度等级为 C35，保护层厚度为 60mm。按照第 2 章现场调研结果，混凝土梁的弯曲应力水平约为 30%。

根据混凝土有效氯离子扩散系数计算式（8-11）：

$$D_{\mathrm{cl}}(t)=k_{\mathrm{e,cl}}\cdot k_{\eta,\mathrm{cl}}\cdot k_{c,\mathrm{cl}}\cdot D_{\mathrm{cl},0}\cdot\left(\frac{t_0}{t}\right)^n$$

式中，$D_{\mathrm{cl}}(t)$ 为混凝土氯离子扩散系数设计值，$10^{-12}\mathrm{m^2/s}$；$k_{\mathrm{e,cl}}$ 为混凝土环境系数，华南地区取值为 1.0[29]；$k_{c,\mathrm{cl}}$ 为试验方法转换系数，采用 RCM 方法时，取 0.5[29]；$k_{\eta,\mathrm{cl}}$ 为混凝土荷载影响系数，按照式（8-12）计算得 1.47；$D_{\mathrm{cl},0}$ 为水胶比为 0.40 的硅酸盐水泥混凝土取 8.5（$10^{-12}\mathrm{m^2/s}$）；t_0 为试验混凝土氯离子渗透性试验龄期（a），取 0.153（对应 56d）；t 为混凝土氯离子扩散系数衰减至恒定值的时间（a），取 30；n 为扩散系数的衰减值，根据表 8-6 硅酸盐水泥混凝土取 0.25。

则有效扩散系数计算为

$$D_{\mathrm{cl}}(t)=1.0\times0.5\times1.47\times8.5\times10^{-12}\times\left(\frac{0.153}{30}\right)^{0.25}=1.67\times10^{-12}\mathrm{m}^2/\mathrm{s}$$

根据寿命计算公式（8-13），计算得混凝土结构腐蚀诱导期的时间为

$$t=\frac{0.0317\cdot x^2}{4\cdot k_{\mathrm{e,cl}}\cdot k_{\eta,\mathrm{cl}}\cdot k_{c,\mathrm{cl}}\cdot D_{\mathrm{cl},0}\cdot\left(\frac{t_0}{t}\right)^n\cdot\left[\mathrm{erf}^{-1}\left(1-\frac{c_{\mathrm{cr}}-c_0}{c_s-c_0}\right)\right]}$$

$$=\frac{0.0317\times60^2}{4\times1.67\times\left[\mathrm{erf}^{-1}\left(1-\frac{0.45-0.09}{6.0-0.09}\right)\right]^2}=12.8(\mathrm{a})$$

式中，c_{cr} 为临界氯离子浓度，根据表 8-5，浪溅区可取 0.45%～0.48%。华南地区气温高，锈蚀反应活性高，临界浓度取低值，即 0.45%；c_s 为混凝土表面氯离子浓度，根据表 8-3，浪溅区可取 5.4%～6.0%，华南地区气温高，水分蒸发快，可取高值 6.0%；c_0 为混凝土初始氯离子浓度，根据实测数据取 0.09%。

根据计算结果，处于华南海洋浪溅区的混凝土横梁，在硅酸盐水泥、保护层厚度 60mm、弯曲应力水平 30%的条件下，钢筋开始发生腐蚀的时间为混凝土接触海水 12.8a 后。对照码头调查结果[39]，符合上述材料和受力参数的深圳赤湾某泊位共 29 根横梁，使用 12 年后全部未见锈蚀痕迹，说明钢筋尚未锈蚀，与计算结果较为吻合。

8.4.2　交变荷载-环境作用下混凝土结构耐久性寿命预测模型的算例

以华南地区海港码头处于浪溅区的轨道梁为例，计算考虑交变荷载的混凝土结构耐久性寿命。

设定相关混凝土参数如下：采用高性能混凝土，水胶比为 0.35，双掺粉煤灰和磨细矿渣粉的胶凝材料体系，钢筋保护层厚度为 65mm，构件承受应力水平为 0.30，考虑码头工程遭受的重复性荷载作用频率整体不高，选用低频率荷载的寿命计算公式（8-21）：

$$t_i=\frac{0.0317\cdot x^2}{4\cdot k_{\mathrm{e,cl}}\cdot k_{c,\mathrm{cl}}\cdot D_{\mathrm{cl},0}\cdot(0.97\times\mathrm{e}^{2.01\eta})\cdot\left(\frac{t_0}{t}\right)^n\cdot\left[\mathrm{erf}^{-1}\left(1-\frac{c_{\mathrm{cr}}-c_0}{c_s-c_0}\right)\right]}$$

式中，$k_{\mathrm{e,cl}}$ 为混凝土环境系数，华南地区取值为 1.0[29]；$k_{c,\mathrm{cl}}$ 为试验方法转换系数，采用 RCM 方法时，取 0.5[29]；$D_{\mathrm{cl},0}$ 为高性能混凝土 56d 扩散系数，取 $5.0\times10^{-12}\mathrm{m}^2/\mathrm{s}$；$t_0$ 为试验混凝土氯离子渗透性试验龄期（a），取 0.153（对应 56d）；t 为混凝土氯离子扩散系数衰减至恒定值的时间（a），取 30；n 为扩散系数衰减值，根据表 8-6，

对于双掺体系取 0.50；c_{cr} 为临界氯离子浓度，根据表 8-5，浪溅区取 0.45%；c_s 为混凝土表面氯离子浓度，根据表 8-3，浪溅区取 6.0%；c_0 为混凝土初始氯离子浓度，根据实验室实测数据取 0.09%。η 为应力水平，取 0.30。

则混凝土结构腐蚀诱导期的时间为

$$t=\frac{0.0317\times 65^2}{4\times 1.0\times 0.5\times 5.0\times(0.97\times \mathrm{e}^{2.01\times 0.30})\times\left(\dfrac{0.153}{30}\right)^{0.50}\times\left[\mathrm{erf}^{-1}\left(1-\dfrac{0.45-0.09}{6.0-0.09}\right)\right]}=79.7$$

采用上述参数的高性能混凝土构件，钢筋在构件使用 79 年以后开始脱钝出现锈蚀。

选择交变荷载应力水平 0.15、0.50，计算得出海工高性能混凝土结构服役寿命，如表 8-7 所示，可见结构服役荷载对高性能混凝土结构耐久性使用寿命影响同样显著。

表 8-7　交变荷载应力水平与混凝土结构使用寿命的关系

应力水平	0.15	0.30	0.50
理论寿命/a	107.7	61.0	50.9

参 考 文 献

[1] Tuutti K. Corrosion of steel in concrete[R]. Stockholm：Swedish Cement and Concrete Research Institute，1982.

[2] Henriksen C F. Prediction of Service Life and Choice of Repair Strategy[A]//Nagataki，et al. Durability of Building Materials and Components 6. Scotland：E and FN Spon，1993.

[3] Brown R D 在海洋和其他氧化环境中钢筋混凝土使用寿命的设计预测[A]//海工钢筋混凝土耐久性译文集. 上海：交通部第三航务局科研所，1998.

[4] Bazant Z P. Physical model for steel corrosion in concrete sea structures-theory[J]. Journal of Structural Division，1979，105（ST6）：1155-1166.

[5] Hansen E J，Saoma V E. Numerical simulation of reinforced concrete deterioration：Part Ⅱ-steel corrosion and concrete cracking[J]. ACI Materials Journal，1999，96（3）：331-338.

[6] 肖从真. 混凝土中钢筋腐蚀的机理研究及数论模拟方法[D]. 北京：清华大学博士学位论文，1995.

[7] Andrade C，Alonso C，Molina F J. Cover cracking as a function of rebar corrosion：Part Ⅰ-experimental test[J]. Materials and Structures，1993，26（163）：453-464.

[8] Collepardi M，Marcialis A，Turriziani R. Penetration of chloride ions into cement pastes and concrete[J]. Journal of the American Ceramic Society，1972（55）：534-536.

[9] Mnagat P S，Molloy B T. Prediction of long term chloride concentration in concrete[J]. Materials and structure，1994（27）：165-174.

[10] Clifton J R. Prediction the service life of concrete[J]. ACI Materials Journal，1993，90（6）：611-617.

[11] Hansen E J，Saouma V E. Numerrical simulation of reinforced concrete deterioration—Part 1：chloride diffusion[J].

ACI Materials Journal，1999，96（2）：173-180.

[12] 中交四航工程研究院有限公司. 海港工程混凝土结构耐久性寿命预测与健康诊断研究——海港工程混凝土结构寿命预测计算机模型[R]. 广州：中交四航工程研究院有限公司，2010.

[13] 余红发. 盐湖地区高性能混凝土的耐久性、机理与使用寿命预测方法[D]. 南京：东南大学博士学位论文，2004.

[14] Jonatan P T，Johan S. Estimation of Chloride Ingress in Uncraeked and Cracked Concrete Using Measured Surface Concentration[J]. ACI material Journals，2002，99（1）：27-36.

[15] Vu K A T，Stewart M G. Structural reliability of concrete bridges including improved chloride induced corrosion models[J]. Structural Safety，2000（22）：313-333.

[16] Yamada F，Hosoyamada T，Shimomura T. Numerical study of production and transportation of airborne chloride and its field measurement[C]. Nagaoka：Proceedings of the International Workshop on Life Cycle Management of Coastal Concrete Structures，2006.

[17] Pack S W，Jung M S，Song H W，et al. Prediction of time dependent chloride transport in concrete structures exposed to a marine environment[J]. Cement and Concrete Research，2010，40（2）：302-312.

[18] Song H W，Pack S W，Moon J S. Durability evaluation of concrete structures exposed to marine environment focusing on a chloride build-up on concrete surface[C]. Nagaoka：Proceedings of the International Workshop on Life Cycle Management of Coastal Concrete Structures，2006.

[19] Tang L，Nilsson L O. Modeling of chloride penetration into concrete tracing five years field exposure[J]. Concrete Science and Engineering，2000，2（8）：170-175.

[20] Stephen L，Amey S L，Dwayne A，et al. Predicting the Service Life of Concrete Marine Structure：An Environmental Methodology[J]. ACI Materials Journal，1998，95（2）：205-214.

[21] 孙丛涛. 基于氯离子侵蚀的混凝土耐久性与寿命预测研究[D]. 西安：西安建筑科技大学硕士学位论文，2010.

[22] 郝晓丽. 氯腐蚀环境混凝土结构耐久性与寿命预测[D]. 西安：西安建筑科技大学硕士学位论文，2004.

[23] Kwon S J，Na U J，Park S S，et al. Service life prediction of concrete wharves with early-aged crack：Probabilistic approach for chloride diffusion[J]. Structural Safety，2009，31（1）：75-83.

[24] Thomas M D A，Bentz E C. Life-365，Computer program for predicting the service life and life-cycle cost of reinforced concrete structures exposed to chlorides [R]. American，2000.

[25] 中交四航工程研究院有限公司. 海港工程混凝土结构耐久性寿命预测与健康诊断研究——海港工程暴露试验综合分析[R]. 广州：中交四航工程研究院有限公司，2010.

[26] Thomas M D A，Bamforth P B. Modeling chloride diffusion in concrete effect of fly ash and slag[J]. Cement and Concrete Research，1999，29（6）：487-495.

[27] DuraCrete. General guidelines for durability design and redesign. The European Union-Brite EuRam Ⅲ Project BE95-1347，Document BE95-1347/R15，2000.

[28] Schieβl P，Bamforth P，Baroghel-Baroghl-Bouny V，et al. Fib bulletin 34：model code for servie life design[J]. Concrete，2006（5）：4.

[29] 交通运输部. 水运工程结构耐久性设计标准（JTS153—2015）[S]. 北京：人民交通出版社，2015.

[30] Engelund S，Sorensen J D. A probabilistic model for chloride-ingress and initiation of corrosion in reinforced concrete structures[J]. Structural Safety，1998，20（1）：69-89.

[31] Ishida T，Iqbal P O，Anh H T，et al. Modeling of chloride diffusivity coupled with non-linear binding capacity in sound and cracked concrete[J]. Cement and Concrete Research，2009，39（10）：913-923.

[32] Wang Y，Li L，Page C L. Modelling of chloride ingress into concrete from a saline environment[J]. Building and Environment，2005，40（12）：1573-1582.

[33] Yunping X，Bazant Z P. Modeling chloride penetration in saturated concrete[J]. Journal of Materials in Civil Engineering，1999，11（1）：58-65.

[34] Oh B H，Jang S Y. Effects of material and environmental parameters on chloride penetration profiles in concrete structures[J]. Cement and Concrete Research，2007，37（1）：47-53.

[35] 施养杭，罗刚. 有限差分法氯离子侵入混凝土计算模型[J]. 华侨大学学报（自然科学版），2004，25（1）：58-61.

[36] 吴相豪，李丽. 海港码头混凝土构件氯离子浓度预测模型[J]. 上海海事大学学报，2006，27（1）：17-20.

[37] 刘荣桂，陆春华. 海工预应力混凝土氯离子侵蚀模型及耐久性[J]. 江苏大学学报（自然科学版），2005，26（6）：525-528.

[38] 陈妤，刘荣桂，付凯. 冻融循环下海工预应力混凝土结构的耐久性[J]. 建筑材料学报，2009，12（1）：17-21.

[39] 中交四航工程研究院有限公司. 海港工程混凝土结构耐久性寿命预测与健康诊断研究——华南地区海工工程混凝土结构耐久性调查[R]. 广州：中交四航工程研究院有限公司，2010.